U0209444

化工过程全生命周期本质安全应用指南(第三版)

Guidelines for Inherently Safer Chemical Processes：
A Life Cycle Approach，Third Edition

〔美〕Center for Chemical Process Safety　编著

普建武　吕京鹏　同肇栋　等译

杨万宏　李　庆　校

陈毅峰　审

中国石化出版社

内 容 提 要

CCPS 出版《化工过程全生命周期本质安全应用指南》第一版和第二版后，本质安全理念得到化工行业的持续认可，并取得显著进步。基于此，本书(第三版)结合最新的本质安全知识，加上最新研究、从业人员观察、新的案例和工业方法，提供使用这些理念的指南和方法。本书旨在为涉及危险化学品的企业和人员提供更好地理解本质安全理念的工具和方法，介绍如何将研发、过程开发、工程设计整合成一个贯穿于工艺全生命周期的、用于平衡安全、成本和环境问题的综合性方法。

本书为将本质安全策略应用于工业过程安全的读者而写，适用于企业管理人员、过程安全专家、工程师、研发和过程开发团队、工程教育工作者以及其他负责工作场所安全人员等。

著作权合同登记 图字：01-2020-0902 号

Guidelines for Inherently Safer Chemical Processes：A Life Cycle Approach，Third Edition
By Center for Chemical Process Safety(CCPS)，ISBN：978-1-119-52916-3
Copyright © 2020 the American Institute of Chemical Engineers
A Joint Publication of the American Institute of Chemical Engineers and John Wiley & Sons，Inc.
All Rights Reserved. This translation published under license. Authorized translation from the English language edition，Published by John Wiley & Sons. No part of this book may be reproduced in any form without the written permission of the original copyrights holder.

本书中文简体中文字版专有翻译出版权归 John Wiley & Sons，Inc.公司授予中国石化出版社。未经许可，不得以任何手段和形式复制或抄袭本书内容。

图书在版编目(CIP)数据

化工过程全生命周期本质安全应用指南：第三版 /
美国化工过程安全中心编著；普建武等译.—北京：
中国石化出版社，2020.11
书名原文：Guidelines for Inherently Safer Chemical
Processes：A Life Cycle Approach，Third Edition
ISBN 978-7-5114-6036-3

Ⅰ.①化… Ⅱ.①美… ②普… Ⅲ.①化工过程-
本质安全-指南 Ⅳ.①TQ02-62

中国版本图书馆 CIP 数据核字(2020)第 228510 号

未经本社书面授权，本书任何部分不得被复制、抄袭，或者以任何形式或任何方式传播。版权所有，侵权必究。

中国石化出版社出版发行
地址：北京市东城区安定门外大街 58 号
邮编：100011 电话：(010)57512500
发行部电话：(010)57512575
http://www.sinopec-press.com
E-mail：press@sinopec.com
北京科信印刷有限公司印刷
*
787×1092 毫米 16 开本 15.5 印张 363 千字
2020 年 11 月第 1 版 2020 年 11 月第 1 次印刷
定价：128.00 元

翻译人员

普建武	吕京鹏	闫肇栋	包雅洁	柯长颢	宋明焱	贾峥瑞
乔小飞	李祥茜	代中玉	亓凯	马莉	杨富明	吴珍珍
万士元	赵富春	江飞	孙晓晓	张晓彤	姚柏宇	孙基洋
张艮寿	邵建刚	刘洁静	周永锋	许姗姗	唐鹏	张雷
左振伟	杨亮	刘晓龙	李伟	李瑞雪	董清亭	马文成
姜蕾	王永军	张拂晓	马德信	刘志远	周平	慕超
郭田辉	邓高明	钟大勇	刘玉琳	纪北	李昊阳	国建茂

译者的话

自 1977 年 12 月 14 日英国 Trevor Kletz 博士提出"你没有的东西就不会泄漏（What You Don't Have Can't Leak）"以来，本质安全理念在化工行业逐步传播开来。1996 年，美国化学工程师协会化工过程安全中心（CCPS）出版了第一版《化工过程全生命周期本质安全应用指南》，使本质安全理念在化工行业日渐深入人心。2009 年的更新版更是成为本质安全的权威信息来源。本书（第三版）在前两版的基础上新增了大量的本质安全应用实例和研究案例，为在化工过程全生命周期实施本质安全理念提供了详细可靠的指南。

我国是公认的化工大国，尤其是近几年精细化工的快速发展对安全管理要求越来越高！如何从源头消除或降低安全风险，事半功倍地做好企业过程安全管理，这是每一个负责任的企业都需要考虑的根本问题。本书的出版恰好可以回答这个问题！本书介绍了本质安全概念，详细论述了本质安全的四个策略及其应用，系统讲解了本质安全在化工过程全生命周期和安保等方面的应用，提供了本质安全审查和实施的工具方法，说明了本质安全实施过程中可能存在的冲突。同时，通过应用实例和研究案例，帮助读者更好地实施本质安全策略。最后，展望本质安全未来的发展趋势。

作为以自主研发和技术创新为核心的化工企业，万华化学将安全视为生命！近三年来，万华化学邀请国际先进的过程安全咨询公司，对自主开发新工艺开展全生命周期的危害识别和风险评估。2018 年 9 月 1 日，邀请本书的主要编写者——美国著名过程安全咨询公司 AcuTech 总裁 David Moore 先生对公司高管和部门经理进行本质安全培训，让公司上下认识到本质安全设计的重要性。此次，万华化学组织公司各部门各专业的员工对本书进行了翻译，目的就是让我们的员工不断学习世界一流的本质安全设计技术，把本质安全理念和策略应用到研发、设计、施工、装置运行和退役等各阶段的每项工作中，不断提升万华化学过程安全管理水平。

本书中文版的发行，得到了中国石化出版社、CCPS、John Wiley & Sons 和 David Moore 先生的支持和指导，在此一并表示衷心感谢！希望这本书的出版能够为化工行业安全做出一点贡献，真正让企业员工"高高兴兴上班，平平安安回家"。

由于译者水平有限，时间仓促，译著中难免有错误和不当之处，恳请读者批评指正。

万华化学集团股份有限公司董事长　廖增太

衷心希望本书能为整个行业带来骄人的安全纪录。但是，美国化学工程师协会(AIChE)及其顾问、美国化学工程师协会之化工过程安全中心(CCPS)技术指导委员会、小组委员会成员及其雇主、雇主的管理人员和董事，AcuTech管理咨询公司及其雇员和分包商均不以任何明示或暗示的方式保证或声明本书内容的准确性或正确性。在(1)美国化学工程师协会及其顾问、CCPS技术指导委员会和小组委员会成员及其雇主、雇主的管理人员和董事、AcuTech管理咨询公司及其雇员和分包商与(2)本书用户之间，对使用或误用本书的任何后果均由本书用户承担法律义务和责任。

前　言

50 多年来，美国化学工程师协会(AIChE)一直致力于解决化工、石化、烃类加工及相关行业设施的过程安全和防止危险物料泄漏等问题。AIChE 的出版物和专题研讨会是化学工程师和其他专业人员了解过程安全事故原因、预防事故发生和减轻事故后果的有效资源。

1985 年，美国化学工程师协会专门成立了化工过程安全中心(CCPS)，编制和宣传预防重大化工过程安全事故的技术信息。在 CCPS 咨询和管理委员会的支持和指导下，美国化学工程师协会启动一项多重计划，满足过程安全和风险管理系统的需求。该系统方案能够减少过程危害对公众、环境、人员和设施的影响。该计划包括：

- 编写出版与过程安全和风险管理特定领域相关的指南和概念书籍；
- 出版工艺安全警示灯和月度简报；
- 组织召开和举办过程安全研讨会、培训和地区过程安全会议；
- 与其他组织(包括国际和国内)合作推动和改善过程安全。

CCPS 工作得到 200 多家公司的资金帮助和专业知识的支持。一些政府和学术机构也参与其中。

1989 年，CCPS 发布《化工过程安全技术管理准则》，提出包含 12 个不同的、基本的和相关联的管理要素的过程安全管理模式。随后几年改进了这些准则，并在《基于风险的过程安全准则》(2007 年)中进行更新，将过程安全和风险管理的定义扩展为 20 个不同的管理要素。

本书的前两版是 CCPS"概念系列"书籍的一部分，涵盖《基于风险的过程安全准则》20 个管理要素中的多个要素，包括过程安全能力、员工参与、危害识别和风险分析、审计、管理评审和持续改进。《化工过程全生命周期本质安全应用指南(第三版)》的目的是更新此书第二版理念书籍，展现本质安全策略在化工过程全生命周期各阶段的应用和改进，包括案例研究和本质安全设计应用举例。

本书自 1996 年出版以来，本质安全理念得到业界的持续认可，并取得显著进步。1996 年概念版书籍和 2009 年更新版常被用作本质安全的权威信息来源。《化工过程全生命周期本质安全应用指南(第三版)》不仅有最新的本质安全知识，还将应用前两版的理念，提供更多本质安全案例，为本质安全技术的应用提供指南。

本书鼓励工程师、过程安全专家和其他参与分析和减少化工过程风险的其他人员，在条件允许时应用本质安全原则做出保守选择。讨论和案例来自从基础化学研究，到工程设计以及操作运行的各个阶段。本质安全理念可以应用于工艺设计的各个层面，从总体概念到详细的设备设计和程序开发。

致　谢

美国化学工程师协会(AIChE)及其化工过程安全中心(CCPS)感谢小组委员会成员及其CCPS会员公司对本书的无私帮助和技术支持。CCPS也感谢CCPS技术指导委员会成员的建议和支持。

化工过程全生命周期本质安全应用指南
(第三版)

小组委员会主席是 John Wincek，原就职于 Croda 公司，现为德凯公司的雇员。CCPS 顾问是 Dan Sliva。

小组委员会成员

Steve Arendt	ABS 咨询公司(ABS Group)
Susan Bayley	林德(Linde Process Plants，Inc.)
Prashanti Bhupathi	瑞来斯(Reliance)
Wayne Chastain	伊士曼(Eastman)
Oliva Cheng	雪佛龙股份有限公司(Chevron Corporation)
Robert Coover	普莱克斯(Praxair)
Carolina Del Din	PSRG 公司(PSRG)
Jonas Duarte	朗盛(Lanxess)
Emmanuelle Hagey	NOVA 化学(Nova chemicals)
Scott Haney	马拉松石油公司(Marathon Petroleum Company)
Dennis Hendershot	化工过程安全中心(CCPS)
Reyyan Koc Karabocek	埃克森美孚公司(ExxonMobil)
Nicole Loontjens	美国聚苯乙烯公司(Americas Styrenics)
Dan Miller	化工过程安全中心荣誉会员(CCPS Emeritus)
Jitesh Patel	新泽西州环境保护局(New Jersey DEP)
Katherine Prem	阿科玛(Arkema)
Sabrina Petruele	阿根廷 Pluspetrol 石油公司(Pluspetrol)
Morgan Reed	MMI 工程公司(MMI Engineering)
Sonny Sachdeva	PSRG 公司(PSRG)
Randy Sawyer	康特拉科斯塔卫生服务(Contra Costa Health Services)
Dallas L. Singleton	雅各布工程集团(Jacobs)
Scott Wallace	欧林公司(Olin)
Bob Weber	PSRG 公司(PSRG)

本书由 Rich Santo，Dave Moore，Cara Hamel，Mike Hazzan，Dave Heller，Marty Rose 组成的 AcuTech 公司小组编写，由 Megan Fennell 在 CCPS 的 Anil Gokhale 的指导下编辑。

同行审阅成员

所有 CCPS 书籍在出版之前都会接受全面的同行评审。CCPS 衷心感谢以下同行评审员，他们的意见和建议能不断提升这些准则的准确性和清晰度。

Denise Chastain-Knight	艾思达软件公司（Exida）
Alan Evankovich	AVAN 工程公司（AVAN Engineering）
Graffar Keshavarz	NOVA 化学（NovaChem）
Beverly Perozzo	NOVA 化学（NovaChem）
Gill Sigmon	Advansix 公司（Advansix）
Ken Tague	ADM 公司（ADM）
Rob Savarese	Emerald 材料公司（Emerald Materials）

目　　录

插图清单

表格清单

1 引 言

1.1 宗旨、读者和内容

1.1.1 宗旨

本书的根本宗旨是为涉及危险化学品的企业提供更好地理解本质安全概念的工具方法，以及如何应用这些概念的指导准则。本书的目的是介绍如何将研发、过程开发、工程设计整合成一个贯穿于工艺全生命周期的、用于平衡安全、成本和环境问题的综合性方法。作者希望本书将有助于影响化工领域的下一代工程师、研发人员以及当前的从业人员和管理人员。

与增加保护层管控风险相比，本质安全是降低危害和风险的有力且有效的手段。消除危害意味着不需要再费时费力地管控危害，它可能有许多直接和间接的好处。负责任的公司理解这一概念，并在工艺的整个全生命周期中随时随地加以应用。主动并最大限度地应用本质安全的公司已充分意识到其重要性和有效性。

1996 年，化工过程安全中心(CCPS)发布第一版本质安全理念书籍。后来，基于汲取的经验教训和本质安全设计(ISD)被越来越广泛地接受这一事实，CCPS 在 2009 年更新了这本书。随后几年，本质安全作为一种减少危害的理念，引起了企业、政府以及公众的更大兴趣。实际上，一些政府机构已强制要求某些企业考虑本质安全设计。例如，在美国，特定法规已经在加利福尼亚州的康特拉科斯塔县、新泽西州和美国环境保护局执行。

显然，我们需要更多指导，特别是在逐步开展本质安全设计研究过程中。本版基于前两版概念书籍的思想，加上最新研究、从业人员观察、新的案例和工业方法，提供使用这些概念的指南和方法。

1.1.2 读者

本书为有志于将本质安全策略应用于工业过程安全的读者而写，适用于现场设施管理人员、过程安全专家、工程师、监管机构、研发组织、过程开发团队、工程教育工作者以及其他负责工作场所安全人员等。

1.1.3 内容

本书涵盖有关本质安全的关键原则，以及如何执行这些原则的指南；也包括指导如何开展本质安全研究以及如何将本质安全应用于企业的过程安全管理；还简要介绍本质安全的发展历程、研究进展和基本概念。本书描述的本质安全方法也许具有广泛适用性，因为它涉及过程安全、环境和安保等问题。

1.2 本指南与其他 CCPS 指南的关系

本质安全是过程风险管理不可或缺的部分,是化学品风险管理的基本主题,并多次被其他 CCPS 指南丛书引用,包括:

- 《反应性物料安全储存和处理指南》,1995 年。
- 《保护层分析——简化的过程风险评估》,2001 年。
- 《识别和分析固定化工设施场所安全漏洞指南》,2003 年。
- 《基于风险的过程安全》,2007 年。
- 《危害评估程序指南(第三版)》,附有实例,2007 年。
- 《过程安全工程设计指南(第二版)》,2012 年,包含有关本质安全设计的章节(第 5.2 章节)。
- 《过程安全管理实施指南(第二版)》,2016 年。
- 《设施选址和布局指南(第二版)》,2018 年。
- 《工程建设项目过程安全实施指南》,2019 年。

1.3 本书架构

本书正文主要讲述本质安全关键原则,附录包含应用工具、案例说明和检查清单。本指南首先解释本质安全(Inherent Safety,IS)概念,然后说明其过程风险管理作用。

第 2 章介绍什么是本质安全,包括本质安全相关的关键术语和理念。本质安全的不同应用方式称为"策略"。这些策略(**最小化、替代、减缓和简化**)将在第 3 章至第 6 章详细讨论。人为因素是**简化**策略中极为重要的要素,本书第 6.11 章节详细说明人机界面本质安全设计有关的人为因素。第 7 章概述每种本质安全策略在传统保护层的应用。

"本质安全"是一种思维方式。要成功实现本质安全,首先要充分理解其含义,并尽可能实践之。更好地理解工艺可以使其更好、更可靠乃至更高效和带来更多利润,并制造出质量更好的产品。工艺方案的定期危害风险评估应当贯穿于工艺的全生命周期。第 8 章讨论执行上述策略的相关评估方法。第 9 章论述本质安全在化工安保的应用。第 10 章介绍实施本质安全策略的有效方法。这些研究可以专门地、定期地或独立地实施,也可在重大项目前或执行变更时开展,或者在日常过程风险管理策略中随机实施。第 11 章介绍四种本质安全策略(即替代、最小化、减缓和简化)与过程安全管理(PSM)和基于风险的过程安全(RBPS)方案每个要素的关系。第 12 章介绍实施本质安全策略的工具。

第 13 章标题是"本质安全设计冲突",描述安全、可操作性、成本和其他风险参数等各种属性之间的常见矛盾,以及理解和考虑这些限制因素做出决策的方法。随着要求考虑或实施本质安全的法规出现,第 14 章旨在帮助和指导监管机构和行业了解本质安全的各种考虑因素和挑战。

第 15 章包括本质安全研究方法的工作实例和案例分析,给出可以遵循的本质安全评估步序图,同时提供本质安全应用的成功案例。

最后,第 16 章介绍未来本质安全的发展趋势,包括需求、研究、预期的实践和监管。

1.4 本质安全发展历程

本质安全是一个古老理念的现代术语：需要人们想方设法消除或减少危害，而不是接受和管理危害。这个理念可以追溯到史前时代。例如在河边高地建造村庄，而不是用堤坝和围墙防洪，这就是本质安全设计理念。

有许多里程碑式的本质安全设计应用案例。例如，1866 年的美国，硝化甘油广泛用于采矿和建筑行业。但在运输至加利福尼亚州的过程中发生了一系列爆炸事故。随后州政府迅速通过法律禁止硝化甘油经过旧金山和萨克拉曼多两个城市运输。这样，硝化甘油就不能用于中太平洋铁路建设。

然而，该铁路建设的山区施工又离不开炸药。幸运的是，英国化学家詹姆斯·豪顿（James Howden）提议在中太平洋铁路施工现场生产硝化甘油。这是一个早期的本质安全设计原则应用案例——通过现场生产实现危险物料运输的*最小化*。尽管对生产、运输和使用硝化甘油的建筑工人来说仍存在较大危害，但该方法消除了硝化甘油运输的公众危害。豪顿在施工现场按 100 磅/天（1 磅 = 453.59g）的需求量生产硝化甘油，加上工人们丰富的使用经验，再没发生过因炸药使用不当而导致死亡的安全生产事故（参考文献 1.22 Rolt，参考文献 1.2 Bain）。

按照现在标准，19 世纪的铁路建设肯定不安全，但中太平洋铁路公司现场生产硝化甘油的案例确实代表了当时的本质安全先进理念。1867 年，硝化甘油使用有了更大进步。当时，阿尔弗雷德·诺贝尔（Alfred Nobel）发明的炸药是通过一个载体来吸收硝化甘油，从而大大增强了其稳定性。这是本质安全设计的另一个策略——*减缓*，以危害较小的形式使用危险物料（参考文献 1.9 Henderson）。

1974 年英国的 Flixborough 爆炸事故是过程安全和本质安全方面的里程碑事件，该事故造成 28 人死亡。1977 年 12 月 14 日，受这一悲剧性事故启发，当时担任英国帝国化学（ICI）石化分部安全顾问的 Trevor Kletz 博士在英国威德尼斯化学工业协会年度庆典上做了题为《你没有的东西就不会泄漏（What You Don't Have Can't Leak）》的演讲。该演讲首次对化工工艺和装置的本质安全理念做了简明扼要的讨论。

Flixborough 爆炸事故之后，企业、政府监管机构和公众对化工行业安全兴趣大增。大部分聚焦于通过改进程序，增加安全仪表系统和改进应急响应等手段控制化工工艺和装置的相关危害。Kletz 提出不同方法——更改工艺，完全消除危害或充分降低危害程度或发生可能性，从而消除对安全保护系统和程序的需求。而且，这种危害的消除或减少是通过工艺本身来实现，是系统永久固有和不可分离的。

1978 年初，Kletz 两次宣贯并随后发表那篇庆典演讲（参考文献 1.14 Kletz 1978）。1985 年，Kletz 将本质安全理念带到北美。在美国化学工程师协会（AIChE）安全与健康分会主办的第 19 届年度事故预防专题研讨会上，他的论文——《本质安全工厂》（参考文献 1.13 Kletz 1985）获得比尔·道尔奖。

1978 年以来，人们对化学工艺和装置本质安全的兴趣日渐浓厚，尤其是在 20 世纪 90 年代（参考文献 1.15，Kletz，1996）。由于几起重大行业事故，本质安全得到化工企业的额外关注。一些事故案例如下：

- 墨西哥城（1984 年）——一个液化石油气码头发生一系列爆炸，造成约 500 人丧生，并摧毁该设施。该事故的一个重要原因是现场存有大量的液化石油气，且位于人口密集区。如果采取本质安全策略，减少现场液化石油气量，将大大减少事故蔓延和影响。

- 印度博帕尔（1984 年）——化工史上最严重的灾难，由水进入异氰酸甲酯（MIC）储罐引起。水和异氰酸甲酯反应产生热量和压力，导致储罐安全阀起跳，释放的剧毒 MIC 气体进入城区。确切的伤亡人数可能有争议，但成千上万人受害。1994 年，印度政府估计死亡人数为 4000 人（参考文献 1.8 Hendershot）。两步法生产工艺要求现场存储 MIC，本质安全策略可以将两步工艺合在一起消除 MIC 现场存储。

- 西弗吉尼亚州查尔斯顿（2008）——农药制造厂火灾爆炸产生的碎片险些击穿附近的一个异氰酸甲酯（MIC）储罐。该公司重新设计 MIC 存储和处理工艺，结合本质安全技术，消除 MIC 地面储罐并大大减少现场存量，简化 MIC 的内部输送和处理方法（参考文献 1.20 NAS）。本案例的 MIC 储罐没有损坏和泄漏，但如果应用本质安全策略将大大减少 MIC 现场储存量。

- 得克萨斯州韦斯特镇（2013）——正当应急响应人员扑救化肥存储和分装设施火灾时，发生硝酸铵爆炸。附近的韦斯特镇有 15 人丧生，160 多人受伤，150 多栋建筑物损毁。该设施在人口稠密地区的选址引发质疑（参考文献 1.24 CSB）。该事故突出强调化肥级硝酸铵（FGAN）爆炸性的争论及其本质安全选择。

30 年后的今天，利用 1978 年 Kletz 发表的开创性文章反思这些事故，吸取经验教训，学会如何有效管理危害和风险（参考文献 1.25 Vaughen 2012a）。

本质安全得到多方关注，包括学术、工业、政府和监管机构（参考文献 1.1 Ashford，参考文献 1.17 Lin，参考文献 1.18 Mansfield）、工业和政府联合工作组如欧洲的 INSIDE（INherent SHE In DEsign，本质 SHE 设计）项目（参考文献 1.21 Rogers，参考文献 1.19 Mansfield）、环境和公共利益组织（参考文献 1.23 Tickner）等。

同样，Etowa 等人（参考文献 1.5 Etowa）尝试使用陶氏火灾爆炸指数和陶氏化学品暴露指数（过程安全管理用于相对风险分级的两种常用工具）明确识别本质安全特征。Goraya 等人（参考文献 1.6 Goraya）开发并验证使用本质安全理念查明事故根本原因的调查方法。Gupta 等人（参考 1.7 Gupta）通过例子证明本质安全与过程安全成本之间的联系。他们为应用本质安全原则强化过程安全管理提供很好的商业案例。

目前，研究动机更多来自评估本质安全和本质安全设计领域审核员的意见，其中包括（参考文献 1.3 Bollinger，参考文献 1.7 Gupta，参考文献 1.12 Kletz，参考文献 1.10 Khan 和参考文献 1.26 Vaughen 2012b）。Khan 和 Amyotte（参考文献 1.10 Khan）指出，过程安全管理各要素或多或少体现本质安全。部分公司已意识到这一点，将本质安全作为其安全管理文件的一个"指定要素"，并制定本质安全原则应用的内部标准。然而，过程安全管理体系一般没有本质安全的术语。Bollinger 等人（参考文献 1.3 Bollinger）认为，在此类管理系统中运用清晰的本质安全术语是促进行业进一步应用本质安全原则的可行方法。

多年来，政府、行业和公众持续关注本质安全。随着公众对这一概念理解的加深，本质安全承诺被赋予更高期望，几乎成为降低化工行业风险的灵丹妙药。本质安全已被美国部分地区、州和联邦政府写入安全法规。美国国会已提出将本质安全作为化学品安全法规的主要要求。为更好地阐明和更准确地定义本质安全术语，美国国土安全部（DHS）的美国化学安全分析中心（CSAC）与 CCPS 签约，让 CCPS 提供基于技术的本质安全技术（IST）的定义（参考文献 1.4 CCPS/DHS）。

本质安全信息的最佳汇编可以在（参考文献 1.14 Kletz 1978，参考文献 1.15 Kletz 1996，参考文献 1.16 Lees）以及欧洲 INSIDE（INherent SHE in DEsign，本质的 SHE 设计）项目的终版报告找到（参考文献 1.21 Rogers 1997）。Khan 和 Amyotte（参考文献 1.10 Khan）提供了优秀的本质安全应用总结。《流程工厂的本质安全设计手册（第二版）》（参考文献 1.11 Kletz，2010）是一本帮助工艺工程师将本质安全技术融于操作的实用指南。2012 年美国科学院报告—《拜耳作物科学公司异氰酸甲酯（MIC）的使用和储存》（参考文献 1.20 NAS）是本质安全原则在运行化工装置应用的绝佳案例。

1.5　参考文献

1.1　Ashford, NIA. The Encouragement of Technological Change for Preventing Chemical Accidents：Moving Firms From Secondary Prevention and Mitigation to Primary Prevention, Massachusetts Institute of Technology, 1993.

1.2　Bain, D. H. *Empire Express：Building the First Trans-continental Railroad*. New York：Viking, 1999.

1.3　Bollinger, R. E., Clark, D. G., Dowell, A. M., Ewbank, R. M., Hendershot, D. C., Lutz, W. K., et al. (1996). *Inherently Safer Chemical Processes：A Life Cycle Approach* (D. A. Crowl, Ed.), American Institute of Chemical Engineers, 1996.

1.4　Center for Chemical Process Safety, Report：Definition for Inherently Safer Technology in Production, Transportation, Storage, and Use, Chemical Security Analysis Center, Science & Technology Directorate, U. S. Department of Homeland Security (DHS), 2010.

1.5　Etowa, C. B., Amyotte, P. R., Pegg, M. J. and Khan, F. I., Quantification of inherent safety aspects of the Dow indices. Journal of Loss Prevention, 15, 477-487, 2002.

1.6　Goraya, A., Amyotte, P. R. and Khan, F. I, An inherent safetybased incident investigation methodology. Process Safety Progress, 23(3), 197-205, 2004.

1.7　Gupta, J. and Edwards D. W., A simple graphical method for measuring inherent safety, Journal of Hazardous Materials, 104, 15-30, 2003.

1.8　Hendershot, D. C. An overview of inherently safer design. Risk Management：The Path Forward：20th Annual CCPS International Conference, Atlanta, GA, 2005.

1.9　Henderson, D. C, and Post, R. L. (2000). Inherent safety and reliability in plant design. In Beyond Regulatory Compliance, Making Safety Second Nature. Mary Kay O'Connor Process Safety Center 2000 Annual Symposium. College Station, TX：Texas A&M University.

1.10　Khan F. I. and Amyotte, P. R., How to make inherent safety practice a reality. The Canadian Journal of Chemical Engineering, 81, 2-16, 2003.

1.11　Kletz, T., Amyotte, P., Process Plants-A Handbook for Inherently Safer Design, 2nd Ed., CRC Press, 2010.

1.12　Kletz, T. A., Inherently safer design—Its scope and future. Process Safety and Environmental Protection, 81(B6), 401-405, 2003.

1.13　Kletz, T. A. Inherently safer plants. Plant/Operations Progress 4(3), 164-167, 1985.

1. 14 Kletz, T. A. What you don't have, can't leak. Chemistry and Industry, 287-292, 1978.

1. 15 Kletz, T. A., Inherently safer design: Achievements and prospects, International Conference and Workshop on Process Safety Management and Inherently Safer Processes, October 8 - 11, 1996, Orlando, FL (pp. 197-206), American Institute of Chemical Engineers, 1996.

1. 16 Lees, F. P., Loss Prevention in the Process Industries, 2nd Ed., Butterworth-Heinemann, 1996.

1. 17 Lin, D., Mittelman, A., Halpin, V. and Cannon, D., Inherently Safer Chemistry: A Guide to Current Industrial Processes to Address High Risk Chemicals, U. S. Environmental Protection Agency, 1994.

1. 18 Mansfield, D. P., Inherently Safer Approaches to Plant Design, United Kingdom Atomic Energy Authority, 1994.

1. 19 Mansfield, D. P., Viewpoints on implementing inherent safety. Chemical Engineering, 103(3), 78-80, 1996.

1. 20 National Academy of Sciences (NAS), The Use and Storage of Methyl Isocyanate (MIC) at Bayer CropScience, National Academies Press, 2012.

1. 21 Rogers, R. L., Mansfield, D. P., Malmen, Y., Turney, R. D., and Verwoerd, M. (1995). The INSIDE Project: Integrating inherent safety in chemical process development and plant design. In G. A. Melhem and H. G. Fisher(Eds.). International Symposium on Runaway Reactions and Pressure Relief Design, August 2 - 4, 1995, Boston, MA (pp. 668 - 689). American Institute of Chemical Engineers, 1995.

1. 22 Rolt, L. T. C, The Railway Revolution: George and Robert Stevenson (pg. 147). New York: St. Martin's Press, 1960.

1. 23 Tickner, J. The case for inherent safety. Chemistry and Industry, 796, 1994.

1. 24 U. S. Chemical and Hazard Investigation Board(CSB), West Fertilizer Company Fire and Explosion, Final Report, 2013.

1. 25 Vaughen, B. K., and Klein, J. A., What you don't manage will leak: A tribute to Trevor Kletz. Process Safety and Environmental Protection, 90, 411-418, 2012a.

1. 26 Vaughen, B. K., and Kletz, T. A., Continuing our process safety management journey. Process Safety Progress, 31(4), 337-342, 2012b.

2 本质安全概念

2.1 本质安全和过程风险管理

目前，化工过程安全方案的设计实施均采用基于风险的方法。这包括过程自身的危害识别，持续的风险分析以及综合考虑各种因素将风险降低或控制在最低水平。危害的定义是"可能对人员、财产或环境造成损害的固有化学或物理特性"（参考文献 2.12 CCPS Glossary）。风险的定义是"衡量事件的可能性和损失或伤害的严重度对人类健康、环境破坏或经济损失的影响，可简化为事件的可能性和后果的乘积（即风险＝后果×可能性）"（参考文献 2.12 CCPS Glossary）。换言之，风险是后果（危害）和可能性（发生频次）的函数。

安全可定义为与活动收益相比可承受的风险状态。CCPS 将安全正式定义为"期望系统在给定条件下不会对人类生命、经济或环境产生威胁的状态"（参考文献 2.12 CCPS Glossary）。这个定义考虑"谁获益谁担风险"的原则。本质安全是提升安全的优选工具方法，但也可根据具体情况采用其他行之有效的方法。本质安全适用于满足总体安全目标、多种安全管控措施有效和本质安全原则适用等各种场合。通常，本质安全原则已在高危高风险的行业得到较成熟的应用，如化工过程安全和设施安保等方面。

过程风险管理是综合运用策略、技术、程序、制度和体系等多种手段管控风险，降低过程危害和（或）事故发生的可能性。过程风险降低的策略（直接降低潜在事故的频次或后果）一般分为五类：

（1）*本质的*——采用无害的物料和工艺条件尽可能地消除和降低危害，如用水替代可燃溶剂。

（2）*空间的*——增加间距来减少危害及其影响，如装置选址时尽可能远离控制室等建筑。

（3）*被动的*——通过工艺和设备设计而不是设备设施的主动防护或人员干预来降低危害发生的频次或后果，如在可燃液体储罐周围设置围堰。

（4）*主动的*——采用安全控制、报警和联锁（SCAI）以及减缓系统监控和处理工艺异常，如当泵的下游储罐液位达到 90% 时，储罐高液位开关会自动停泵。这些系统通常属于工程控制或安全防护。

（5）*程序的*——利用公司制度、操作程序、培训、管理检查、应急预案和其他管理方法*预防事故*或*最大程度减少事故影响*，如动火作业程序和许可。这些方法通常称为管理控制，需要人员（主要是操作人员）按照批准的程序及其培训要求，迅速准确地识别和处理工艺异常或阻止负面事件的发生。

这五个策略有助于实现过程整体安全。理想情况是按照图 2.1 的方法步骤对风险进行分析、降低和管理（参考文献 2.21 Kletz 2010）。

相较于被动的、主动的和程序的方法，本质安全是利用物料或工艺特点消除或减少危害。被动保护层优于主动保护层；被动和主动保护层又优于需要人员干预的程序保护层。本质安全和其他四种策略的根本区别在于本质安全是尽可能从源头上消除或降低危害，而不像其他策略那样去接受并尽力控制危害。如果单独采用本质安全策略可以满足项目风险管控目标，则不需要其他保护层及随之而来的时间、投资和维护成本。

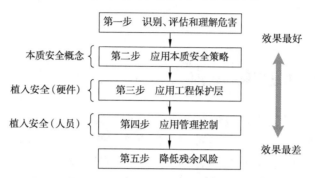

图 2.1　控制架构（摘自参考文献 2.4 Amyotte 2006）

2.2　本质安全定义

> inherent：本质的，形容词，作为事物的基本组成部分或特征而存在；
> 也称为 intrinsic，来自拉丁文 inhaerere。

我们所说的"本质安全"或"本质更安全"是指什么呢？"本质的"被定义为"某事物本身所具有的永久的不可分割的元素、质量或属性"（参考文献 2.1 American Heritage）。本质安全是一种安全概念和安全方法，侧重于消除或减少不同条件下的危害。如果化工生产过程中与物料和操作相关的危害被永久地不可分割地消除或减少，那就做到了本质安全。在具体项目中识别应用本质安全的过程就是本质安全设计（ISD）。与只有被动、主动和过程控制的过程相比，减少危害的过程即为本质安全。

2009 年本书第二版出版以来，本质安全、本质更安全、本质安全技术（IST）和本质安全设计（ISD）等相关概念在技术文献中相继出现。

然而，本书的本质安全基本概念来自 2010 年 CCPS 的美国国土安全部项目中的"本质安全技术"的概念（参考文献 2.13 CCPS DHS）。其概念如下：

运用本质安全理念永久消除或减少危害，避免或减少事故后果。本质安全是一种策略，适用于化工过程的全生命周期，包括设计、施工、操作、维护和报废以及这些过程中所有相关的操作，如生产、运输、存储、使用和处置等。它是一个迭代过程，考虑各种选择，包括消除危害、通过减少有害物料的使用来减少危害，使用危害较小的物料来替代，采用危害较小的工艺条件以及通过工艺设计以减少潜在的人员失误、设备故障或人为伤害的可能性和潜在后果。总体的安全设计和操作方案涵盖本质的、被动的、主动的和程序风险控制措施。本质安全与其他策略之间没有明确界限。

这个定义与现在的 CCPS 过程安全术语表（参考文献 2.12 CCPS Glossary）中本质安全理

念及其相关术语一致。在北美，现在仅有新泽西州、加州的康特拉科斯塔县和联邦环境保护局对本质安全有强制要求。在欧洲，比利时化学品风险局发布的塞维索Ⅲ号法令(参考文献2.14 Seveso)应用指南中提到了非强制性的本质安全要求(参考文献2.5 Belgian)。同样，英国健康安全执行局(HSE)也发布大量的非强制性本质安全指南要求(参考文献2.26 UK HSE HSG-143，参考文献2.27 UK HSE HSL 2005)。这两个管理机构采用的本质安全定义与上述定义一致，都使用了本书旧版的本质安全定义制定其本质安全(IS)要求，并且都要求强制性的本质安全审核/分析，但不要求强制性的工艺过程变更。有关美国本质安全监管机构倡议法规的详细讨论参见第14章。

2.3 共同特征

上述定义简明扼要地阐述了什么是本质安全。它的应用包括更广泛的共同特征：

- 它是一个理念——本质安全(及相关术语如本质安全设计、本质安全技术等)代表一系列的概念而不是一套具体的方法。本书中的术语和缩略语——本质安全(IS)、本质安全技术(IST)和本质安全设计(ISD)可以互换。这三个术语在文献和专业领域互用，但实际上有所区别。本质安全技术(IST)更倾向于通过技术更替减少危害。另外，"本质更安全"也可用于程序或安全控制、报警和联锁(SCAI)(如本质安全的SCAI)。
- 它应用于工艺的全生命周期——本质安全应用于工艺的全生命周期，而非只在设计阶段考虑。
- 它专注于减少危害以降低风险——本质安全谋求从源头上规避危害而非试图控制危害。如果不能完全规避，则尽可能降低风险可能性和严重度。
- 它倾向于一劳永逸地减少危害而不是增加保护层——运用本质安全方法规避或减少风险是工艺本身的需求，即它们是永恒的不可分割的。
- 它不搞一刀切，需要具体问题具体分析——比如适用于某种物料、操作条件、位置和其他因素的过程本质安全解决方案可能对其他过程风险降低作用不大，或者不适用。
- 应用时应通盘考虑本质安全决策——采用本质上更安全解决方案的决策过程必须考虑工艺的全生命周期、所有的危害风险、风险从一个受影响的人群转移到另一个受影响的人群的可能性以及该方案的技术和经济适用性。
- 它能减少危害但不一定减少所有风险——大多数情况下，不应将本质安全工艺过程视为"本质上安全"或"绝对安全"。运用本质安全理念会降低过程风险(本质更安全)，但不会消除所有风险。

本质安全理念无论是在降低潜在事故频次还是后果方面都有利于强化整体风险管理方案。

2.4 本质安全策略

实现工艺和装置本质安全的方法主要分为四个本质安全策略。这四个策略的名称或叫法已经在本书的第一版和第二版中标明。策略分类方法遵循英国化学工程师协会(IChemE)、国际过程安全小组（IPSG）（参考文献 2.17 IChemE）以及 Kletz（参考文献 2.20 Kletz 1984，参考文献 2.19 Kletz 1991）的本质安全专题的最初处理方法。但是，在早期开创性工作中本质安全有不同的名称或叫法，通常认为这些都是四个核心策略的一部分。为了澄清概念和便于理解以前的本质安全文献，本章节列出这些不同的名称或叫法，并说明一些策略是如何合并到现有的四个核心策略。

- *最小化*：使用或储存较少的有害物料（也称为*集成化*，*Intensification*）。
- *替代*：将化学品/物料换成无害或危害较小的物料；工艺采用无害或危害较小的技术。
- *减缓*：采用危害或能量较低的工艺或储存条件、危险性较低的物料形态或能最大程度降低有害物料泄漏或能量释放影响的设施等（也称为*衰减*，*Attenuation*，或*限制后果*，*Limitation of Effects*）。
- *简化*：工艺设计时杜绝无谓的工艺复杂性，从而降低操作错误概率，提高容错率（也称为*容错*，*Error Tolerance*）。

第 3 章到第 6 章会详细讨论这些本质安全设计策略。第 8 章举例说明本质安全解决方案在工艺全生命周期的应用。

表 2.1 列出化工过程安全中心（CCPS）、1998 年 Kletz 重申的和其他技术文献中的本质安全设计（ISD）初始概念。

表 2.1　本质安全设计策略

Kletz（1998）	CCPS（2008）
本质安全策略	本质安全策略
集成化	最小化
替代	替代
衰减	减缓
限制后果	减缓和简化
"友好工厂设计"策略（附属特性）	反映在四个核心 CCPS 策略中
简化	简化
空间分隔	减缓
避免连锁效应	减缓
避免安装错误	简化
明确状态	简化
容错	简化
便于控制	简化
简单易懂的电脑控制软件	简化
操作说明和程序	简化
适合全生命周期（施工和报废）	工厂全生命周期考虑所有策略
被动安全	减缓
其他	反映在四个核心 CCPS 策略中
固有可靠性	减缓或减少

这四种策略形成一个协议，可以大大减少危险物料泄漏或能量释放相关风险，某些情况甚至可能会完全消除。即便采取其他风险降低措施，如主动或被动保护，也很难消除围堵失效风险。如果安装维护得当，这些措施通常会降低泄漏可能性和后果，但不能将风险降为零。Trevor Kletz 的名言"你没有的东西就不会泄漏(What you don't have can't leak)"既体现了本质安全的终极目标，又根除了有害物料的泄漏风险。尽管本质安全策略是非常有效的技术，但很难消除所有与过程相关的风险。

前面提到，一些研究人员在本质安全概念中也提出其他策略。这些策略一般归为四个核心策略的一部分。但是，有的文献将它们列为单独策略(参考文献 2.3 Amyotte；参考文献 2.18 Khan；参考文献 2.25 Overton and King；参考文献 2.22 Lutz)。这些本质安全策略包括：

- 避免安装错误。
- 明确状态。
- 固有坚固性。

第 3 章到第 6 章有详细定义及其应用指南和举例。第 8 章讨论如何在工艺全生命周期各阶段应用本质安全策略。第 9 章、第 11 章、第 13 章和第 15 章介绍更多的本质安全理念应用案例。

对于主动或被动保护方法均无法实现风险减少的案例，虽然本质安全策略能提供潜在的风险降低方法，但在应用时也存在一些问题。这是因为危害和过程是相关联的，消除或降低一个风险可能引入新的风险或者加大或激化已有风险。应用本质安全方法时，必须评估和比较每一个受影响风险的可能性和后果，从而选择最合适的策略。不采用某种本质安全方法的风险有可能比采用更低，如将可燃溶剂替换成不可燃但有高腐蚀性的溶剂。

2.5　工艺全生命周期的本质安全

业界普遍认为工艺有很多不同的发展阶段。本书将这些阶段称为全生命周期阶段，如图 2.2 所示。不同阶段通常都会开展正式的过程危害分析(如 PHA)，尤其是在早期概念设计阶段或者其他阶段(如变更管理)等。在不同阶段，通过对工艺的设计操作进行危害风险分析，发现本质安全提升的改进机会。也可单独开展正式的本质安全评估。

在工艺研发早期阶段可能比其他阶段需要更多资源寻找本质安全的替代方案机会。但多数情况下，本阶段本质安全方法的理解和应用将大大减少或消除运行阶段附属安全保护设施及其维护费用，并减少运行阶段的事故概率。本质安全也可能降低工艺全生命周期的运行成本。一般来说，越早采用本质安全方法，工艺

图 2.2　工艺全生命周期的本质安全应用

的经济效益回报和可行性就越大。然而，本质安全策略也常用于运行装置。即便装置已经运行，也有风险降低的机会。

2.6 本质安全方法

如果可以，最好是通过改变物料、化学工艺和工艺变量等方法减少或消除危害，而不是增加保护层。虽然主动、被动或过程控制*将*降低风险，但它们不能降低危害本身的属性或存在。

化工过程安全中心（CCPS）的过程安全术语表中的危害定义是可能导致人员伤害、财产损失或环境破坏的化学或物理状态。危害性质不能被改变——它们是物料本身或者物料储存使用条件的固有特性，但可以消除或减少其危害。

化工过程危害来自两个方面：
（1）所用*物料和化学品*带来的危害；
（2）*工艺变量或化学品的使用方式*带来的危害。

化工过程危害举例：
- 光气是吸入性的有毒气体。
- 浓硫酸对皮肤有腐蚀性。
- 乙烯易燃。
- 存储在 600psig（4137kPaG）储罐中的蒸汽有巨大能量，可能会爆炸。
- 丙烯酸单体会聚合，释放大量热。

也可以在事故的四个阶段应用本质安全方法（参考文献 2.10 CCPS HEP）：
- *初始原因*：操作错误、机械故障或外部事件，它是事故序列中的第一个事件，标志着正常状态向异常状态的转变（与初始事件同义）。
- *中间事件*：维持或扩大事故的事件。
- *泄漏事件*：异常情况下发生的具有潜在泄漏和危害影响的不可逆物理事件的时间点，例如泄漏有害物料、点燃易燃蒸气或可燃粉尘云和储罐的超压破裂等。一个事故可能涉及多个泄漏事件，如易燃液体溢出（第一次泄漏危害事件），然后发生闪火和池火（第二次危害事件）来加热周边储罐及其存储物料直到储罐破裂（第三次危害事件）。
- *影响*：衡量泄漏事件的最终损失和危害。可通过伤亡人数、环境破坏程度和（或）财产损失、物料损失、产量损失、市场损失以及重建成本等方面衡量。

最有效的策略是消除危害。本质安全设计（ISD）也可以降低发生事故的可能性，从而避免事故对人员、财产和环境产生重大影响。

本质安全理念应成为任何过程安全方案的重要内容。如果可以消除或减少危害，就不需要后续的保护层管控危害。但是，本质安全不是唯一可用的过程风险管理策略，也并不总是最有效的解决方案。例如，投资成本的限制可能会阻止在运行装置大规模应用新的本质安全工艺。唯一经济可行的办法是在部分工艺流程中实施本质安全设计并辅以额外的保护层。为了将风险降到可接受水平，我们需要既包含本质安全设计又包括额外保护层的策略系统。

　　控制层级中的本质安全理念应用参见图2.3。管控风险的步骤最好是分级迭代。根据管控层次结构的逻辑来应用本质安全策略可能会受到限制。

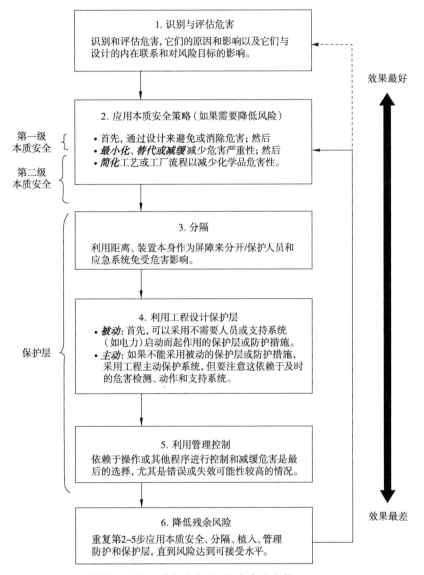

图2.3　控制层级中的本质安全应用(摘自参考文献 2.6 Amyotte 2006)

　　图2.3 第二步中本质安全策略之一是尽可能减少易引发事故的危险化学品存量。一些工厂也会利用最小化策略将危险化学品存量降低到法规要求的阈值以下，以规避相应的过程安全法规。同样，也可运用替代策略，比如采用过程安全法规未要求的化学品替代法规要求的物料。运用本质安全策略规避法规要求是合法的。

　　图2.3 中的返回路径包含两种可能性：

　　经过 PHA 识别基本危害后，返回第二步的路径(实线箭头)适用于迭代考虑本质安全解决方案、分隔、保护层应用和程序管理控制等。但是，返回第一步的路径(虚线箭头)适用于定期危害分析复审或实施 MOC 时进行基本危害识别。

化工过程的安全特性或选择方案是否是"本质的"存有争议。之所以有争议部分归因于不同的人对风险和工艺有不同理解，如从整个工艺的全局视角理解工艺到对工艺某个特性的详细理解等。也有人只是关注于工艺流程设计来解决危害问题，而不是关注其他管理过程危害的解决方案。但是，如果设计或操作解决方案符合2.2章节的定义，那么可将其视为"本质的"。

本质安全等级

应用本质安全理念可以改变涉及危化品的工艺操作条件（如改变工艺参数特性）或完全消除或减少危害性质（如改变工艺所用的物料和化学工艺）。改变化学工艺以减少使用或生产化学品的危害属于第一级本质安全方法。改变工艺参数或其他方面以减少危害（但不会消除危害）属于第二级本质安全方法。下面详细介绍第一级和第二级本质安全的方法。

从最严格意义上讲，即"第一级本质安全"，人们会说本质安全定义仅仅适用于完全消除危害。消除或完全避免危害是第一级本质安全解决方案的优先选择，并且完全符合 Trevor Kletz 的名言"你没有的东西就不会泄漏"。绝对消除危害的本质安全策略是一种最佳解决方案，既不会引入其他危害也不会将风险转移到所关注的产品或物料价值链的其他部分。从过程安全角度来看，第一级本质安全应用例子是关闭或移除危害工艺，或用完全无害物料替代有害物料进行生产。

另外，本质安全方法也可以降低危害程度或最终消除危害。这些方法可归为第二级本质安全。它们显然符合本质安全策略，但可能不如第一级有力度。第二级本质安全仅是应用本质安全理念（如最小化或替代）减少危害。选择第二级本质安全的设计或操作可能会把危害减少到可接受程度。因此，风险将得到充分关注。第二级本质安全应用例子包括将危险物料替换为危害程度较小（如较低的挥发性或毒性等）的物料，或者减少危险物存量，但并没有完全消除。这就是所谓的"虚拟"消除。

从广义上讲，第二级本质安全策略并没有完全消除或减少总体危害，而是通过增加保护层来最大限度地降低次级危害和事故概率。保护层的强度和可靠性有所区别，有的保护层设计得更"可靠"，例如"独立"保护层比其他非独立保护层更可靠有效、更简单，也会对安全产生其他积极影响，但是工艺本身的根本危害仍然存在。这就是解决危害的本质上更安全设计理念与降低风险的保护层之间的区别。在2.7节和第7章，以及CCPS参考书《保护层分析——简化的过程风险评估》和《保护层分析——初始事件和独立保护层分析指南》（参考文献2.11 CCPS LOPA，参考文献2.9 CCPS IPL）中对保护层有更详细的讨论。

在评估过程安全替代方案时，重点是考虑整个生命周期的成本和风险。随着人们逐步意识到需要将"三废"处置、环保合规性、环境破坏的潜在责任和其他长期环境成本等纳入项目经济性评估，本质安全理念在环境领域的应用也越来越受到重视。同样，我们必须考虑整个安全和过程安全的生命周期成本。评估成本时需要考虑的过程安全因素举例如下：

- 与安全和过程安全相关的设备投资成本，包括安全仪表和减缓等主动保护屏障和系统。
- 被动保护屏障的投资成本，例如围堰，根据法律法规和保险公司要求需要提供安全距离的空地。
- 运行维护成本，如安全仪表系统、消防系统、个体防护装备（PPE）和其他安全和过程安全设备等。

- 因安全和过程安全要求而增加的工艺设备维护成本，如安全许可、清洗吹扫设备、个体防护装备、培训和工艺区域的进入限制等。
- 对操作员工进行有害物料和工艺安全培训的成本。
- 合规性成本。
- 保险费用。
- 如果发生过程安全事故，潜在的财产损坏、产品损失和商业受损的成本。
- 潜在的名誉和市场价值的影响。
- 发生过程安全事故时的潜在责任义务成本。

此外，权衡分析时必须考虑工艺技术、许可、运行成本和设备的成本差异。这些因素必须与采取替代方案或其他方案时的风险变化相权衡。

2.7 保护层

保护层是指通过设施、系统或人的行为*降低某个具体失效事件的可能性和严重度*(参考文献 2.12 CCPS Glossary)的理念。该策略发挥作用的前提是利用多层保护功能和措施减少事故概率。虽然应用保护层能大大降低事故概率，但不同于本质安全方法——能消除或最终消除危害(参见第7章)，仍会有残余风险。理想情形是每一个保护层的动作都独立于其他保护层，不管初始事件或其他保护层的动作，每一个设施、系统或人的行为都可以阻止事故发生。除了 CCPS 定义的独立性(参考文献 2.11 CCPS LOPA，参考文献 2.9 CCPS IPL)，每一个保护层应该是有效的可审核的。与共因失效影响的其他保护层相比，独立保护层应该本质安全。这是通用假设，实际的可靠性和坚固性会有所变化。

前面提到的被动、主动和程序的过程风险管理策略也属于保护层。这是因为它们都是减少风险的附属安全或保护设施、系统或工作过程。被动保护层不需要人员干预，也不依赖任何支持或动力系统(如电力)。有时候也称为"故障安全"。主动保护层需要人员或支持系统的干预。程序保护层或管理控制利用安全管理实践和程序减少风险，并依赖人员正确地识别、诊断和响应去发现、阻止或减缓事故的发生。

在正式的保护层分析(LOPA)中，满足独立性、有效性和可审核性的独立保护层可用来定性或半定量地确定其共同保护特性(即保护层)是否足以将危害场景风险降低到可接受水平。最可靠的保护层包括安全仪表系统(SIS)、基本过程控制系统(BPCS)、泄压设施、报警的人员响应、某些减缓系统和能够防止过程安全事故的关键设计。在危害和可能受影响的人员、财产和环境之间设置多个独立保护层(IPLs)是行之有效的。这些保护层显著提升了化工和流程工业的安全和过程安全绩效。但是，这个方法也可能有严重不足：

- *基本危害依然存在*。几个保护层同时失效可能导致事故。如果没有适当的维护或有效的管理控制，每一个主动或被动保护层都可能失效。事件的后果可能受限于所采用的被动或本质安全保护层。
- *考虑不到的路径或机理可能会产生潜在影响*。有害事件发生的方式可能会超出过程安全工程师的认识。事故发生的机理可能未被识别或深入理解。复杂和重叠的保护层增加了意外故障的可能性，尤其是受共因失效影响的非独立保护层。因此，采用额外保护层后实际风险会不变甚至增加。例如，复杂的联锁停车系统可能引起误停车，造成工艺超压泄放等。

- **全生命周期的保护层设置和维护成本高。** 初期投资和运营、培训和维护成本以及运用稀有宝贵技术资源对主动保护层的运营和维护，都可能会大大增加工厂运营预算。特别是 SIS 的设计、安装和维护既困难又昂贵。而且，为了实现 SIS 可靠性水平，即安全完整性水平(SIL)，必须严格遵守定期的测试计划和程序。

出于这些原因，最好通过设计或修改工艺使其自身能承受危害，而不是增加更多的"腰带和背带"。例如，本质安全做法是使工艺设备的最大允许工作压力高于工艺可能出现的最高压力，而不是增加主动性超压保护设施，如安全阀(虽然根据法律和工程规范标准的要求需要设置安全阀)。本质安全设计和保护层的关系参见图 2.4。该图描述保护层概念(包括"设计"层中本质安全解决方案)，展示洋葱图层如何相互叠加成形(摘自参考文献 2.29 CCPS Metrics)。

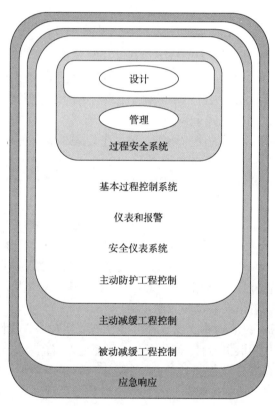

图 2.4　保护层(参考文献 2.29 CCPS Metrics)

2.8　本质安全融入过程风险管理系统

如何将本质安全融入整个过程风险管理方案呢？如上所述，风险是"某个后果发生的可能性。"减少化工装置操作风险的措施包括降低事故发生的可能性(事故频次)和事故造成的损失、伤害或破坏程度或者消除潜在后果。

关键工程风险工具是一种适用于健康、职业安全、过程安全、设备可靠性等方面的风险管控系统。过程安全管理(PSM)的重点是预防、缓解、应对和处置化工装置化学品或能量灾难性泄漏(参考文献 2.12 CCPS Glossary)。过程安全管理体系是确保事故防范措施有效落地的一套综合性策略、程序和实践(参考文献 2.12 CCPS Glossary),主要包括变更管理、过程危害分析、机械完整性及其他方面。这些系统是公认的过程安全风险管理最佳实践。过程安全管理方案通常包含 10~20 个要素,通过其有效实施合理管理风险。

本质安全策略可应用于这些过程安全管理要素。例如,变更管理程序应考虑运用本质安全策略对变更进行技术或危害评审,使本质安全理念成为 MOC 评估和审批的驱动力。本书 2.6 节和第 3 章~第 6 章有本质安全策略的详细介绍。同时,第 10 章也会对本质安全策略在过程安全管理方案不同要素的应用展开详细讨论。

本质安全设计(ISD)是有关整体方法论的理念,将过程视为相互作用的系统,如毒性、可燃性、反应性、稳定性、质量、投资成本、运营成本、运输风险、污染预防和现场因素等。这些因素突显了如何从安全、环境、安保和财务等方面定义和权衡可接受风险的重要性。大多数本质安全建议着重考虑如何避免能量、压力、温度或化学品从工艺过程中释放出来。但是由于经济性限制或新方法带来的风险,决策过程往往受到很多限制。需要强调的是,建设或生产、储存、加工或使用化学品的安全工业设施的最佳方法并不唯一。本质上更安全也并不总是等于"安全",而是降低风险的工具。本质安全必须与其他安全方法结合使用。

本书 2.1 节介绍了过程风险的五种类型。如表 2.2 所示,这五种类型(本质、空间、被动、主动和程序)的任何一种均可应用本质安全。需要注意的是本质安全技术(IST)和其他策略没有明确界限(参考文献 2.13 CCPS DHS)。

表 2.2 过程风险管理类型举例(参考文献 2.8 CCPS GED)

工艺风险管理类型	举 例	说 明
1. 本质	当反应失控时,使用非挥发性溶剂的常压反应不会造成超压	物料的物化性质不会引起反应器超压
2. 空间	在偏远地区远程操作易爆炸的火箭推进剂混合,这样免除超压风险	混合可能会爆炸,但不会对控制室和操作人员造成伤害
3. 被动	如果反应失控会产生 150psig(1034kPaG)的压力,反应器的设计压力定为 250psig(1725kPaG)	反应器能承受失控反应。但是,如果产生 150psig(1034kPaG)的压力,反应器可能仍会因缺陷、腐蚀、物理破坏或其他原因而失效
4. 主动	如果反应失控会产生 150psig(1034kPaG)的压力,而反应器的设计压力为 15psig(103kPaG),可设置 5psig(34kPaG)的 SIS 联锁停料,同时安装爆破压力是 15psig(103kPaG)的爆破片。爆破片动作后物料泄放到后续处理系统	SIS 联锁可能不会及时阻止反应失控,爆破片也可能堵住或安装不当。这些都会在反应失控时导致反应器爆炸。而且,后续处理系统可能发生有害物料泄漏
5. 程序	和第 4 条一样的反应器,但没有安装爆破压力是 15psig(103kPaG)的爆破片。而是培训操作员监控反应器压力,一旦压力超过 5psig(34kPaG),停止进料	可能发生人为失误。操作员没有监控反应器压力或者没有及时停料阻止反应失控

注:这些例子尤其适用于反应失控导致高压风险危害的风险管理策略。所描述的管理过程可能因其他危害带来的风险而有所不同。比如第一个例子中的非挥发性溶剂可能是剧毒,而其他例子中的溶剂可能是水。工艺设计的选择必须基于所有危害的评估。

本质安全的工艺往往以较低的成本换来较大的安全潜力。然而,与具有多个保护层的工艺相比,本质安全的工艺并不能保证其更安全。例如,在实施某项理论上本质安全新技术时,会有不熟悉新技术和经验不足等方面带来的风险。尽管传统的保护层策略的安装、运行和维护的费用很高,但有时会非常有效。某些情况下,固有危害较高的技术带来的经济效益足以抵消增加保护层的成本,而且可以把风险降低到可接受水平。

Hendershot(参考文献 2.15 Hendershot 1995)对航空和汽车运输的本质安全特性进行了对比。对比发现,汽车运输本质更安全的原因如下:

- 一旦发动机失效,汽车可以滑行停车,而飞机会快速下降并可能坠毁。
- 汽车的速度相对较慢。
- 汽车的载客量更小。
- 操控汽车(二维)比操控飞机(三维)要容易。

但是,航空运输的好处,尤其是速度,使其成为长途旅行的首选。这些好处充分证明投入巨资增加大量的保护层以克服自身固有危害是值得的。这些保护层包括大量冗余设计的飞机制造,运用空中交通控制系统管理空域和对飞机、设备和很多其他系统的严格维护。结果表明,尽管航空的固有危害更多,而且 1982~2005 年汽车交通事故致死率大幅下降,但长途旅行时航空比汽车更安全(参考文献 2.16 Hendershot 2006)。

在为美国国土安全部定义本质安全技术(IST)(本书中已被采纳为本质安全定义)时,CCPS 发布了以下注意事项(参考文献 2.13 CCPS DHS):

本质安全技术(IST)是相对的:只有通过对比才能发现哪种技术本质更安全,比较内容包括危害的具体内容、位置及其潜在影响人群。对于某些危害,一种技术可能是本质更安全,但对其他危害而言,它可能就差一些,甚至无法满足人们的安全期望。本质安全技术的选择依赖于危害的位置和泄漏场景。不同的潜在受害人群可能对所选的同一个相对本质安全特性有不同意见。

本质安全技术有赖于明智的决策过程:由于某些选择相对于某些危害而言可能是本质上更安全,而对于其他危害则不然。因此,需要确定最佳策略管控所有危害风险。决策过程必须考虑整个生命周期、所有的危害风险以及风险从一个受影响人群转移到另一个的可能性。方案的技术和经济可行性也必须考虑。风险降低的标准取决于危害或威胁的特征,需要考虑多种危害或威胁之间的冲突。

本质安全方案也可应用于整个价值链,包括制造、使用、存储、运输和报废。需要考虑风险在整个价值链环节之间的转移(参考文献 2.6 Berger,参考文献 2.2 ACS)。例如,减少危险原材料的现场库存可能导致更频繁的卸货和随之而来的运输风险以及供应商增加库存的风险。

Marshall(参考文献 2.23 Marshall 1990,参考文献 2.24 Marshall 1992)从战略和战术的角度讨论事故预防、职业病管控和环境保护。战略方法具有广泛意义,是"一劳永逸"的决定。风险管理的本质安全和被动防护策略通常属于战略方法。一般来说,战略方法最好在工艺或工厂设计的早期阶段实施。战术方法,包括主动保护和程序的风险管理策略,往往在工厂设计的后续阶段实施,甚至在工厂运行以后实施。它通常涉及大量的重复工作、成本增加和潜在失效故障。然而,任何时候考虑本质安全替代方案都犹未为晚。运行多年的工厂实施本质安全的案例也屡见不鲜(参考文献 2.8 CCPS GED，参考文献 2.28 Wade，参考文献 2.7 Carrithers)。

2.9 总结

本质安全是一种完全不同的化工过程和装置设计操作的理念。它侧重于消除或减少危害，而不是通过增加保护层管控风险。本质安全方法和保护层的区别在于本质安全方法是消除或减少危害，而保护层不能消除危害，只是降低危害发生的可能性。有时候保护层会大大降低危害发生的可能性，但是残余风险(可测量的)依然存在，即发生事故的风险没有降为零。

这种方法会使工艺过程更安全更可靠，而且从长远看可能会更经济(参考文献 2.20 Kletz 1984，参考文献 2.21 Kletz 2010)。但是，从严格的投资角度看，将现有设计改为本质安全技术的成本可能较大或难以接受。因此，必须对方案进行全面权衡，并对整个全生命周期成本和风险进行完整性分析。在最终决定实施本质安全技术之前，还必须考虑它的间接成本，例如无意识的风险转移等。

应用本质安全设计消除或减少危害是过程安全管理层级的第一要素。其他策略(被动、主动或程序)则构成应对危害的保护层。

2.10 参考文献

2.1 *The American Heritage® Dictionary of the English Language*, *Fourth Edition*, *Houghton Mifflin Company*, 2000.

2.2 American Chemical Society(ACS)Public Policy Statement 2015–2018, Inherently Safer Technology for Chemical and Related Industrial Operations, 2015.

2.3 Amyotte, P, et. al., Reduction of Dust Explosion Hazard by Fuel Substitution in Power Plants, Trans IChemE(81), Institution of Chemical Engineers, 2003.

2.4 Amyotte, P. R. Goraya, A. U, Hendershot, D. C., and Khan, F. I. (2006). Incorporation of inherent safety principles in process safety management. In Proceedings of 21st Annual International Conference–Process Safety Challenges in a Global Economy, World Dolphin Hotel, Orlando, Florida, April 23–27, 2006(pp. 175–207)New York: American Institute of Chemical Engineers.

2.5 Belgian Administration Of Labour Safety, Technical Inspectorate, Chemical Risks Directorate, Process Safety Study: Practical guideline for analysing and managing chemical process risks, 2001.

2.6 Berger, S, Hendershot, D., Famini, G., Emmett, G., Defining Inherently Safer Technology to Focus Process Safety and Security Improvements, Chemical News, August 2010.

2.7 Carrithers, G., Dowell, A., Hendershot, D., It's Never Too Late for Inherent Safety, International Conference and Workshop on Process Safety Management and Inherently Safer Processes, American Institute of Chemical Engineers, 1996.

2.8 Center for Chemical Process Safety, Guidelines for Engineering Design for Process Safety, American Institute of Chemical Engineers, 1993.

2.9 Center for Chemical Process Safety, Guidelines For Initiating Events And Independent Protection Layers In Layer Of Protection Analysis, American Institute of Chemical Engineers, 2014.

2.10　Center for Chemical Process Safety, Hazard Evaluation Procedures, 3rd Ed., American Institute of Chemical Engineers, 2008.

2.11　Center for Chemical Process Safety, Layer of Protection Analysis-Simplified Process Risk Assessment, American Institute of Chemical Engineers, 2001.

2.12　Center for Chemical Process Safety, Process Safety Glossary, American Institute of Chemical Engineers, www.aiche.org/ccps/resources/glossary.

2.13　Center for Chemical Process Safety, Report: Definition for Inherently Safer Technology in Production, Transportation, Storage, and Use(for U. S. Department of Homeland Security), 2010.

2.14　Council of the European Union, Council Directive, Control of Major-Accident Hazards Involving Dangerous Substances(Seveso III), 2012/18/EU, June 19, 2012.

2.15　Hendershot, D. C., Some thoughts on the difference between inherent safety and safety. Process Safety Progress 14(4), 227-228, 1995.

2.16　Hendershot, D. C., Implementing Inherently Safer Design in an Existing Plant, Process Safety Progress 25(1), American Institute of Chemical Engineers, 2006.

2.17　The Institution of Chemical Engineers & The International Process Safety Group, Inherently SaferProcess Design, 1995.

2.18　Khan, F., *Evaluation of Available Indices for Inherently Safer Design Options*, *Process Safety Progress* (22)2, *American Institute of Chemical Engineers*, 2003.

2.19　Kletz, T. A., Plant Design for Safety, Rugby, Warwickshire, England: The Institution of Chemical Engineers, 1991.

2.20　Kletz, T. A., Cheaper, Safer Plants, or Wealth and Safety at Work. Rugby, Warwickshire, England: The Institution of Chemical Engineers, 1984.

2.21　Kletz, T., Amyotte, P., *Process Plants - A Handbook for Inherently Safer Design*, 2nd Ed., CRC Press, 2010.

2.22　Lutz, W., *Take Chemistry and Physics into Consideration in All Phases of Chemical Plant Design*, *Process Safety Progress*(14)3, *American Institute of Chemical Engineers*, 1995.

2.23　Marshall, V., *The Social Acceptability of the Chemical and Process industries*, *IChemE*, *Part B*, 68, *Institute of Chemical Engineers*, 1990.

2.24　Marshall, V., *The Management of Hazard and Risk*, *Applied Energy*, 42, 1992.

2.25　Overton, T., King, G., *Inherently Safer Technology - An Evolutionary Approach*, *Process Safety Progress* (25)2, *American Institute of Chemical Engineers*, 2006.

2.26　UK Health and Safety Executive, Designing and operating safe chemical reaction processes, HSG-143, 2000.

2.27　UK Health and Safety Executive, Review of Hazard Identification Techniques, HSL/2005/58, 2000.

2.28　Wade, D., *Reduction of Risks By Reduction of Toxic Material Inventory*, *Proceedings of the International Symposium on Preventing Major Chemical Accidents*, *American Institute of Chemical Engineers*, 1987.

2.29　Center for Chemical Process Safety, *Process Safety Metrics: Guide for Selecting Leading and Lagging Indicators*, *Version* 3.1, American Institute of Chemical Engineers(2019).

3 本质安全策略——最小化

3.1 最小化

在本质安全策略中，*最小化*是指减少生产过程或生产装置的物料、能量或能量密度。通常，工艺的最小化是由化工工艺新技术的应用来实现的，例如，带静态混合器的管式反应器、离心蒸馏技术或者新式的高比表面积换热器。然而，传统技术可采用良好的工程设计原则以及适当地优化操作实践，同样可实现减少生产物料存量的目的。

一般来说，现场危险物料的库存是基于生产运营和销售的需求，尤其是现场存储或运输容器的数量变化。铁路调度、卡车运输和其他物流问题多数是独立于安全而制定的，但往往影响现场危险物料的库存。库存有时也取决于原料采购，比如说与价格相关的进出货时间，或者现场供应商的管理库存（VMI）。某些情况下，库存由过时的运输调度实践方法制定。因此，必须与相关方不断地认真协调以减少库存。

改变生产运营和检修习惯也有助于减少存量。例如采用以可靠性为中心的（基于风险）维修技术检修装置可以减少停车时间，降低中间库存和存储，从而提升其本质安全。当设备检修时，为维持装置其他单元设备运转，需要这部分的中间库存和存储能力。提高关键设备可靠性可以消除或显著降低危险化学中间品存量。

在设计工艺设备或单元时，应使其尺寸足够大以满足生产需求，但不能过大。若装置在正常操作或者紧急工况中需要超负荷运转，可能会需要更大的设备尺寸，这应作为预期工艺设计的一部分予以考虑。尽管以后的工艺变更可能会用到该设计余量，但还是应使其设计最小化，尽可能减小原材料和中间品储罐尺寸。此外，还应定期审核评估装置运行库存需求，尤其是危化品库存。

设备尺寸最小化不仅促进本质安全，而且还可以节省开支。如果能在生产工艺中减少设备，则可节省其设计、工程、采购、运营和维护成本。同时已消除的设备也不会危害环境。完成一个给定项目的真正工程艺术取决于怎样做到设备数量最少化和设备尺寸最小化。Siirola（参考文献 3.19 Siirola）讨论了工艺合成策略，这些策略有助于设计和优化工艺路线，以最大限度地减少设备和操作。

术语"工艺集成化"与"最小化"同义使用，尽管前者通常更专注于减小单元操作设备（特别是反应器）尺寸的新技术。它的定义是"任何可以使化学工程技术发展为更小、更清洁、更安全和更节能的技术（参考文献 3.17 Reay）"。自 2007 年以来，欧洲化学工程联合会每两年召开一次工艺集成化研讨会，其他相关的国际会议也在举行。这些会议提出一系列单元操作的有趣尝试，包括反应、气液接触、液液分离、热交换、精馏和分离等。最近，美国化学工程师协会（AIChE）赞助 RAPID（工艺集成化部署快速推进）研究所（参考文献 3.10 RAPID）。该研究所旨在通过开发新的工艺集成化技术并商业化，创建动态合作伙伴网络，构建可持续生态系统。一般而言，工艺集成化的重点是提高工艺效率和经济性，除了采用一系列新技术，还附带减少生产库存，从而提高工艺本质安全。

工艺集成化包括以下新技术和设计，从而最小化工艺设备尺寸、存量和能耗（参考文献 3.17 Reay，参考文献 3.20 Stankiewicz）：

- 设备
  - 旋转盘式反应器、振荡折流板反应器、膜反应器、微反应器。
  - 紧凑型和微型热交换器。
  - 非反应式设备，例如填料床接触器和离心吸收器。
- 方法
  - 集成化混合，采用更高的剪切和传质速率（旋转盘、感应加热、在线混合器）。
  - 集成化分离技术（离心、膜、吸附）。
  - 替代能源：离心流体、超声、太阳能、微波、电场、等离子技术。
  - 其他方法：超临界流体、纳米流体、工艺合成、电解。

这里将介绍一些工艺最小化的例子。参见 Kletz（参考文献 3.12 Kletz 1984，参考文献 3.13 Kletz 1991），Englund（参考文献 3.5 Englund 1990，参考文献 3.6 Englund 1991a，参考文献 3.7 Englund 1991b，参考文献 3.8 Englund 1993），英国化学工程师学会（IChemE）和国际过程安全小组（IPSG）（参考文献 3.1 IChemE），Lutz（参考文献 3.15 Lutz 1995a，参考文献 3.16 Lutz 1995b），美国化学工程师协会化工过程安全中心（CCPS）（参考文献 3.2 CCPS），Stankiewicz（参考文献 3.20 Stankiewicz）以及 Reay，Ramshaw 和 Harvey（参考文献 3.17 Reay）了解更多例子。

3.2 反应器

化工过程大部分风险来自反应器。全面了解反应机理和动力学对优化反应器系统设计至关重要，包括化学反应及其机理和物理因素（如传质、传热和混合）。慢反应的反应器可能会很大，但多数情况下，化学反应会非常快。但由于反应物混合不充分，化学反应会很慢。而混合效果优化的新型反应器尺寸将大大缩小。同时，新型反应器造价通常更低、操作费用更少，而且因物料存量更小而更安全。一般而言，更充分更均匀的反应物混合有助于提高产品质量和收率。因此，只有更深入地了解反应，设计者才能最大限度提高收率并减小反应器尺寸，减少副产物和"三废"的产生，进而使工艺更经济。而通过减小反应器尺寸和工艺物料存量也能提升工艺本质安全。

旋转盘式反应器是一种相对较新的反应器设计发展成果。该反应器在做离心运动的加速度场中发生反应。加速运动的流体极大地强化了传质和传热过程，从而在相同的反应速率下所需要的反应体积更小。因圆盘上的液膜被高度剪切，所以旋转表面（即圆盘）为质量、热量和动量的快速传递创造了理想环境。这对快速的液相（甚至是黏性液体）物理或化学工艺有利，比如聚合、沉淀和快速放热的有机反应。例如，药品生产可能需要 2000L 的常规间歇搅拌反应器，而使用 30cm 的圆盘反应器，就能以 30g/s 的生产速率实现 1000t/a 的产量（参考文献 3.20 Stankiewicz）。

微反应器是反应技术发展的另一个新方向。设备小型化可以使混合和传热过程的传质和传热速率更高。原因是，首先，设备尺寸减小增加黏性损失，但传质和传热的推动力即浓度和温度梯度将增加；其次，系统的表面积与体积的比例随着尺寸的减小而增加，进而增加了单位质量或体积的界面面积。这也意味着增加了传质和传热速率。这两个因素共同构成了非常高效的混合设备和换热器。由于体积是三维特性，所以微型设备的容积及其持有的物料量会随其特征尺寸三次方的倒数而减小。如此一来，物料存量的大幅减少将大大缩短微反应器的响应时间，使体系的温度和浓度更加均一（参考文献 3.20 Stankiewicz）。

3.3　连续搅拌釜式反应器

给定产能情况下，连续搅拌釜式反应器（CSTR）通常比间歇反应器小得多。除了降低物料持有量外，采用 CSTR 还有其他优势，如提高安全性，降低成本并提高产品质量。例如：

- 通常在较小的反应器中混合更好。良好的混合可以提升产品稳定性并减少副产物生成。
- 更容易控制温度，降低热失控风险。较小的反应器单位反应体积能提供更大的传热表面。
- 更小更耐压的反应器可以更好地应对反应失控。

在比较间歇和连续工艺的相对安全性时，重要的是要充分了解化学和工艺条件的差异，这些差异可能会超过连续反应器缩小尺寸带来的好处。Englund（参考文献 3.7 Englund 1991b）讲述一种连续胶乳生产工艺，其连续反应器内有大量未反应单体，其安全性反而不如精心设计的间歇反应器工艺。

3.4　管式反应器

所有反应器类型中，最有可能减少物料持有量的就是管式反应器。管式反应器的设计极为简单，没有活动部件，连接点最少。只要混合充分，即可在长管式反应器中完成相对较慢的反应。各种混合设备均可用于管式反应器的物料混合，包括喷射混合器、喷射器和静态混合器等。

通常希望管式反应器直径最小，因为列管失效时的物料泄漏率与其横截面积成比例。对于放热反应，直径较小的管式反应器有较高的传热效率。当然，减小管式反应器直径会增大压降，设计时要权衡考虑。

3.5　环管反应器

环管反应器是由循环泵的出口连接到其入口而形成的连续管路（图 3.1）。将反应物加入环管中反应，然后得到产品。环管反应器已在各种应用中取代间歇搅拌釜式反应器，包括氯化、乙氧基化、氢化和聚合等。环管反应器通常比相同产能的间歇反应器小得多。Wilkinson 和 Geddes（参考文献 3.23 Wilkinson）描述了一种用于聚合工艺 50L 的环管反应器，其产能可媲美 5000L 间歇反应器。传质通常是气液反应的控制步骤，环管反应器的设计可

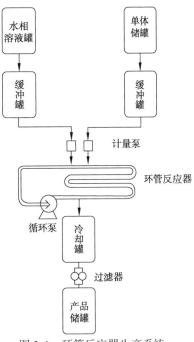

图 3.1　环管反应器生产系统

增加传质速率，减小反应器尺寸并提高收率。例如，某种有机物料最初是在搪玻璃间歇搅拌釜式反应器中进行氯化反应。若用环管反应器代替传统搅拌釜式反应器，利用喷射器将氯气注入循环反应液，既减小反应器尺寸，提高生产效率，又减少有毒物料氯气的使用。表 3.1（参考文献 CCPS 3.2）对两种工艺进行了归纳总结。

表 3.1　反应器设计对气液反应的反应器尺寸和产量的影响（参考文献 3.2 CCPS）

反应器型式	间歇搅拌釜式反应器	环管反应器
反应器容积/L	8000	2500
氯化时间/h	16	4
产能/（kg/h）	370	530
氯气用量/（kg/100 kg 产品）	33	22
废气洗涤塔的耗碱量/（kg/100 kg 产品）	31	5

3.6　反应精馏

将多个单元操作合并到一个设备，减少设备数量，降低物料存量和简化流程。但该方法可能会与本质安全策略相冲突（参见第 12 章）。在减少工艺所需容器或其他设备数量的同时，将多个单元操作合并到一个设备会增加该设备的复杂性。因此，必须认真评估所有危害的应对措施，通盘考量本质安全设计。

反应精馏是在单个设备进行多种单元操作的技术。某公司已开发出乙酸甲酯的反应精馏工艺。该工艺将精馏塔从八个减少至三个，同时还消除萃取塔和一个独立反应器（参考文献 3.1 Agreda，参考文献 3.4 Doherty，参考文献 3.19 Siirola）。该工艺也减少中间物料存量并消除相应辅助设备，如再沸器、冷凝器、泵和换热器。图 3.2 是传统工艺流程，图 3.3 是反应精馏工艺流程。针对以上反应精馏工艺，Siirola（参考文献 3.19 Siirola）报告称与传统工艺相比可大幅减少固定投资和运营成本。

Englund（参考文献 3.5 Englund 1990）和 Stankiewicz（参考文献 3.20 Stankiewicz）描述了其他几种类型的最小化：

- 改变工艺化学来减少存量。使用苯乙烯和丁二烯生产乳胶可以通过连续添加反应物的间歇反应器实现。这样，未反应单体的存量将大大降低，温度也更容易控制。Scheffler（参考文献 3.18 Scheffler）也谈到了本质安全理论在乳胶生产的应用。
- 改变混合强度来减少存量。快反应可利用管线混合器或喷嘴在管线内完成。这将大大减少反应器中未反应物料存量。兼顾传热和静态混合的反应器也有助于减少反应器的反应物料，并可解决许多静态混合器存在的热量移除（加入）问题。很多化学工艺中都包含气液反应，例如氯化、氧化、磺化、硝化和氢化等过程，高强度固定式静态混合器均可提高其反应速率，特别是当气相反应物必须扩散到液相进行反应时（参考文献 3.20 Stankiewicz）。例如，次氯酸钠（漂白剂），一种本质安全的替代氯元素的水处理试剂，由气态氯与液态氢氧化钠在有小型静态混合器的管式反应器中反应生成。

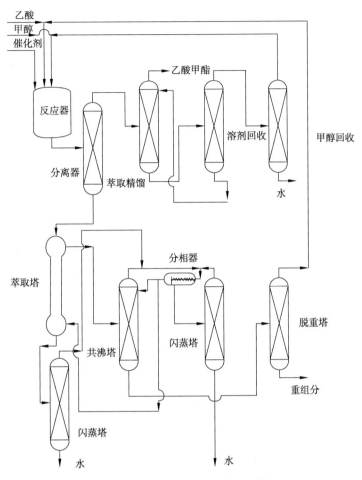

图 3.2 传统乙酸甲酯生产工艺(基于参考文献 3.19 Siirola)

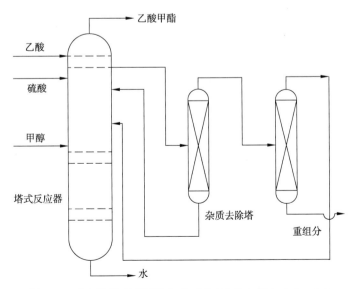

图 3.3 反应精馏乙酸甲酯生产工艺(参考文献 3.1 Agreda)

3.7 危险物料储存

原料罐和缓冲罐及其相连管线是工艺设备的重大风险源。储存和输送设备的精心设计有助于减少危险物料存量。

通常为了操作方便，原料罐和中间储罐往往设计得比实际需求大得多。这样，操作人员既可以不用及时订购原材料，也可以接受下游单元停车。因为在下游单元开车之前上游产品可以存放在缓冲罐。这种操作便利可能会带来巨大成本——危险物料泄漏风险。工艺设计工程师和操作人员必须共同确定所有中间危险品的储存需求，并适当降低存量。Hendershot（参考文献 3.9 Hendershot）对液溴储存风险进行了详细分析。结果表明，将储存方式由大容量存储改为钢瓶后，泄漏对厂外影响降低三个数量级。这种最小化变更还有一个好处，可以使设备管理规避美国环境保护局（EPA）的《风险管理计划》法规（40 CFR Part 68）。该案例中溴的使用量很小，既不会显著增加运输次数，也不会将风险转移到运输部门。现有大容量储罐以及其外围支撑设备也需要因腐蚀而定期更换。所以，该本质安全化改进方案是经济可行的。

同样，有害物料存量也应尽量减少，要更加注重"随用随供"物料供应。减少物料库存可降低库存成本，提高其本质安全。然而，在确定合适的物料库存时，应考虑整个价值链，如下所示：

- 价值链中的物料供货设施、配送设施或两者都必须增加库存以提供"随用随供"服务。与终端用户设施的较大库存相比，前者会带来更大风险吗？
- "随用随供"将给操作人员带来多少额外负担？"随用随供"数量增加是否会增大装卸作业中人为错误的可能性？
- 由于计划外停车以及原材料耗尽而导致的重新开车，在临时运转模式下的额外工作时间是否会增加风险？
- 原材料的运输和临时储存，无论是在停靠的铁路槽车、公路槽车、驳船，还是在运输路线上的其他运输集装箱或运输设施中，是否会比就地储存在设计良好的终端用户设施的风险更大？
- 到货次数增加是否会加大价值链的运输风险？通常，增加的铁路、公路或驳船运输会使沿途的人口、财产和环境遭受潜在的物料泄漏风险。第 8 章将详细讨论危险物料运输的本质安全选择。

多加重视工厂运营和装置联动设计可显著减小物料库存。这里有几个很好的例子：

- 当产品精制工段停车时，某丙烯腈装置关停整个单元，消除近 $23×10^4kg$ 的氢氰酸生产过程存储。这也促使工厂员工全力解决产品精制工段停车问题（参考文献 3.22 Wade）。
- 另一个副产氢氰酸的丙烯腈装置直接向其他单元输送氢氰酸，消除了近 $16×10^4kg$ 的氢氰酸库存。当然，这需要大量解决丙烯腈纯度以及调度有关的问题（参考文献 3.22 Wade）。
- 氯气用户使用现场小钢瓶替代具有大型储罐和很多输送管线的氯气中央集散系统，减少 4500kg 以上的氯气总库存。该措施是另一个与本质安全策略相冲突的例子。氯气中央集散系统会减少操作员工连接和断开氯气钢瓶的频繁操作。这些操作可能增加人为错误和设备故障损坏的概率。但氯气中央集散系统的明显缺点是一旦泄漏将是灾难性的。而由于必须频繁地连接和断开管线，现场小钢瓶也会有较大的泄漏风险，但其最大泄漏量仅限于一个钢瓶的氯气存量。在这种情况下，必须分析和考虑总体风险；当使用小钢瓶时，增加的故障频率和降低的每个事件后果必须与使用氯气中央集散系统的频率和后果进行比较(参考文献 3.22 Wade)。

- 一家农药厂火灾爆炸产生的碎片险些损坏相邻的异氰酸甲酯(MIC)储罐。尽管该爆炸与 MIC 生产无关，但该公司意识到大量 MIC 地面存储的风险。随后开始重新设计 MIC 存储和处理流程，采用本质安全技术和设计，消除地面存储，减少 80% 的总存储量。同时，在工厂的某个特定区域存储 MIC，简化 MIC 的内部处理流程(参考文献 3.3 Committee)。

减少原材料库存的另一种方法是厂内随用随供危险物料，而不是大量采购和存储。该方法效果与随用随买策略类似，并减少危险物料运输的额外风险(如运输槽车卸车等)。比如某氯化工艺，每天需要用铁路槽车购买大量氯气。而一个氯碱厂可以根据工艺需求生成低压氯气，大大减少了厂内库存，所需氯气以低压方式储存和输送(这是另一种本质安全设计策略，即减缓，在第 5 章中讨论)。同时，降低大量氯气泄漏后果(类似于上述液溴例子)，副产烧碱，可外部销售或厂内再回收/利用。这个例子是一个真实的有机氯化过程，副产低市场价值的氯化氢副产品。联产的烧碱将用于中和并回收作为高附加值有机氯化物副产品的氯气。联产装置发生泄漏的最坏场景比初始设计的严重度降低了近一个数量级。

3.8 工艺管线

所有工艺装置和设备都必须通过管线系统连接，因此，装置管线的布置对厂内物料存量有重大影响。反之，装置和设备的布置也将影响装置内和装置间工艺管线以及连接这些装置的输送管线长度。由于管线体积是管线直径平方的函数，管线每增加一个线性长度都会增加物料存量。内径 2 英寸(50mm)的 100 英尺(30m)管线存储约 16 加仑(60L)液体物料，内径 6 英寸(150mm)的 100 英尺(30m)管线存储约 150 加仑(568L)液体物料。同样道理，在满足流速和压降要求的情况下工艺管线直径也应最小化。尽管装置设计之初就确定管线长度，但是部分设备和单元在运转周期内的停运废弃也会使其附属管线报废。该部分管线应从装置移除。如果无法移除，切勿使其存有危险物料或接受其他工艺设备物料，应倒空报废管线并将其与正常运转设备进行彻底隔离。管线除了会增加不必要的物料积存外，其死区还极有可能发生电化学腐蚀和泄漏。新泽西州化工厂洗涤剂醇罐的管线死区腐蚀泄漏起因是操作人员试图操作该管线的手阀，从而导致数千磅的物料泄漏。得克萨斯州的瓦莱罗炼油厂经历了一次重大过程安全事故，其原因是水泄漏到停运的丙烷管线进而结冰。然后该管线失效破裂，随之而来的火灾和设备损坏导致工厂停车两个月，同时炼油产能下滑持续了一年(参考文献 3.21 CSB)。

3.9 工艺设备

工艺系统包含许多不同功能的各种设备，如换热器、过滤器、干燥器、加热器、旋转设备和阀门等。这些设备的尺寸必须满足工艺需求，但又不能选型过大。任何单个设备物料存量的减少可能不会对厂内物料总量产生实质性影响，但初始设计或重新设计（如脱瓶颈项目）可以显著减少物料存量。创新设计可在任何时候减少设备（尤其是换热器）物料存量，大大减少生产过程物料存量。换热器设计牵扯多个变量，优化这些变量可以减少物料存量，包括：

- 加热/冷却介质。
- 加热/冷却介质和工艺物料的流动特性。
- 冷热介质温度。
- 换热表面积。
- 换热器结构。
- 危险物料的流程（即壳侧或管侧）。

第8.4.2节描述了可显著最小化/集成化的不同形式的紧凑型换热器。这些新式换热器的特点是紧凑度高（传热面积与体积比）和水力直径小。

除反应器外，高重力或离心力也被开发应用于填料床。紧凑的旋转填料床接触器等同于大型填料塔，能进行液液萃取，气液相互作用及其他类似操作。较重组分（该情况下为较重液体）进入旋转填料床的中心入口并向外移动，较轻组分（如较轻的液体或气体）在边缘进入并向内移动。采用加速流体大大减小了填料床尺寸（参考文献 3.20 Stankiewicz）。

另一个发展方向是实验室化生产。年产量相对较低的产品（如对于某些药品），采用小试或中试规模的连续工艺替代大批量间歇工艺，以满足产能需求，实现工艺物料最小化。例如，年产量 500t 装置的连续进料量为 70 mL/s，实验室规模工艺完全可满足此要求。工艺放大设计问题被最小化，诸如电力需求和热负荷之类的工艺负荷被分布在更宽的时间范围内，从而导致设备尺寸大大缩小（参考文献 3.20 Stankiewicz）。

第8.4.2节列举了其他单元操作例子，说明其他单元操作或设备的工艺最小化和集成化的可能性。

3.10 降低影响

为降低设备或控制系统故障或者人为错误影响，一种本质安全方法就是将设备设计或工艺/反应条件失效后果降至最低（参考文献 3.14 Kletz 2010）。该本质安全方法与增加多个保护层工艺设计方法相比，后者具有离散的需要时的故障概率（PFD）（假定它们并非万无一失，并且最终会失效）。理解此概念的另一种方法是将其与没有任何保护措施的过程危害分析的后果严重度进行比较。反应未失控或物料泄漏较少的失效场景比依靠防护设施减缓事故后果本质更安全。

降低影响的示例如下：

- 如果螺栓扭矩失效或不正确，采用泄漏量小于纤维垫片的金属缠绕垫片。
- 减小储罐防火堤面积可限制物料蒸发速率，若有易燃液体，可降低火灾的热通量。
- 减小管线直径长度可降低物料存量，尽可能最小化导淋和取样点尺寸，限制错误打开或无法关闭时的物料泄漏速率。
- 减少法兰、阀门、管嘴和其他管线附件的数量。牢记*你没有的东西就不会泄漏*！

将不同反应阶段置于不同的反应器，杜绝投料顺序错误的可能性。

在连续和半间歇工艺中选择连续工艺，在半间歇和传统间歇工艺中选择半间歇工艺，以减少过程中未反应的原料数量，减轻移热失效或者搅拌故障造成的反应失控后果。

改变反应温度、浓度及其他工艺参数，降低移热失效或者搅拌故障发生反应失控的可能性。

降低热源温度以限制其可用能量。1976 年意大利塞维索（Seveso）的失控反应导致周围农田被二噁英污染。其原因是蒸汽过度加热反应器，蒸汽温度既远高于有效传热所需温度，也远高于反应失控的起始温度。

3.11 参考文献

3.1 Agreda, V. H., Partin, L. R. and Heise, W. H., *High-purity methyl acetate via reactive distillation*. Chemical Engineering Progress, 86(2), 40-46, 1990.

3.2 Center for Chemical Process Safety(CCPS), *Guidelines for Engineering Design for Process Safety*. New York: American Institute of Chemical Engineers, 1993.

3.3 Committee on Inherently Safer Chemical Processes: The Use of Methyl Isocyanate(MIC)at Bayer CropScience, National Academy of Sciences, 2012.

3.4 Doherty, M., and Buzad, G. *Reactive distillation by design*. The Chemical Engineer, s17-s19, 27 August 1992.

3.5 Englund, S. M. "*The design and operation of inherently safer chemical plants.*" Presented at the American Institute of Chemical Engineers 1990 Summer National Meeting, August 20, 1990, San Diego, CA, Session 43.

3.6 Englund, S. M. *Design and operate plants for inherent safety-Part 1*. Chemical Engineering Progress, 87(3), 85-91, 1991a.

3.7 Englund, S. M. *Design and operate plants for inherent safety-Part 2*. Chemical Engineering Progress, 87(5), 79-86, 1991b.

3.8 Englund, S. M. *Process and design options for inherently safer plants*. In V. M. Fthenakis (ed.). Prevention and Control of Accidental Releases of Hazardous Gases(9-62). New York: Van Nostrand Reinhold, 1993.

3.9 Hendershot, D. C., et al. *Implementing inherently safer design in an existing plant*. Process Safety Progress, 25(1), 52-57, 2006.

3.10 www. aiche. org/rapid/about-rapid.

3.11 The Institution of Chemical Engineers and The International Process Safety Group. *Inherently Safer Process Design*. Rugby, England: The Institution of Chemical Engineers, 1995.

3.12 Kletz, T. A., *Cheaper, Safer Plants, or Wealth and Safety at Work*. Rugby, Warwickshire, England: The Institution of Chemical Engineers, 1984.

3.13 Kletz, T. A., *Plant Design for Safety*, Rugby, Warwickshire, England: The Institution of Chemical Engineers, 1991.

3.14 Kletz, T., Amyotte, P., *Process Plants-A Handbook for Inherently Safer Design*, 2nd Ed., CRC Press, 2010.

3.15 Lutz, W. K., Take chemistry and physics into consideration in all phases of chemical plant design. Process Safety Progress 14(3), 153-162, 1995a.

3.16 Lutz, W. K. *Putting safety into chemical plant design*. Chemical Health and Safety, 2(6), 12-15, 1995b.

3.17 Reay, D, Ramshaw, C., and Harvey, A., *Process Intensification*, 2nd. Ed., Elsevier, Ltd., 2013.

3.18 Scheffler, N. E, "*Inherently Safer Latex Plants*," Process Safety Progress 15, no.1(1996): 11-17.

3.19 Siirola, J. J. "*An industrial perspective on process synthesis*." In Foundations of Computer-Aided Process Design, American Institute of Chemical Engineers Symposium Series, 91(304): 222-223, 1995.

3.20 Stankiewicz, A. and Moulijn, J., editors, Reengineering the Chemical Processing Plant: Process Intensification, CRC Press, 2004.

3.21 United States Chemical Safety and Hazard Investigation Board(CSB), *FINAL REPORT*, *Valero Refinery Propane Fire*, 7/9/2008.

3.22 Wade, D. E. *Reduction of risks by reduction of toxic material inventory*. In J. L. Woodward(Ed.). Proceedings of the International Symposium on Preventing Major Chemical Accidents, February 3-5, 1987, Washington, D. C(2.1-2.8.)New York: American Institute of Chemical Engineers, 1987.

3.23 Wilkinson, M., and Geddes, K., *An award-winning process*. Chemistry in Britain, 1050-1052, December 1993.

4　本质安全策略——替代

本质安全(IS)理念中，"替代"是指用能减少或消除危害的替代品取代危险物料或工艺。工艺设计人员、操作管理人员和工厂技术人员应关注最新技术发展，定期确定是否有低危险化学品可有效替代所用危险物料。然而，最好是在工艺设计的初始阶段应用本质安全替代理念。如果在工艺设计完成后想替代原材料和中间体，或许某些情况下是可能的，但往好里说会非常困难，往坏里说是不可行的。

最常见的工艺替代应用案例是用次氯酸钠取代氯气作为饮用水和冷却水处理系统的消毒剂。然而，该案例某种程度上仍是个例，因为化学反应仍然涉及氯气；有多种不同方式可将氯元素加到待处理的水或废水中。并非所有化工生产过程都有这种灵活性。

替代例子可以分为五类：反应化学、溶剂、制冷剂、灭火剂和传热介质。下面章节将讨论这五类替代方法。化学品替代是第一级本质安全解决方案，因为它消除了在第 2 章中讨论的使用或生产的化学品。

4.1　反应化学

使用较少危险物料和化学反应的基本过程化学最有可能提高化学/流程工业的固有安全。替代化学可以使用危险性较低的原料或中间体，可以减少危险物料存量(最小化)，减少苛刻的工艺条件(减缓)。催化剂表征往往是开发本质安全化学合成路线的关键，它可以提高反应选择性或允许目标反应在较低温度或压力下进行。过程化学本质安全创新案例包括：

- 杀虫剂西维因有多条生产路线，一些路线不使用异氰酸甲酯(MIC)(替代)，或者只作为中间体，仅生成少量该有毒物料(最小化)(参考文献 4.15 Kletz 1991)。一家公司开发了一种生产氨基甲酸酯类杀虫剂的专有工艺，作为中间体，MIC 存量不超过10kg(参考文献 4.14 Kharbanda，参考文献 4.20 Manzer)。一家以色列公司改变了生产西维因的三种物料(α-萘酚、甲基胺和光气)的顺序，不会产生 MIC。α-萘酚与光气反应生成氯甲酸酯，而不是将 α-萘酚与甲胺反应生成 MIC，然后氯甲酸酯再与甲胺反应生成西维因。这样不会生成 MIC。但这些反应都不够理想，因为它们使用光气。光气是比氯气毒性更大的物料(参考文献 4.16 Kletz 1998)。然而，对于涉及光气的许多工艺，常见的工艺设计是"随用随产"光气，很少或没有临时储存。

- 氨基甲酸酯类农药灭多威的生产通常会使用 MIC，MIC 要单独生产，并大量带压储存。某大型化学公司实施一项生产灭多威的新技术，将毒性较小的化学品甲基甲酰胺按需转化为 MIC 气体，并在随后的反应中立即消耗，系统残留极少，并完全消除生产过程中的光气(参考文献 4.40 US OSHA)。

- 丙烯腈可以通过乙炔与剧毒的氢氰酸反应来生产：

$$CH \equiv CH + HCN \longrightarrow CH_2 = CHCN$$

　　乙炔　　氢氰酸　　　丙烯腈

- 丙烯腈也可采用新的氨氧化工艺生产。此工艺所用的丙烯和氨均是危害较小的原料（参考文献 4.3 Dale，参考文献 4.26 Puranik）。

$$CH_2 = CHCH_3 + NH_3 + \frac{3}{2}O_2 \longrightarrow CH_2 = CHCN + 3H_2O$$

　　丙烯　　　氨　　　　　丙烯腈

- 这个工艺也确实会产生少量剧毒氢氰酸(HCN)副产品。Puranik 等人（参考文献 4.26 Puranik）报告称，开发了一种改进的选择性更高的催化剂，并将氨氧化工艺与后续反应器耦合，在后续反应器中通过氧氰化反应将副产物 HCN 转化成丙烯腈。

- 生产丙烯酸酯的雷普(Reppe)工艺，使用具有高度急性和长期毒性的羰基镍催化剂，使乙醇与乙炔、一氧化碳发生反应生成丙烯酸酯。

$$CH \equiv CH + CO + ROH \xrightarrow[HCl]{Ni(CO)_4} CH_2 = CHCO_2R$$

　　乙炔　　　乙醇　　　丙烯酸酯

- 替代的丙烯氧化工艺使用危害较小的原料制造丙烯酸，然后与适量乙醇酯化（参考文献 4.12 Hochheiser）。

$$CH_2 = CHCH_3 + \frac{3}{2}O_2 \xrightarrow{catalyst} CH_2 = CHCO_2H + H_2O$$

　　丙烯　　　　　　　　　　丙烯酸

$$CH_2 = CHCO_2H + ROH \xrightarrow{H^+} CH_2 = CHCO_2R + H_2O$$

　　丙烯酸　　　乙醇　　　丙烯酸酯

- 聚合物负载的反应物、催化剂、保护基团和介质可以取代相应的小分子物料（参考文献 4.29 Sherrington，参考文献 4.33 Sundell）。活性组分与固定它的大分子载体紧密结合。这通常使有毒、有害或腐蚀性物料更加安全。尽管由于环境原因，作为机动车燃料添加剂的甲基叔丁基醚(MTBE)已被逐步淘汰，但它是用聚苯乙烯磺酸催化剂通过甲醇和异丁烯反应进行工业化生产。

$$CH_3OH + CH_2 = C(CH_3)_2 \xrightarrow{聚苯乙烯磺酸催化剂} CH_3 = OC(CH_3)_3$$

　甲醇　　　异丁烯　　　　　　　　　　　　　MTBE

- 工艺的本质安全也需要考虑副反应及副产品。例如，某种涉及苛性钠水解的工艺采用二氯化乙烯（缩写为 EDC；也称之为 1,2-二氯乙烷）作为溶剂。在反应条件下，氢氧化钠和 EDC 发生副反应，产生少量危险的氯乙烯。

$$C_2H_4Cl_2 + NaOH \longrightarrow C_2H_3Cl + NaCl + H_2O$$

　　1,2-二氯乙烷　　　　　氯乙烯

- 为了消除这种危害，已经找到一种没有反应性的溶剂替代 EDC 溶剂（参考文献 4.10 Hendershot 1987）。

- 氢氟酸(HF)具有许多工业用途，包括石油加工作为烷基化催化剂、洗涤剂组分生产、金属加工、玻璃蚀刻、有机氟化物制造、半导体制造和铀浓缩。最近的工艺发展找到了液体 HF 的替代品：

- ○ 固体 HF 催化剂已被证明可以替代液态 HF 烷基化工艺。炼油厂的烷基化装置生产无硫或无芳烃的高辛烷值汽油调和组分。目前，正在开发的一种工艺是使用液相提升管反应器和固体催化剂，其概念类似于流化催化裂化装置(FCCU)。此反应器在约 350psia(24bar)压力和 50~100 ℉(10~38℃)低温下运行。这些操作条件及进料比(异丁烷∶烯烃)与现有的液态 HF 烷基化装置类似。这些工艺的催化剂活化和再生是关键步骤(参考文献 4.21 McCarthy)。

- ○ 固体 HF 催化剂用于生产直链烷基苯，一种生产磺化物的原料。而磺化物又是制造可生物降解洗涤剂的组分。

- ○ 炼油厂中，作为烷基化催化剂，虽然硫酸的催化效率较低，但其危险性较低，很有可能取代 HF。几家炼油厂已采用该替代方案降低风险。发生灾难性泄漏时，HF 往往会对厂外(以及厂内)产生潜在影响，而硫酸通常只对紧急泄漏区域的人员构成危险，而且是液体，更容易控制。但是，炼油厂烷基化装置的硫酸存在风险转移问题。HF 烷基化装置的 HF 可以再生和循环利用。而硫酸作为烷基化催化剂是一次性使用，产生大量易燃的废硫酸(即硫酸-烃混合物)，容易引起火灾爆炸。除非现场再处理，否则废硫酸必须送到单独装置进行再加工回收。这会增加运输风险和后续处理装置的相关风险。另外，此工艺价值链的前端需要增加硫酸产量，进而增加二氧化硫和三氧化硫的使用量，这会带来很大的工艺安全风险。但是，从安全和环境角度总体来看，对于烷基化反应硫酸比 HF 有明显的优势(参考文献 4.22 Norton)。

- 合成许多有机材料的相转移催化工艺(参考文献 4.31 Starks 1978，参考文献 4.32 Starks 1987)使用较少甚至不使用有机溶剂。相转移催化工艺可以使用毒性较小的溶剂或危险性较小的原料，如盐酸溶液替代无水氯化氢，或在较温和条件下操作。部分相转移催化反应类型包括：
  - ○ 酯化反应。
  - ○ 亲核性芳香取代。
  - ○ 脱氢卤化。
  - ○ 氧化。
  - ○ 烷基化反应。
  - ○ 羟醛缩合反应。

Rogers 和 Hallam(参考文献 4.27 Rogers)提供其他化学途径实现本质安全的例子，涵盖合成路线、试剂、催化剂和溶剂等，例如：

- 用空气代替过氧化物作为氧化反应的氧气来源。
- 使用超过操作边界(如温度)就失活的催化剂限制过度反应。
- 使用高沸点反应溶剂，防止反应过度时的气化。

创新的化学合成方法可以为各种化学品制造提供经济环保的工艺路线。通过消除危险物料或化学中间品或使用较温和的操作条件，这些创新的化学反应还可潜在地提升工艺本质安全。一些有趣的潜在本质安全的化学例子包括：

- 电化学技术，用于合成萘醌、茴香醛和苯甲醛(参考文献 4.41 Walsh)。

- 极端酶或能耐受相对恶劣条件的酶，建议用作精细化学品和药物的复杂有机合成的催化剂（参考文献 4.8 Govardhan）。

- 多米诺反应，在容器中发生一系列精心策划的反应，制备复杂的生物活性有机化合物（参考文献 4.9 Hall，参考文献 4.34 Tietze）。

- 激光"微观操控"反应，直接生产目标产品（参考文献 4.7 Flam）。

- 超临界工艺，允许在化学反应中使用危险性较小的溶剂，如液体二氧化碳或水。这种优点必须与处理超临界流体所需的高温和压力相平衡。Johnston（参考文献 4.13 Johnston），DeSimone 等人（参考文献 4.5 DeSimone）和 Savage（参考文献 4.28 Savage）综述了超临界工艺的一些潜在应用。

- 用葡萄糖代替苯（苯是有毒易燃的烃）生产己二酸。植物外壳和稻草等生物残渣也能生产葡萄糖（参考文献 4.16 Kletz 1998）。

- 制造半导体时，采用危害较小的液体，如三甲基磷酸酯、三甲基硼酸酯和四乙基硅酸，取代如磷化氢、二硼烷和硅烷等有毒/易燃气体（参考文献 4.16 Kletz 1998）。

- 三氯氧磷可以代替光气，1,1,1-三氯乙烷也可以代替氯化氢气体（参考文献 4.16 Kletz 1998）。但是要权衡这些替代。三甲基磷酸酯和三氯氧磷被认为是潜在的化学武器原料，在一些国家受到特定限制。从大气排放角度看，三氯氧磷也是有毒物料，尽管其毒性低于光气。三氯氧磷也与水发生反应，与水接触（包括大气湿度）会产生大量 HCl。此外，1,1,1-三氯乙烷是一种疑似人类致癌物料和消耗臭氧的化学品。

- 使用膜电池，而不是汞或隔膜电池生产氯气，以避免在旧技术中使用汞和石棉（参考文献 4.17 Kletz 2010）。

- 用二氧化碳代替无机酸（例如硫酸，盐酸或硝酸）控制饮用水的 pH 值，利用二氧化碳的溶解度避免可能的酸过量（参考文献 4.17 Kletz 2010）。

- 用酸性溶液（如氢氟酸和盐酸）代替带压储存的无水气体（如氟化氢和氯化氢）（参考文献 4.36 US EPA & US OSHA）。

- 使用现场硫黄燃烧工艺制造发烟硫酸和三氧化硫，避免大容积存储设备（参考文献 4.36 US EPA & US OSHA）。

- 使用超临界二氧化碳作为生产聚苯乙烯泡沫的发泡剂，代替氟氯化碳（CFC）、其他消耗臭氧层化学品，或者易燃有毒烃（参考文献 4.38 US EPA-Dow）。

这些替代化学路线许多仍在研究中，它们的商业应用即便有也非常少。然而，这些替代化学路线和其他创新化学合成技术的潜在环保和安全效益将鼓励进一步的研究开发。

4.2 绿色化学

美国环境保护局（EPA）的一份报告（参考文献 4.18 Lin）对文献中讨论的本质安全化学工艺选择进行了广泛的审查和评估。这份报告不仅包括实验室化学工艺选择，还包括一些中试甚至工业化的化学工艺选择。

- 20 世纪 90 年代，美国环境保护局建立了绿色化学方案，旨在推广创新化学工艺技术，减少或消除在设计、制造和使用化学品时使用或产生危险物料。绿色化学将创新的科学解决方案用于现实环境，是一种行之有效的污染预防手段。因此，绿色化学方案涵盖范围比本书描述的 IS 概念更广泛。Hendershot(参考文献 4.11 Hendershot 2006)清楚地描述本质安全技术与绿色化学的关系。然而，在 EPA 公布的绿色化学十二条原则中有下列描述：

○ 设计完全有效的化学产品，且毒性很小或没有毒性，以及
○ 设计合成路线，使其使用和生成的物料对人类和环境没有或极少毒性。

这些原则和定义绿色化学方案的其他原则一样，与 IS 拥有一致的目标和目的。下面案例中的公司利用绿色化学方案重新设计了他们的工艺流程：

- 使用过渡金属催化反应在现代有机化学中具有越来越重要的意义。这些催化剂广泛应用于制药、精细化工、石化、农用化学品、聚合物和塑料的合成。尤其重要的是 C—C、C—O、C—N 和 C—H 键的形成。传统的有机金属化学和过渡金属催化中，使用惰性气体和消除水分是必不可少的。麦吉尔大学的研究重点是开发在空气和水中使用的过渡金属催化反应。具体来说，李教授开发了一种新的[3+2]环加成反应，在水中生成 5 元碳环；在水中合成 β-羟基酯；在水中由锰催化的具有化学选择性的烷基化和频哪醇偶联反应；以及在水中 1,3-二羰基化合物的新烷基化方法。他的研究实现铑催化的羰基加成和共轭加成反应能在空气和水中进行。还设计了一种高效的锌介导 Ullmann 偶联反应(一种金属催化的多种亲核物料与芳基卤化物之间的芳香亲核取代反应)，在水中由钯催化发生。这种反应可以在室温空气中进行。此外，还开发了许多 Barbier-Grignard 型的反应(金属催化形成碳-碳键的方法)。这些新的合成方法可以合成各种有用的化学品和化合物。过渡金属在水和空气中的催化反应提供了许多优点。水是现成的，价格低廉，不会燃烧、爆炸或有毒。用水作为反应溶剂可以避免保护和脱保护过程，从而节省合成步骤。因为保护和脱保护过程会影响整体合成效率，产生溶剂气相排放(即简化)。简单的相分离可以促进产品分离，而不涉及有机排放和能量密集的有机溶剂蒸馏工艺。由于水具有很高的热容，水相的反应温度也更容易控制(即减缓)(参考文献 4.38 U. S. EPA-Dow)。

4.3 溶剂

用水系统或危害较小的有机物料取代挥发性有机溶剂，提高了许多工艺操作和最终产品的安全性。在评估溶剂或任何其他工艺化学品的危害时，必须考虑工艺条件下的物料性质。例如，如果工艺条件超过可燃溶剂的闪点或沸点，就会存在较大的火灾危害。一些溶剂替代的例子包括：

- 水性涂料和胶黏剂替代溶剂性产品。
- 用于农业配方的闪点较高、挥发性较低的溶剂(参考文献 4.2 Catanach)。许多情况下，农用化学品可以使用水性配方或干性配方替代有机配方。
- 用于印刷电路板和其他工业脱脂操作的水性和半水性清洗系统(参考文献 4.19 Mandich；参考文献 4.4 Davis)。
- 用于油漆剥离的研磨介质清洗系统取代危险有机溶剂(参考文献 4.4 Davis)。
- 用 N-甲基吡咯烷酮、二元醚和有机酯取代更危险的除漆剂(参考文献 4.25 Consumer Reports；参考文献 4.4 Davis)。

很多工业领域，一直在积极寻找更安全环保的溶剂。各行业都发现了大量溶剂替代品，包括食品加工、纺织、木材和家具、印刷和铸造/金属加工。美国环境保护局（EPA）编写了一份指南——《水性和半水性溶剂化学品：环境的优选选择》（nebis.epa.gov/），为公司提供信息，帮助其选择对环境负责的金属清洗化学品。Slater 和 Salveski 开发了一种方法，用来计算多种溶剂的制药工艺的总体"绿色程度"，其中具有对比两种不同工艺选择绿色程度的能力。一张溶剂选择表包含了 60 多种溶剂，并且有制药和化学工业中常见的相关化学品（参考文献 4.31 Slater）。尽管这种方法的目的是尽量减少环境影响，但它的一个额外好处是通过使用挥发性较低的有机溶剂降低安全风险。

4.4 制冷剂

制冷系统需要使用蒸气压高、闪点低、热容高的物料，才能成功地发挥冷却介质的作用。不幸的是，大多数具有制冷剂理想性能的物料也有其他不好的性能，从而带来风险。工业制冷系统使用的三大制冷剂是轻烃（即乙烯、丙烷、丙烯等）、液氨和氟氯化碳（CFC）。这些物料的各自危害会妨碍其在制冷系统的使用。高度易燃的烃，如丙烷和丙烯，如果泄漏，则会引起严重的火灾爆炸危险。液氨有毒，具有吸入危害。20 世纪 20 年代开发出来的氟氯化碳（CFC），作为氨和烃制冷剂的安全替代品，一旦泄漏到大气中，就会破坏地球的臭氧层。制冷剂的选择取决于现场物料的可用性、制冷系统的易维护性以及所需的制冷剂数量。由于国际上禁用氟氯化碳，许多设备已改用烃制冷剂。如果烃制冷系统只是逐步增加现场可燃烃总量，采用烃类制冷剂可能是最好的选择。因为氨是环保制冷剂，没有臭氧消耗潜值（ODP），液氨制冷系统在食品加工行业得到广泛应用。在常见的制冷剂使用温度压力下，液氨还具有良好的热力学性质。因此，应用在大型工业系统的液氨系统比其他制冷剂系统更小、更紧凑且能耗更低。

近年来，人们研究了具有较低 ODP 水平或较低可燃性的替代制冷物料，如氢氟烃、氢氯氟烃（HCFC）和氢氟醚。这些物料可以单独使用，也可以作为易燃物料的载体，从而产生一种比纯烃（如丙烷）更不易燃的制冷剂（即替代）。根据《蒙特利尔议定书》，氢氯氟烃（HCFCs）计划在 21 世纪的头 30 年内逐步淘汰，而《美国环境保护局清洁空气法》第 605 节规定，氢氯氟烃（HCFCs）制冷剂将于 2020 年完全淘汰。液氮和液态二氧化碳也可作为制冷剂，不存在与上述物料相同的安全及环境危害。然而，它们也不是没有风险。这两种物料都无色无味，不像氨具有很低的气味阈值，如果在密闭空间泄漏，将有严重的窒息危险（参考文献 4.16 Kletz 1998）。

4.5 灭火剂

CFC 制冷剂的类似问题也会影响到传统的灭火剂。溴氟氯烃（BFC）或卤代甲烷被广泛用作灭火剂，特别是在含有电子或电气设备的空间，其他灭火剂（如水）会造成严重的设备损坏。BFCs 对臭氧层的不利影响与 CFCs 相同，已停止生产并逐步停用。目前已经开发出较新的卤代烃作为灭火剂，但并不如 BFCs 那样高效。它需要更大系统和更大库存才能扑灭同样规模的火灾（即替代）。二氧化碳是一种很好的灭火替代物。但是，如果有人在火灾现场没有配备相应的应急呼吸设备，那么用于扑灭大多数火灾的二氧化碳浓度足以使其窒息。卤代甲烷和其他灭火剂可在不使人窒息的浓度下使用(参考文献 4.16 Kletz 1998)。截至 2010 年，已根据《蒙特利尔议定书》淘汰消防用的 CFCs 和卤代甲烷，采用低 ODP 的灭火剂替代品，如 3M 的 Novec-1230 或 FM-200。它们都是安全的，可用于封闭空间，且 GWP(全球变暖潜值)较低。

4.6　传热介质

导热油往往在其闪点以上的温度加热工艺物料，如果泄漏，就有可能发生火灾。作为一种本质更安全的选择，现在已经有新兴的商业化高沸点传热介质(即减缓)。目前在售的导热油，沸点为 275~400℃，工作温度是-50~500℃。对于 200~2000℃的工作温度工况，可以使用熔盐(即替代)(参考文献 4.17 Kletz 2010)。

生产环氧乙烷时，已使用水代替煤油作为导热介质；用水作为导热介质，需要较高操作压力，但泄漏潜在危害要小得多(参考文献 4.17 Kletz 2010)。许多情况下，用蒸汽作为加热介质也是一种本质安全选择，消除了泄漏的潜在燃烧风险(即替代)。然而，高压或过热蒸汽的风险不可忽视，其对直接靠近蒸汽泄漏的人的烫伤和其他严重伤害也是非常严重的。

另一个例子是可燃传热流体的替代。在聚合物挤出过程中，使用不易燃的丙二醇和水的混合物作为替代加热介质(参考文献 4.6 Edwards)。

4.7　知情替代

美国职业安全与健康管理局(OSHA)出版了危险物料知情替代的指导材料，包括识别替代品、评估其健康和安全危害、潜在的权衡以及技术和经济可行性。其结果可能包括使用化学替代品进行产品或工艺的重新设计，以完全消除对特定危险化学品的需要。这涉及下面两个主要阶段中的七个步骤：

第一阶段，*替代筹划*：系统地设定目标和优先事项以减少危害，开发化学品使用清单，评估替代品，确定首选替代品，并实施替代。

第二阶段，*替代评估*：根据危险化学品的危害、性能和经济可行性，确定、比较和选择更安全的替代品。替代评估是替代规划程序的关键组成部分，用于评价和比较替代方案。

作为替代评估的一部分，有许多工具方法可用于评估危害、性能和经济可行性。例如，**比较化学危害评估**工具提供基于化学危害的化学替代品比较方法(参考文献 4.40 US OSHA)

知情替代程序的步骤如下：

(1)组建团队制定计划；

(2)检查现有化学品；

(3)识别替代品；

(4)评估和比较替代品；

(5)选择更安全替代品；

(6)试行替代品；

（7）使用和评价替代品。

有很多资源用于研究危险化学品替代。这些资源包括化学品替代案例研究和替代品，包括：

- SUBSPORT——替代支持门户——迈向更安全的替代办法（www. subsport. eu/case-stories-database）。
- 化学品安全问题政府间论坛（IFCS）——替代品和替代品案例研究、实例和工具（www.who.int/ifcs/documents/standingcommittee/substitution/en/）。
- 马萨诸塞大学洛厄尔分校减少有毒物质使用研究所（TURI）案例研究（www.turi.org/TURI_Publications/Case_Studies）。
- ISTAS Ristox（仅限于西班牙语）（www.istas.net/web/abreenlace.asp？identence=3911）。
- 美国环境保护局-更安全的化学成分清单（www.epa.gov/saferchoice/safer-ingredients）。

已完成的替代品评估（Interstate Chemicals Clearinghouse www. theic2. org/aa-wiki-archive）也包含其中。对与替代相关的多个在线资源进行一次性集中搜索是识别可行替代方案的另一种快速方法。美国职业安全与健康管理局还提供评估危害、性能和成本的指南（参考文献4. 40 US OSHA）。其他相应的评估工具包括：

- 欧洲联盟委员会，通过替代减少化学品对工人健康和安全的风险，2012年。
- 安大略省化学毒品减少方案，评估更安全化学替代品的参考工具，2012年。

虽然这些工具的重点是减少职业（和家庭）接触危险化学品和环境保护，但许多工具也适用于化学工艺和工艺安全。

安大略省化学毒品减少方案旨在促进绿色化学和工程，并开发有价值的参考工具，用于评估化学品替代，具体步骤如图4.1所示。该工具适用于各种行业和各种规模的公司。

应当指出的是，虽然已经开发若干评估替代化学品使用情况的程序，但目前尚未制定标准方法。制定最有吸引力替代品的选择标准是一项重大挑战；在用更安全的替代品来替代危险化学品时，往往必须进行极为重要的利弊权衡（参考文献4.23 Ontario）。

美国环境保护局（EPA）还制定程序评估更安全的化学替代品，称为"环境设计（DfE）替代品评估"（参考文献 4.35 U. S. EPA）。这项工作主要侧重于产品安全，包括以下步骤：

（1）确定替代品评估的可行性；

（2）收集有关化学替代品的资料；

（3）召集利益相关方；

（4）识别可行的替代方案；

（5）开展危害评估；

（6）实施经济性及全生命周期分析；

（7）将结果应用于更安全的化学替代品的决策。

EPA还单独制定危害评价标准，其中包括人类健康影响、环境毒性和致命毒理学标准（参考文献 4.37 U. S. EPA, Office of Pollution Prevention & Toxics）。已完成的评估包括用于柔性聚氨酯泡沫和印刷电路板的阻燃剂。加拿大职业健康和安全中心（CCOHS）的网站是加拿大国家职业健康和安全信息中心，为替代化学品选择提供指导。这包括对替代化学品的危害评估，其中应考虑以下问题，以尽量减少风险（参考文献 4.1 CCOHS）：

- 蒸气压。
- 短期健康影响。
- 长期健康影响。
- 皮肤毒性。
- 呼吸系统的敏感性。
- 致癌性和对生殖系统的影响。
- 物理危害(如易燃性)。

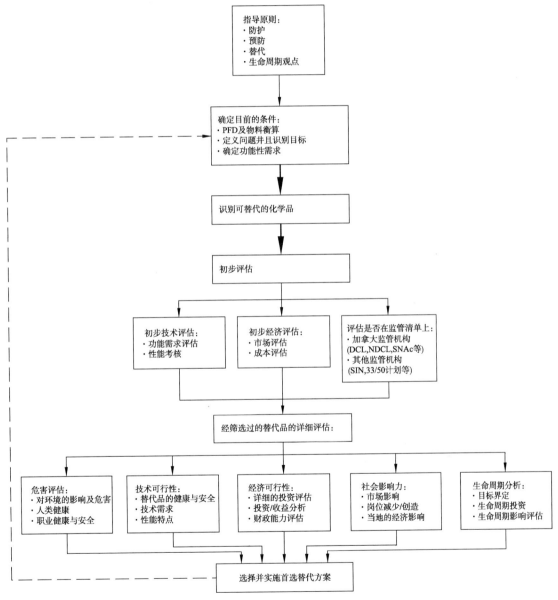

图 4.1 更安全的替代化学品评估框架图(参考文献 4.23 Ontario)

经济合作与发展组织(OECD),一个致力于推动改善世界各地人民经济和社会福祉政策的国际组织,也开发了替代和替代品评估工具箱(SAATOOLBOX),包括化学品替代和评估做法的信息和资源，以及如何进行评估的实用指南和案例研究。案例研究是指由制造商、学术机构、非政府组织或政府机构进行的替代化学品或化学品危害评估，包括替代化学品的评价（参考文献 4.24 OECD），如：

- 阻燃剂。
- 增塑剂（无邻苯二甲酸酯）。
- 溶剂。
- 用于洗涤剂的壬基酚乙氧基化物。

2007 年欧洲通过的《关于化学品注册、评估、许可和限制的法规（REACH）》要求某些化学品的生产商和进口商在超过 1000kg 的阈值时，收集有关化学物料属性的信息，并在中央数据库登记。同时，条例呼吁在确定合适的替代品之后应逐步取代最危险的化学品（称为重点关注物料）。《关于化学品注册、评估、许可和限制的法规（REACH）》将在第 12 章的监管措施中进一步讨论。

4.8 参考文献

4.1　Canadian Center for Occupational Health and Safety（CCOHS）, *Substitution of Chemicals-Considerations for Selection*, www. ccohs. ca/oshanswers/chemicals/substitution. html.

4.2　Catanach, J. S., and Hampton, S. W., *Solvent and surfactant influence on flash points of pesticide formulations*. ASTM Spec. Tech. Publ. 11, 149-57, 1992.

4.3　Dale, S. E., *Cost-effective design considerations for safer chemical plants*. In J. L. Woodward（ed.）. Proceedings of the International Symposium on Preventing Major Chemical Accidents, February 3-5, 1987, Washington, D. C.（pp. 3.79-3.99）. New York: American Institute of Chemical Engineers, 1987.

4.4　Davis, G. A., Kincaid, L., Menke, D., Griffith, B., Jones, S., Brown, K., and Goergen, M., *The Product Side of Pollution Prevention: Evaluating the Potential for Safe Substitutes*. Cincinnati, Ohio: Risk Reduction Engineering Laboratory, Office of Research and Development, U. S. Environmental Protection Agency. 1994.

4.5　DeSimone, J. M., Maury, E. E., Guan, Z., Combes, J. R., Menceloglu, Y. Z., Clark, M. R., et al., *Homogeneous and heterogeneous polymerizations in environmentally-responsible carbon dioxide*. Preprints of Papers Presented at the 208th ACS National Meeting, August 21-25, 1994, Washington, DC（pp. 212-214）. Center for Great Lakes Studies, University of Wisconsin-Milwaukee, Milwaukee, WI: Division of Environmental Chemistry, American Chemical Society, 1994.

4.6　Edwards, V. and Chosnek, J., *Making Your Existing Plant Inherently Safer*, Chemical Engineering Progress, January 2012.

4.7　Flam, F., Laser chemistry: *The light choice*. Science 266, 215-217, 14 October 1994.

4.8　Govardhan, C. P., and Margolin, A. L. *Extremozymes for industry: From nature and by design*. Chemistry & Industry, 689-93, 14 October 1994.

4.9　Hall, N., *Chemists clean up synthesis with one-pot reactions*. Science, 266, 32-34, 7 October 1994.

4.10　Hendershot, D. C., *Safety considerations in the design of batch processing plants*. In J. L. Woodward（Ed.）. Proceedings of the International Symposium on Preventing Major Chemical Accidents, February 3-5, 1987, Washington, D. C.（pp. 3.2-3.16）. New York: American Institute of Chemical

Engineers，1987.

4.11　Hendershot，D. C.，*An overview of inherently safer design*. Process Safety Progress，25（2），103-107，2006.

4.12　Hochheiser，S.，*Rohm and Haas*，*History of a Chemical Company*. Philadelphia，PA：University of Pennsylvania Press，1986.

4.13　Johnston，K. P.，*Safer solutions for chemists*. Nature 368，187-88.，17 March 1994.

4.14　Kharbanda，O. P.，and Stallworthy，E. A.，*Safety in the Chemical Industry*. London：Heinemann Professional Publishing，Ltd.，1980 and 1988.

4.15　Kletz，T. A.，*Plant Design for Safety*. Rugby，Warwickshire，England：The Institution of Chemical Engineers，1991.

4.16　Kletz，T. A.，Process Plants：A Handbook for Inherently Safer Design. Philadelphia，PA：Taylor & Francis，1998.

4.17　Kletz，T.，Amyotte，P.，Process Plants-A Handbook for Inherently Safer Design，2nd Ed.，CRC Press，2010.

4.18　Lin，D.，Mittelman，A.，Halpin，V. and Cannon，D.，*Inherently Safer Chemistry*：*A Guide to Current Industrial Processes to Address High Risk Chemicals*. Washington，DC：Office of Pollution Prevention and Toxics，U. S. Environmental Protection Agency，1994.

4.19　Mandich，N. V. and Krulik，G. A.，Substitution of nonhazardous for hazardous process chemicals in the printed circuit industry. Me. Finish. 90（11），49-51，1992.

4.20　Manzer，L. E.，Chemistry and catalysis. In P. T. Anastas and C. A. Farris（Eds.）. Benign by Design：Alternative Synthetic Design for Pollution Prevention（pp. 144-154）. Washington，D. C.：American Chemical Society，1994.

4.21　McCarthy，A. J.，Ditz，J. M. and Geren，P. M.，Inherently safer design review of a new alkylation process. 5th World Congress of Chemical Engineering，July 14-18，1996，San Diego，CA（Paper 52b）. New York：American Institute of Chemical Engineers，1996.

4.22　Norton Engineering，*Alkylation Technology Study*：*Final Report*，South Coast Air Quality Management District，9/9/16.

4.23　Ontario Toxics Reduction Program，Reference Tool for Assessing Safer Chemical Alternatives，2012.

4.24　Organization for Economic Cooperation and Development（OECD），*Substitution and Alternatives Assessment Toolbox*，www. oecdsaatoolbox. org/

4.25　Paint Removers：New products eliminate old hazards，Consumer Reports，340-343，May 1991.

4.26　Puranik，S. A.，Hathi，K. K.，and Sengupta，R.，*Prevention of hazards through technological alternatives*. In Safety and Loss Prevention in the Chemical and Oil Processing Industries，October 23-27，1989，Singapore（pp. 581-587）. IChemE Symposium Series，no. 120. Rugby，Warwickshire，U. K.：The Institution of Chemical Engineers，1990.

4.27　Rogers，R. L.，and Hallam，S.，*A chemical approach to inherent safety*. In IChemE Symposium Series，No. 124，235-41，1991.

4.28　Savage，P. E.，Gopalan，S.，Mizan，T. I.，Martino，C. J.，and Brock，E. E.，*Reactions at supercritical conditions*：*Applications and fundamentals*. AIChE Journal 41（7），1723-1778，1995.

4.29　Sherringron，D. C.，*Polymer supported systems*：*Towards clean chemistry?* Chemistry and Industry，15-19，7 January 1991.

4.30　Slater and Salveski，*A method to characterize the greenness of solvents used in pharmaceutical manufacture*，Journal of Environmental Science and Health Part A，July 26，2007.

4.31 Starks, C. M., and Liotta, C., *Phase Transfer Catalysis Principles and Techniques*. New York：Academic Press，1978.

4.32 Starks, C. M., *Phase transfer catalysis：An overview. In C. M. Starks (Ed.). Phase Transfer Catalysis：New Chemistry，Catalysts and Applications*，September 8，1985 (ACS Symposium Series No. 326). Washington, D. C.：American Chemical Society，1987.

4.33 Sundell, M. J., and Nasman, J. H., *Anchoring catalytic functionality on a polymer.* Chemtech, 23 (12)，16-23，1993.

4.34 Tietze, L. F., *Domino reactions in organic synthesis.* Chemistry & Industry，453-457，19 June 1995.

4.35 U. S. Environmental Protection Agency, *Design for the Environment Alternatives Assessments*，www.epa. gov/saferchoice/design-environment-alternatives-assessments.

4.36 U. S. Environmental Protection Agency and Occupational Safety and Health Administration, *Chemical Safety Alert：Safer Technology and Alternatives*，June，2015.

4.37 U. S. Environmental Protection Agency, Office of Pollution Prevention & Toxics, *Design for the Environment Program Alternatives：Assessment Criteria for Hazard Evaluation*，v2.0，August，2011.

4.38 U. S. Environmental Protection Agency, *Presidential Green ChemistryChallenge：1996 Greener Reaction Conditions Award - The Dow Chemical Company*，www.epa.gov/greenchemistry/presidential-green-chemistry-challenge-1996-greener-reaction-conditions-award.

4.39 U. S. Environmental Protection Agency, *Presidential Green Chemistry Challenge：1996 Greener Synthetic Pathways Award (Monsanto)*，www.epa.gov/greenchemistry/presidential-green-chemistry-challenge-1996-greener-synthetic-pathways-award.

4.40 U. S. Occupational Safety and Health Administration, *Transitioning to Safer Chemicals：A Toolkit for Employers and Workers* (www.osha.gov/dsg/safer_chemicals/index.html).

4.41 Walsh, F., and Mills, G., *Electrochemical techniques for a cleaner environment.* Chemistry and Industry，576-579，2 August 1993.

5 本质安全策略——减缓

在本质安全的定义里，减缓也称为衰减，是指在危害或能量更低的条件下使用物料，或设计工厂时采取措施以减轻危害引发的事故影响(参考文献 5.12 Lees)。减缓条件可以物理实现(如采用较低温度或者稀释)，也可以化学实现(如在不苛刻的条件下实现化学反应)。事故影响可通过物理隔离减缓或降低(如封闭空间或单独的设备室等)，也可通过空间距离减缓。在可能情况下，提供更大的设备间距可防止多米诺或连锁效应。此外，将整个工艺布置在距离人员足够远的地方(即足够大的空间)可以潜在地将过程安全事故对人的影响最小化。在工艺装置和公共或环境受体之间提供缓冲区可以减少或消除过程安全事故的影响。

5.1 稀释

稀释以两种方式减少与低沸点危险物料的运输储存和使用有关的危害：
(1) 降低储存压力。
(2) 降低泄漏时的初始大气浓度。

有些物料可稀释处理，减少操作和储存的风险：
- 氨水或甲基胺代替无水物料。
- 盐酸或氢氟酸代替无水 HCl 或 HF。
- 用稀硝酸或硫酸代替发烟硝酸或发烟硫酸(SO_3的硫酸溶液)。

如果某化学工艺需要物料的浓缩物，则可以存储这种化学品的稀溶液。利用精馏或其他技术将稀溶液提浓，然后送入相应操作单元。应将危害性更大的物料(即未稀释的)存量降低到工艺操作所需的最小量，但在引入精馏步骤时应权衡可能增加的新危害。

沸点低于常温的物料通常储存在加压系统，加压系统的压力一般是环境温度下的物料饱和蒸气压。可采用较高沸点的溶剂稀释物料来降低这类储存系统的压力。这既减少物料对存储容器的静压力，也降低存储系统与外部环境的压差，从而降低系统泄漏时的释放速率。一旦发生泄漏，危险物料在泄漏点和下风向浓度以及危险区域也会随之减少。例如，近年来具有较低蒸气压和较低空气接触危险的改良 HF 也得到更普遍的使用。

化学反应可在稀释溶液中进行，以达到减缓反应速率的目的。同时，为放热反应提供散热介质，或通过缓和反应，限制反应可能达到的最高温度。在这个例子中，存在相互矛盾的本质安全目标，溶剂减缓了化学反应，但对于一定产能的系统，稀释系统将显著增大设备容量。我们需要仔细评估所有工艺风险，做出整体最佳选择。

5.2 制冷

许多危险物料，如氨和氯气，可以在其沸点或者沸点以下制冷储存。制冷储存通过以下三种方式减少危险物料储存设施泄漏的后果：

（1）降低储存压力；

（2）减少泄漏物料的立即汽化，并减缓泄漏液体池中产生蒸气的后续过程；

（3）减少或消除泄漏产生的液体气溶胶。

制冷，就像稀释一样，降低了被储存物料的气相压力，反过来又降低了设备泄漏到外部环境的驱动力（压差）。如果可能，危险物料应被冷却至沸点或者沸点以下。在此温度下，液体泄漏的流量将只取决于液位高度或压力，与物料蒸气压没有关系。通过气相空间的任何泄漏孔的流量都会很小，且仅限于呼吸和扩散。

储存在沸点及以下的物料无过热状态。因此，泄漏时，不会发生液体闪蒸。汽化将由泄漏形成的液体池的蒸发速率决定。可通过设计二次围堵以最小化汽化速率，例如，最小化液体溢流区域（围堰）的表面积，或者采用绝缘混凝土安全围堰和地面。由于泄漏的物料是冷的，池中蒸发将进一步减少。然而，比空气轻的物料（如氨）在低温条件下泄漏时，会表现出密度比空气大的气体的分散特性，直到它们吸收足够的热量才会具备其原有的自然上浮性质。这将抑制物料的分散，并在离泄漏点一定距离的范围内导致地面物料浓度上升，从而增加人员接触概率。如果物料是易燃的，泄漏的蒸气云将会在较长时间和更大距离内保持高于其可爆炸下限的浓度。

很多液体物料从压力储罐中泄漏出来时会形成一种射流——含有小液滴组成的极细液体气溶胶，其大小可能是微米或亚微米级。细小的气溶胶液滴可能不会落到地面，而是作为浓密云团被带到下风向。云团包含的物料可能比平衡闪蒸计算的预测要高得多（通常是两倍），因为平衡闪蒸计算假设所有的液相都会落下。实验观察发现，许多物料都有这种现象，包括丙烷、氨、氟化氢和一甲胺。将液化气冷却到接近常压沸点的温度，就可以消除两相闪蒸射流，泄漏出来的液体会落到地面。这样，诸如泄漏收集、二次围堵、中和以及吸收等抑制和补救措施就可以有效地减少泄漏液体汽化（参考文献 5.3 CCPS）。

图 5.1 为液氯冷藏设施。该设施包括一个溢出收集池，通过收集蒸发蒸气并减少与周围环境的换热，以减少收集池的氯气向大气扩散泄漏，溢出收集池气相排放到一个收集氯气的洗涤器。

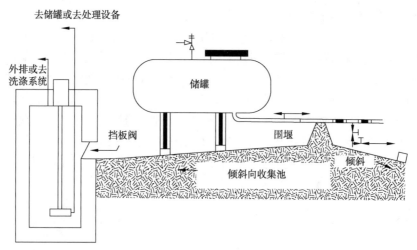

图 5.1　带有防止气相扩散泄漏收集池的氯气冷藏系统（参考文献 5.16 Puglionesi）

Marshall(参考文献 5.15 Marshall)进行了一系列的案例研究，评估了六种物料冷藏的好处，这六种物料是氨、丁二烯、氯气、环氧乙烷、环氧丙烷和氯乙烯。最终结论是，"对于所有这些物料的研究，除了氨以外，冷藏通常比加压储存更安全"。据报道，氨是一个例外，"因为密度随着温度的变化而变化，使其比周围的空气更重。"其他物料也可能表现出类似的结果，设计人员必须充分理解潜在事件的后果。

5.3　低能量的工艺条件

在不太苛刻的条件下操作，操作条件尽可能接近环境温度和压力，增加化学工艺的本质安全。在较低的工艺温度和压力下发生的失控事件能量较低，从而泄漏速度较慢，并且泄漏物料总量较少。与温度有关的是物料相态。虽然必须提高流体温度(或降低压力)使其蒸发，但如果失控事件包含部分汽化的物料，总的泄漏物料会减少。例如，氯气汽化器下游的管线破裂将导致氯气泄漏，但其泄漏量一定小于相同的液氯管线破裂的泄漏量。

获得减缓工艺条件的改进工艺例子包括：

- 氨生产的工艺改进降低了操作压力。在 20 世纪 30 年代，氨生产工艺的操作压力高达 600bar(1bar = 10^5Pa)。到 20 世纪 50 年代，工艺改进将操作压力降低到 300 ~ 350bar。到 20 世纪 80 年代，操作压力是 100 ~ 150bar。除了更安全外，低压操作也使得工厂成本更低效率更高(参考文献 5.10 Kharbanda)。

- 异丙苯生产苯酚的工艺改进降低操作温度，使其低于失控反应温度 10℃ 以上。这就消除了紧急泄放系统的需求及其相关的主动控制措施。

- 烃类硝化反应的连续循环反应器。硝化工艺历来是化学/流程工业中最危险的工艺之一。使用硫酸作为稀释剂的循环反应器降低了工艺物料存量，同时实现最小化。反应在反应器的特定部分被限制在几秒钟内，因此限制了硝酸和烃类的接触时间。硫酸稀释比约为 30：1，使得反应物料不在发生失控反应的浓度范围内，该工艺的最高温度为 15℃。硫酸是危险物料，但蒸气压很低，如果发生泄漏，不会有有毒物料的吸入危害(参考文献 5.11 Kletz)，其对人员的危害仅限于直接接触。

- 催化剂的改进使甲醇工厂和其他使用 OXO 工艺(烯烃基质、一氧化碳以及氢气发生的羰基化反应)的工厂在较低的压力下生产醛类。该工艺还具有较高收率，并生产出更高质量的产品(参考文献 5.4 Dale)。

- 聚烯烃制造技术的改进使得操作压力更低(参考文献 5.2，Althaus；参考文献 5.4 Dale)。

- 使用较高沸点的溶剂可能会降低工艺的正常操作压力，也会降低失控反应产生的最大压力(参考文献 5.18 Wilday)。例如，在医药中间体生产中，甘氨酸或高沸点的异戊二烯可以取代二乙醚。

- 与将所有物料一起加入的间歇反应相比，半间歇反应或者逐步加入的间歇反应限制一种或多种反应物加入，增加了安全性。对于放热反应，反应器中任何时候反应的总能量是最小的。然而，只有进料时受限制的反应物料被消耗掉并且没有反应物料累积时，才能体现间歇操作的本质安全优势。一些工艺波动，例如反应抑制剂的污染、过低的操作温度、忘加催化剂或忘记启动搅拌器等，可能都会导致反应物累积。任何引起反应失控的原因都可能发生，重要的是确保反应物被消耗，真正实现半间歇操作的本质安全。这可以通过在线分析或对反应器进行监测，确保限制的反应物正在被消耗，也可以监测与反应进程相关的某些物理性质（参考文献5.3 CCPS）。

- 催化技术的进步促进了高产率低废物制造工艺的发展。催化剂允许使用反应性更低的反应原料和中间体，并采用更温和的工艺操作条件。高产率和高选择性将降低反应器尺寸（即最小化）。目标产品的高选择性也降低了产品精制设备的尺寸和复杂性（简化）。也许可以开发选择性足够高的催化剂，从而避免对产品进行额外精制，正如 Manzer 所描述的 HCFC – 141b（CH_3CFCl_2）工艺（参考文献 5.13Manzer1993）。Allen、Manzer、Dartt 和 Davis 描述的几个催化工艺，可能更环保和更安全，具体可以查看参考文献5.1、5.13、5.14 和 5.5。

- 阿托伐他汀钙是一种通过阻断胆固醇在肝脏的合成而降低胆固醇的药物。阿托伐他汀合成中的关键手性结构块是乙基(R)-4-氰基-3-羟基丁酸酯，称为羟基腈（HN）。羟基腈的传统工业流程有一关键步骤（外消旋混合物被拆分成两个手性化合物），最大收率只有50%，或从手性池前体合成。这个工艺还需要溴化氢生成溴丙烷以供氰化反应。所有以前的羟基腈工艺最终在加热的碱性条件下用氰化物代替卤化物，形成大量副产品。这些工艺还需要难度极高的高真空精馏才能得到最终产品，这进一步降低了收率。Codexis 设计了一个替代的羟基腈工艺，利用酶的高效选择性和温和中性条件下催化反应的能力。改进的酶非常活跃和稳定，以至于 Codexis 可以通过萃取反应混合物得到高质量产品。这个工艺的操作单元比原有工艺少，最显著的优点就是不需要产品精馏。同时也减少副产物和废物的产生，避免使用氢气，减少溶剂和精馏设备。此工艺使用的危险物料较少，并使用更温和的操作条件（水相，pH=7，25~40℃，常压）（参考文献5.9 EPA）。

5.4 二次围堵——围堰及封闭空间

大多数二次围堵系统被认为是被动保护系统。它们不能消除或防止溢出或泄漏，但可以在没有采取任何主动行为的时候大大减轻泄漏影响。围堵系统可能会被手动或主动设计功能影响而失效。例如，围堰可能有排水阀外排积聚雨水，阀门可能泄漏或打开。另一个例子是让一个封闭空间的门开着。

Harris（参考文献5.8 Harris）提供了一套极好的液化气储存设施设计指南。这些设施可以最大限度地减少蒸气云形成。图5.2是液化气储存设施，体现了很多以下原则：
- 尽量减少设备表面的润湿面积。
- 尽量减少收集池对大气的敞开面积。
- 降低设备的热容和/或热导率。
- 防止安全保护墙和围堰的"晃动"。
- 避免雨水积聚。
- 防止液体物料泄漏到下水道。
- 将池面覆盖以挡风。

- 为洗涤器或其他废气排放控制装置提供蒸气消除系统。
- 在可能的情况下,提供泄漏液体回收系统。
- 在炎热的气候条件下,避免阳光直射围堵设施表面。
- 溢出的可燃物料应远离压力储存容器,以降低沸腾液体扩展蒸气爆炸(BLEVE)的风险。
- 在低于或毗邻挥发性有毒物料的储罐或容器旁边设置低位密封收集池,直接快速收集泄漏的液体和蒸气,图 5.1 是氯气泄漏收集池系统(参考文献 5.3 CCPS)。
- 低位收集池可以收集储罐或压力容器泄漏的易燃或可燃物料,使泄漏物料能够无害燃烧,不会对其他设备、安全保护系统或人员产生任何影响。图 5.3 是收集池系统的举例,其中有一个火灾池,用于易燃/可燃液体泄漏(参考文献 5.3 CCPS)。

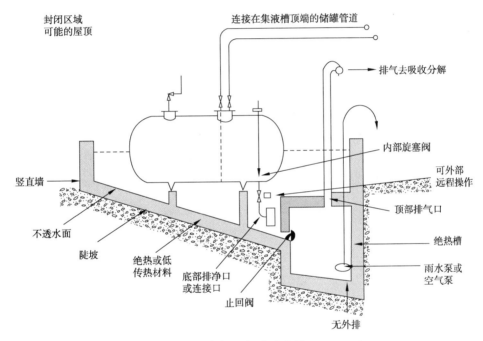

图 5.2 液化气储存设施(参考文献 5.8 Harris)

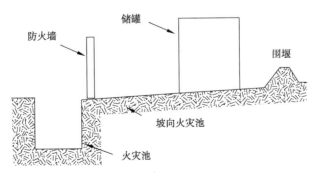

图 5.3 易燃液体的围堰设计(参考文献 5.6 Englund)

封闭空间可以限制许多有毒物料的失控事故影响,这些有毒物料包括氯气和光气(参考文献 5.3 CCPS)、氯氧磷和三氯化磷。封闭空间既可以是一个简单轻盈的结构,减少相对非

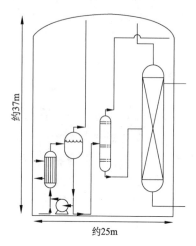

图 5.4　完全封闭在大型压力容器中的化工工艺（参考文献 5.6 Englund）

挥发性有毒物料的泄漏蒸发，又可以是一个非常坚固的压力容器，承受内部爆炸。Englund（参考文献 5.6 Englund）描述了光气处理设备的设计演变，从最初的露天工厂到逐渐增加安全保护措施的各个阶段，最终设计如图 5.4 所示。该工艺完全封闭在一个能够承受易燃蒸气爆燃超压的大型压力容器中。

封闭空间是一个很好的本质安全冲突和权衡利弊的例子。封闭空间为空间外提供保护，但在空间内聚集浓缩少量泄漏物料，增加空间内人员的风险。必须采取有效手段保护空间内人员，例如监测空间内的危险气体浓度，从受限空间外远程操作，限制封闭空间的出入，必要时要求进入封闭空间的人员配备必要的个体防护装备。

Frank（参考文献 5.7 Frank）、Purdy 和 Wasilewski（参考文献 5.17 Purdy）发表了定量风险研究报告，评估了封闭空间对氯气处理设施的好处。根据 Frank 的说法，取决于封闭空间的相对严密性程度，泄漏后下游人员的相对死亡风险可以降低 60%。

在评估可燃有毒物料是否采用封闭空间时，必须非常谨慎地权衡利弊。对于剧毒氢氰酸来说，封闭空间内的泄漏和内部火灾可能会引起约束蒸气云爆炸，摧毁封闭空间，并有可能增加总体风险。

5.5　空间分离

就像二次围堵系统一样，简单地使用空间将工艺与最终影响方（人、环境敏感区域等）分离开来。虽然不能消除或防止溢出或泄漏，但它在没有任何主动行为之前就可以大大减轻事故影响。新装置设计时需要重点考虑，因为今天的技术更利于实施远程监测、操控设备和调整工艺参数。尽管如此，在工厂全生命周期的其他阶段也可以考虑这一点。例如，炼油厂和化工厂已开始将其控制室和其他建筑物布置在爆炸半径和/或工艺泄漏点的影响圈以外，以减少或消除失控或爆炸对人员的影响。

1999 年英国的《重大事故危害控制（COMAH）条例》要求，最初设计阶段应考虑和记录本质安全设计替代方案。除了标准的本质安全策略外，还将工厂布置作为总体方法的一部分，特别是为了防止火灾、爆炸（冲击波和爆炸碎片）或有毒气体云可能造成的多米诺骨牌效应，这些效应可能导致工厂其他区域的操作控制失效。在设计阶段确定的工厂布置往往是考虑若干因素后的折中结果，例如：

- 应尽量减少装置/储存单元之间的物料输送距离，以降低成本和风险。
- 选址的地理限制。
- 与现场已有或计划建设设施的相互影响，如已有的道路、排水和公用设施路线。
- 现场其他装置的影响。
- 工厂可操作性和可维护性的需求。

- 将危险品设施远离工厂区域及附近居民的需求。
- 防止在发生易燃物料泄漏区域形成密闭空间的需求。
- 提供应急响应的必要性。
- 为现场人员提供紧急逃生路线的需求。
- 为操作人员提供可接受的工作环境的需求。

例如，这些问题在美国职业安全与健康管理局的《过程安全管理》和美国环境保护局的《风险管理计划》条例下的工厂选址中有部分考虑。这涉及过程危害与人之间的空间位置关系，也同样适用于危害与其他建筑物、设备或工艺之间的空间位置关系。最基本的来说，本质安全的选址要求人员尽可能地远离危险操作，或者将危险操作放在偏远地区，远离有人居住（"占领"）地区。因此，爆炸品的制造和储存通常在人员稀少的偏远地区。

5.6 参考文献

5.1 Allen, D., *The role of catalysis in industrial waste reduction*. In D. T. Sawyer and A. E. Martell (Eds.). Industrial Environmental Chemistry (pp. 89-98). New York: Plenum Press, 1992.

5.2 Althaus, V. E., and Mahalingam, S., *Inherently safer process designs*. In W. F. Early, V. H. Edwards, and E. A. Waltz (Eds.). South Texas Section AIChE Process Plant Safety Symposium, February 18-19, 1992 (pp. 546-555). Houston, TX: American Institute of Chemical Engineers South Texas Section, 1992.

5.3 Center for Chemical Process Safety (CCPS. *Guidelines for Engineering Design for Process Safety*. New York: American Institute of Chemical Engineers, 1993.

5.4 Dale, S. E. *Cost-effective design considerations for safer chemical plants*. In J. L. Woodward (ed.). Proceedings of the International Symposium on Preventing Major Chemical Accidents, February 3-5, 1987, Washington, D. C. (pp. 3.79-3.99). New York: American Institute of Chemical Engineers (1987).

5.5 Dartt, C. B., and Davis, M. E., *Catalysis for environmentally benign processing. Ind*. Eng. Hem. Res. 33, 2887-299, 1994.

5.6 Englund, S. M., *Design and operate plants for inherent safety-Part* 1. Chemical Engineering Progress, 87(3), 85-91(1991).

5.7 Frank, W. L, *Evaluation of a containment building for a liquid chlorine unloading facility*. In Proceedings of the 29th Annual Loss Prevention Symposium, July 30-August 2, 1995, Boston, MA(Paper 5b). E. D. Wixom and R. P. Benedetti(eds.). New York: American Institute of Chemical Engineers, 1995.

5.8 Harris, N. C., *Mitigation of accidental toxic gas releases*. In J. L. Woodward(Ed.). Proceedings of the International Symposium on Preventing Major Chemical Accidents, February 3-5, 1987, Washington, D. C. (pp. 3.139-3.177). New York: American Institute of Chemical Engineers, 1987.

5.9 www.epa.gov/greenchemistry/presidential-green-chemistry-challenge-2006-greener-reaction-conditions-award.

5.10 Kharbanda, O. P., and Stallworthy, E. A., *Safety in the Chemical Industry*. London: Heinemann Professional Publishing, Ltd., 1988.

5.11 Kletz, T. A., Process Plants: *A Handbook for Inherently Safer Design*. Philadelphia, PA: Taylor & Francis, 1998.

5.12 Lees, F. P, Loss Prevention in the Process Industries, 4th Edition. Oxford, UK: Butterworth-

Heinemann, 2012.

5.13　Manzer, L. E, *Toward catalysis in the 21st century chemical industry.* Catalysis Today, 18, 199 – 207, 1993.

5.14　Manzer, L. E., *Chemistry and catalysis.* In P. T. Anastas and C. A. Farris (Eds.). Benign by Design: Alternative Synthetic Design for Pollution Prevention (pp. 144 – 154). Washington, D. C.: American Chemical Society, 1994.

5.15　Marshall, J., Mundt, A., Hult, M., McKealvy, T. C., Myers, P. and Sawyer, J., *The relative risk of pressurized and refrigerated storage for six chemicals.* Process Safety Progress, 14 (3), 200 – 211, 1995.

5.16　Puglionesi, P. S. and Craig, R. A, *State-of-the-art techniques for chlorine supply release prevention.* In Environmental Analysis, Audits and Assessments: Papers from the 84th Annual Meeting and Exhibition of the Air and Waste Management Association, July 16–21, 1991, Vancouver, B. C. (91 – 145.5). Pittsburgh, PA: Air and Waste Management Association, 1991.

5.17　Purdy, G., and Wasilewski, M., *Focused risk management for chlorine installations.* Mod. Chlor – Alkali Technol. 6, 32–47, 1995.

5.18　Wilday, A. J., The safe design of chemical plants with no need for pressure relief systems. In IChemE Symposium Series No. 124, 243–53, 1991.

6 本质安全策略——简化

从本质安全角度来讲，*简化*意味着减少不必要的复杂设计或操作，从而降低或消除化工风险。降低复杂程度有助于实现一系列目标，比如：

(1) 最小化或者消除额外的设备，防止可能出现的故障或过程安全事故；

(2) 减少或消除额外的工艺步骤，它们可能会导致危险化学品泄漏或危险能量释放；

(3) 减少工艺流程中化学品的种类和用量。

通常，简化的工艺比复杂的工艺整体上更安全更经济。Kletz（参考文献 6.9 Kletz 1998）给出了一些工艺设计过于复杂的原因：

- *风险控制措施的必要性*。大部分设计人员选择控制系统、报警和安全仪表系统来主动控制风险，却不运用本质安全设计原则规避风险。

- *技术优雅的渴望*。一些设计人员可能认为简单等于粗糙和原始，但实际并非如此。经过仔细设计，简单工艺不需要过多的设备就能实现与复杂设计同样的目的。所以简单设计要比复杂设计更优雅。

- *设计后期才开展危害分析*。设计后期进行的 PHA 分析或者类似的工作通常会增加主动控制措施或设备，而不是应用本质安全解决方案。如果在项目概念设计阶段进行初步的 PHA 分析或者类似的工作，本质安全理念更容易融入设计，尤其是替换或消除。

- *标准规范已经不适用或者无法完全适用*。各种设计规范或工程标准里风险管控的主动措施在设计过程中逐渐累积，最终形成一个过于复杂的工艺（或者过度依赖风险控制措施的工艺）。

- *灵活性和冗余*。基础工艺设备需要一定程度的冗余设置，尤其是那些故障失效可能导致严重后果的组件。冗余设置一定要严格建立在 PHA 分析或其他研究基础上，证明此处的冗余设置是非常有必要的。如果每台泵、换热器或者其他基础组件都进行冗余设置，那么随之而来的控制系统、公用工程管线/阀门等会大大增加工艺的复杂程度。此外，不是每个风险都能或者都需要通过一些特定设备管控。

Kletz（参考文献 6.9 Kletz 1998，参考文献 6.10 Kletz 2010）同样给出了一些使用简化技术代替高级技术或者新技术解决特定问题的建议。举其中一例，火炬系统设计应该越简单越好，不需要配置诸如阻火器、水封、过滤器等附件。因为这些组件故障会导致堵塞或者降低火炬处理量。

这些建议揭示了一个设计原则——简化，有时简单的甚至是老旧技术与新的复杂的技术一样有效。因此在选择复杂设计之前，应尽可能应用简化理念。

简化案例会在接下来的章节内讨论。更多案例可以在 Kletz（参考文献 6.8 Kletz 1991，参考文献 6.9 Kletz 1998，参考文献 6.10 Kletz 2010）和本书第 8 章找到。

6.1 去掉无用设备

Trevor Kletz 的理念是"你没有的东西就不会泄漏"，一个有效的简化技术是将两个或多个功能相近的容器或设备合并成一个，消除多余的容器或设备。例如，有些情况下反应器气相管线不必单独设置冷凝器，气相管线不加保温就可以实现与冷凝器一样的效果。再举一个例子，如果制冷压缩机入口缓冲罐前的汽化器有分离空间，就可以省去入口缓冲罐，因为此时汽化器具有缓冲罐同样的功能（参考文献 6.10 Kletz 2010）。通过反应精馏整合技术，一个带有反应和分离流程的工艺，可简化为在一个容器中进行反应和主要精馏过程，这简化了设计并取消了一些分离塔。这种设计不仅简化，显著降低了工艺物料存量（最小化！），同时最大程度减少了具有潜在泄漏风险的容器、管线和法兰的数量。虽然反应精馏整合技术会使操作变得困难，但是操作风险的大幅降低足以抵消操作难度增加带来的缺点。参见图 6.1 和图 6.2。

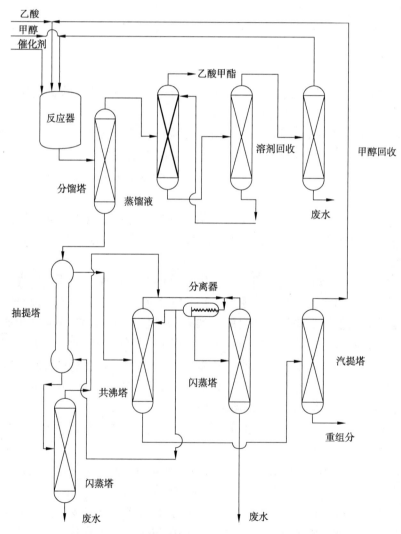

图 6.1 具有单独反应和精馏流程的传统乙酸甲酯工艺（参考文献 6.19 Siirola）

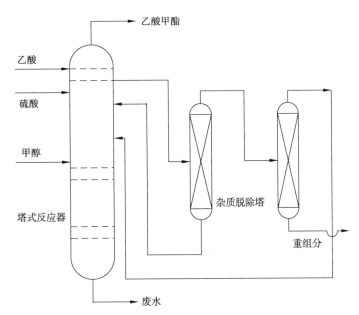

图 6.2　伊斯曼化学乙酸甲酯反应精馏合并工艺
美国授权专利号 US4435595 A(参考文献 6.1 Agreda)

6.2　精简备用设备

在很多工厂，备用泵是标准设计，并没有基于实际需求分析每一台备用泵的合理性。安装备用设备的耗费是不安装的 5~6 倍，消除不必要的备用设备可减少管线安装，同时减少管线内不必要的物料存量("最小化"技术的应用，参考文献 6.10 Kletz 2010)。

6.3　设计坚固设备

在很多案例中，可以将工艺设备压力设计足够大，使之能够承受最恶劣工艺事故导致的最大正压或负压(如最大超压或最大负压)(参考文献 6.2 CCPS 1993)。如果这样的设计能够避免所有可信工况下由于超压或负压造成的物料泄漏，就认为是本质安全设计。如果不能避免，那么这个设计就仅仅是降低泄漏的可能性，这就是被动保护设计(这种设计有时还是比较可取的)。如果压力容器能够承受潜在的超压工况，或者消除真空塌陷的可能性，则可通过消除与压力传感器、控制阀和泄压阀相关的复杂的主动保护措施来简化设计。但是，根据广泛认可和普遍接受的良好工程实践(RAGAGEPs)，还是需要配置爆破片或安全阀等紧急泄放设施，不过其尺寸和泄放量，以及泄放设施打开后产生的危害，可能会降低或被消除。另外，设计上就不需要安全处理紧急泄放物料的收集罐、急冷系统、洗涤塔、火炬或其他设施。

如果考虑外部火灾工况，本质安全设计要求设备的设计温度足够高，可以承受火灾产生的温度和压力。一般来讲，火灾产生的温度高于工艺设备制造所用大部分材料的设计温度。所以，针对火灾工况，工艺设备很难实现本质安全设计。对于这种情况，可以采用耐火保温材料作为被动保护应对外部火灾。然而，此时就需要考虑耐火保温层下潜在的腐蚀风险，同时需要考虑保温层的完整性，因为保温层完整与否对防火来讲是至关重要的。

同样的理念可用于设备内部的火灾。例如，即使塔填料是反应性或自燃物料，如果塔结构设计能够耐受内部火灾导致的高温高压，那么为了维持无氧环境而设置的主动保护就没有那么关键了。但是这种情况下，因为火灾可能导致人员伤亡和设备损坏，也不允许塔内发生火灾。然而，如果火灾导致的高温不影响塔的机械完整性，则内部火灾的严重程度会降低，保护措施的关键程度会降低。

有液位的设备的设计应能承受满液时作用于设备上的最大水力学载荷。这对于高大的设备尤其重要，诸如细长的立式容器、塔器、大的反应器等。如果设备在所有可信工况下能消除满液时设备泄漏的可能性，则可认为是本质安全设计。例如，一家著名的化学公司设计的塔能够承受满液工况且没有任何不良后果，从而避免了生产延误。如果塔结构的设计能耐受高液位而不是满液位，则需要增加主动保护措施，防止塔结构失效。

固有坚固性理念同样适用于设备设计，这种理念要求设备材质不受工艺和操作条件下（如温度、pH、浓度、黏度等）腐蚀机理的影响。使用特定的合金能够消除特定类型的腐蚀。如同上文压力设计理念的例子，如果特定的合金或材质可以消除由于腐蚀造成物料泄漏的可能性，那么就可认为这是本质安全设计。玻璃纤维增强塑料（FRP）、高密度聚乙烯（HDPE）、特氟龙、聚四氟乙烯（PFA）、聚偏氟乙烯（PVDF）或其他弹性体内衬的钢管越来越多地应用于腐蚀严重的环境。但是 FRP 和 HDPE 的使用大大降低了材质对温度和压力的耐受强度。衬里管线系统通常包含很多法兰，这增加了法兰泄漏的可能性。因此，强度和耐腐蚀性这两个固有坚固性目标的取舍，一定要进行仔细分析和权衡。这些例子中的设计不是本质安全，而是被动保护/保护层设计。

固有坚固性理念同样适用于处理易燃粉尘的设备，这些设备爆炸风险特别高。常压下易燃粉尘或可燃蒸气爆燃产生的最高压力可达 6~9bar（表压）。设计的工艺设备/结构应足够强，能够承受这种强度。当设计可能会发生燃烧爆炸事件的系统时，一定要考虑高反应性物料、氧气、氧化剂以及可能引发爆轰的容器或管线内部几何形状等因素。因为这些因素会显著增加燃烧反应的最大压力。

综上所述，设计足够强的设备就可以消除设备失效的可能性，这就是本质安全设计。因此，这符合简化的定义。这种设计可以非常有效地消除不可控泄漏发生的概率。总之，能消除危险工况发生概率的设计一定是本质安全设计。

6.4 预防失控反应

选择反应物的添加顺序以减少或消除潜在的失控反应，从而降低工艺风险，最终简化紧急泄放系统的设计。为确保设计压力足够高，可承受所有的反应条件，关键是要彻底了解失控条件下的反应机理、热力学和动力学。同时还要了解导致失控反应的原因，并评估反应失控条件下，温度压力升高时产生的副反应、二次分解反应以及反应路线的变化等。许多实验室的试验装置和程序可用于评估失控反应的后果（参考文献 CCPS 1995a 6.3，CCPS 1995b 6.4）。表6.1 总结了几种反应危害测试方法（参考文献 CCPS 2003 6.5）。

表 6.1 反应危害测试方法总结

危害测试阶段	方法	主要数据信息	注释
危害筛选	理论估算	反应焓	只适用于已知反应，需要生成焓数据或推导的理论值； 必须知道准确的化学计量比；没有动力学信息
危害筛选	混合量热法	瞬时混合热、产气速率	等温反应，温度可选范围自常温到150℃，不能测试多相反应
危害筛选	差示扫描量热法/差示热分析法	反应焓、起始反应温度	很快（约2h），需要样品少；无混合，无压力数据，不适合多相反应（虽然一些仪器通过旋转试样容器来混合样品）；样品量小，样品代表性差
危害筛选	绝热量热法（包括加速绝热量热仪）	二次反应：反应焓、起始反应温度、绝热温升、温度、压力、温度变化率和压力变化率、简单动力学（活化能和指前因子）	测试所需样品约几克，测试速度相当快（约半天），样品搅拌不良或中等，生产放大过程中不能直接使用测试数据（高热惰性因子）
目标反应开发	反应量热法	目标反应：反应焓、产热速率、传热特性、热累积量	实验体积一般为0.1~2L，可模拟正常操作，提供安全放大的基本数据，非常适合工艺过程开发
详细危害评估	低热惰性绝热量热仪	二次反应：反应焓、起始反应温度、绝热温升、温度变化率和压力变化率、估算自加速分解温度、不回归时间、绝热诱导期、泄放选型数据	测试所需样品体积0.1~1L，测试失控后果对一般实验室是安全可控的，可良好模拟生产规模失控反应，非常适合故障假设（What-If）分析
专题研究	高灵敏度量热法	目标反应和二次反应的反应焓、温度变化率和绝热温升、动力学（活化能和指前因子）	测试所需样品体积约1~50mL，灵敏度为ΔW/g，可通过加速老化研究保质期，结合其他数据来研究固体微放热

　　间歇反应有时可以通过在不同反应阶段使用不同反应器避免失控反应。在图6.3中，四种反应物加到反应器中生产产品。若在第一阶段反应时，将物料C或D加到反应器中（此时A和B已经加入），或者在第二阶段反应时，将A或B加到反应器中（此时C和D已经加入），都有可能导致失控反应。这种情况可以通过以下方法解决：在一个反应器中加入物料A和B，然后将反应生成的物料通过管线输送至另外一个加入了C和D的反应器。设计为两个独立的反应器就不可能发生失控反应（参考文献6.9 Kletz 1998）。

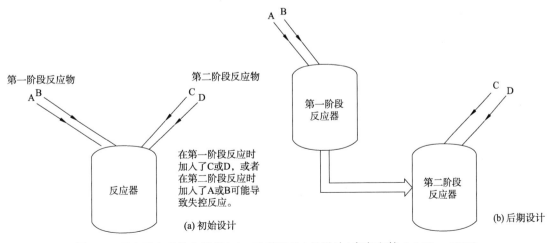

图 6.3　两步反应系统改善前(a)、改善后(b)的设计（参考文献6.9 Kletz 1998）

6.5 简化传热

在可能的情况下，设计的冷却系统应利用自然对流来提供足够的散热量。这需要彻底了解不同海拔和温度下的水力学条件，以及这些条件下的传质和传热机理。为防止停运的反应堆因衰变热而过热，海军和商用反应堆利用海拔和温度的差值来驱动紧急冷却系统对反应堆冷却。同样的原理也可应用于化学/工艺系统设计。例如，可以在容器上安装冷却翅片，以及使用自然通风和强制通风进行冷却的"翅片–风扇"型空冷器。

6.6 简化液体输送

简化液体输送系统，从而降低危害。比如，采用流体或惰性气体流动产生的压力差、真空差、重力差作为输送动力，这样就不需要输送设施（如泵和压缩机）或密封元件。例子包括：

- 如果工艺上采用安装位置比较高的进料罐，就可以取消进料泵，这是一种有效的简化方法。但这仅适用于没有危害的物料，否则，进料罐的供料泵会带来与取消的进料泵一样的风险。

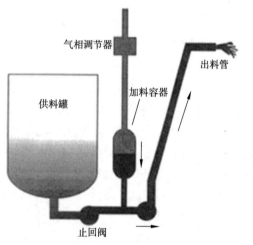

图 6.4 流体泵系统（参考文献 6.10 Kletz 2010）

- 利用氮气进行槽车卸料，在不考虑安全阀和有效的泄压设施时，只要氮气的最大压力不超过槽车耐压能力，这种方法就是可行的。但是，需要记住的是，使用这种方法时，因为容器或管线/软管中有残余的氮气压力（动力源），卸料软管失效的后果可能更严重。
- 两个流体止回阀可以组合成一个流体泵。供气是循环的：供气压力高时，将物料送入出料管线；供气压力低时，物料由供料罐提供。参见图 6.4（参考文献 6.10 Kletz 2010）。

6.7 反应器结构

在核工业中，对优化反应器形式、调整堆芯几何尺寸以及采用新型材质建造的系统进行了持续研究。研究结果表明，这些措施可以更加有效地防止堆芯过热（参考文献 Forsberg 6.6）。类似的方法也适用于化工行业。比如，马来酸酐（顺丁烯二酸酐）是利用苯在装有催化剂的列管式固定床反应器中部分氧化制得。如果进料比没有控制在安全范围，就可能因热失控导致飞温。调整催化剂尺寸、热容和牺牲部分催化剂活性可以作为反应器自我调节机制防止飞温（参考文献 6.13 Raghaven）。

6.8 优化催化剂选择性

优化催化剂的选择性以最大限度地提高目标产品收率并不是一个新理念；该理念在工艺流程的经济性优化方面已应用多年。如果改用选择性更强的催化剂能降低化工风险或精简下游分离设备，这也是本质安全设计。

6.9 分离工艺步骤

一个多步骤的间歇工艺可以在一个容器或者优化分解在几个容器中进行。图 6.5 所示的间歇反应器有许多工艺物料管线和公用工程管线，可能相互影响。如果将反应器改为图 6.6 所示的三个容器，那么将极大降低间歇反应器的复杂程度，这与图 6.3 的理念非常相似。然而这是与本质安全冲突的例子。图 6.5 所示的系统虽然非常复杂，但只需要一个反应器，反应中间产物在同一个反应器中。图 6.6 中的系统使用了三个容器，每个容器可针对单个工艺操作进行最大优化。尽管每个容器都非常简单，但需要将中间产物从一个容器输送到另一个容器。

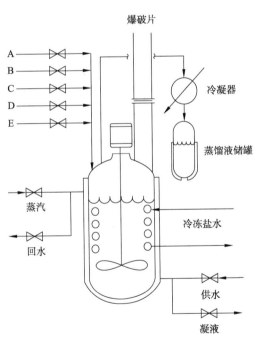

图 6.5　复杂的多步工艺间歇反应器
（参考文献 6.7 Hendershot）

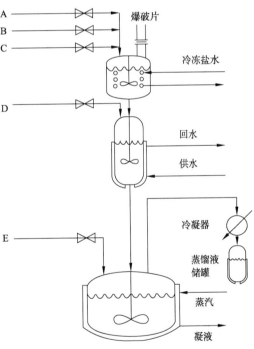

图 6.6　与图 6.5 相同工艺流程的
简化系列反应器（参考文献 6.7 Hendershot）

如果这些中间产物中有一种是剧毒的，最好使用单一反应器（一锅法），以避免转移有毒中间产物。但是，有时这种最小化和简化会对反应动力学产生负面影响，导致操作可控性降低；同时工艺物料进料速率或状态的改变，公用工程的扰动或外部环境因素的变化都会对正常工艺操作产生较大干扰。一个"可靠的"工艺应能够承受外部环境的显著变化，这也是本质安全设计的一个理念，这个理念和工艺流程的本质安全设计存在冲突。工艺操作的不稳定会导致安全风险的提高，还会产生不合格产品（参考文献 6.11 Luyben）。因此，必须仔细分析特定化工工艺的所有危害，并评估每个系统本质安全设计的优势和劣势，如第 2.6 章节所述。

6.10 限制能量输入

化工工艺的能量输入是产品生产的一个必要环节。然而，在某些情况下，能量的输入方法与所需能量的总量并不严格匹配。因为能量输入方法的设计没有包含本质安全设计原则，选择不同方法可能会导致能量过度输入。能量输入与所需能量相匹配举例如下：

- 使用浸入式加热器，因为输入的热量不足以引起加热介质着火或者损坏容器。
- 规定精馏再沸器加热介质的操作温度，在这个温度下即使塔的冷凝器冷却介质中断，塔也不会超压。
- 限定加热蒸汽温度在其饱和温度，以控制热量输入。如果没办法降低加热介质的最大载热量，那么就要调整传热面积，降低系统热量输入。
- 限定泵或压缩机出口压力低于下游安全阀设定值，或者是低于下游元件的最高允许工作压力。
- 确保余热不会通过热对流或热辐射传递到物料上，例如热的容器壁将热量传递到物料，这足以引起失控反应（参考文献 6.9 Kletz 1998）。

设备设计时也要考虑上述例子，设备强度需要足够大，以便能承受可能会达到的最高温度或压力。

6.11 简化人机界面

6.11.1 概述

之前的章节一直关注简化设计，降低化工风险或化学品存量风险。这一节会对人机界面的简化进行阐述，例如人如何与工艺流程"相互交流"才能降低犯错概率。人机界面包括工艺流程的方方面面（设备布置、可及性、操作性、维护性、控制等），而不仅仅是工艺操作的电脑屏幕或控制面板。对于人为因素更全面的讨论，请参考 CCPS 书籍《改进流程工业绩效的人为因素方法》2006 版。

6.11.2 设备布置、可及性和可操作性

工艺设备的设计应尽量简单直观，所有设备的安装应便于操作人员的操作与检修。仪表和设备最好靠近地面安装。人机工程学是人为因素的一个方面，人机工程学应用于设备、阀门、控制的布置，还应用于设备的操作和维护的便捷。设备的设计位置应便于人的操作，应尽量避免操作人员弯腰、攀爬操作、踮脚操作以及蹲着或趴下操作。这样，操作人员在进行正常设备操作时会更得心应手，在紧急情况下，也能根据标识、标签、灯光等辅助措施，对安全设备进行从容合理操作。设计应当避免操作人员在观察和操作时改变站位。例如，当调节冷却水调节阀时，操作人员应能从当前位置看到温度计。在正常和紧急操作情况下，设计和系统应能将潜在的人员伤害降至最低。这种考虑会影响正常和紧急排凝以及放空设施的安装位置。

人在物料的操作、混合和加料时会犯错，但是可以通过选择容忍人员犯错余量大的物料，做到化学反应工艺本质安全。例如，在滴定实验中，如果使用浓试剂，那么读数时需要非常精确。如果选择稀试剂，那么读数时就可以相对粗略。

6.11.3 可维护性

太空漫步时间短的空间站本质更安全。如果宇航员不需要到太空飞船外面，他们将承受更低的风险。对于化工装置，从设计或操作上减少或消除容器或其他工艺设备受限空间作业，或者开展有危害的维修活动的需求，通常来说会本质上更安全。例如，一个化工装置，铁路槽车、罐车、反应器、储罐需要人员进入内部手动清理，有时会由于完全无法预料的缺氧和中毒，造成人员伤亡。本质安全系统的设计采用可旋转高压水喷头进行容器清理，无需人员进入。再举一个例子，可以使用无需更换的过滤器，就会降低潜在的物料暴露接触风险。这就需要重新设计一个过滤器(如自清洗设计)或进行工艺变更，彻底消除对过滤器的需求。

从永久性操作平台就可以检查、维护或监控的设备要比需要系安全带或搭脚手架才可以检查维护或监控的设备更安全，操作人员可以更安全地校准、维护和更换设备。

设备校准通常需要与工艺流程断开，所以，校准频率越低的设备在本质上更安全。

- 例如，当加热炉氧气分析仪校准时，它就不能保护加热炉。在异常工况下能起作用的设备比在异常工况下就失效的设备，在本质上更安全。
- 当氧气浓度低于4%，氧气分析仪的设计要求不显示加热炉内氧气含量读数。当氧气分析仪不显示读数导致加热炉联锁停车，操作人员就无法获得氧气含量读数，这会延长重新开车时间。因此，在生产波动期间，能持续显示实际氧气含量的分析仪在本质上更安全。

设备应设计成只有一种重新装配方法。

- 如果管套正面朝上很重要，可以对其进行标记或定位，那么重新装配时，就能保证正面朝上。一个装置发生了一次物料泄漏，这次泄漏是由于插入管的破虹吸孔没有背向容器壁而引起的。从破虹吸口出来的腐蚀性液体对容器壁连续冲击，加速了容器的腐蚀。
- 通常公用工程的氮气管线使用与压缩空气和水管线管件不同的特殊管件，这是为了保证管线不会接错，避免发生氮气系统的交叉污染。
- 由于入口和出口法兰规格相同，某装置在测试/检修后发现重要的安全阀装反了。后来装置更改了阀门和法兰尺寸规格，这样安全阀就不会装错了。

6.11.4 预防错误

预防错误的最好方法就是让做正确的事情变得更简单，让做错误的事情变得更困难(参考文献6.2 Norman)。如果程序的设计和步骤没有明确地指明应该做什么，那么就有可能因为模棱两可增加犯错概率。同样，培训计划或者培训教材的设计，包括技能和知识的认证，可能增加或减少犯错概率。

应避免设计容易让人犯错的系统。例如，为了降低产品污染及返工的风险，要避免将几种化学物料汇集到一根总管。然而，当考虑了所有因素，而且各分支管线上贴有清晰的标识和/或彩色编码，那么汇集总管的设计是安全的，或者说是最好的设计。要系统性地考虑总管替代方案并做出最符合本质安全设计的决定。

6.11.5 设备和控制的设计——状态清晰

结合上文提到的本质安全设计，"状态清晰"指的是装置设备的控制、指示、报警以及人机界面清晰明了，尤其是事故或工艺波动时，设备的状态一定要一目了然。这个概念是一个简化理念，也是人为因素工程分析的一个主要考虑因素。"状态清晰"的例子如下：

- 对指示器和控制器进行符合逻辑的布置，从而避免人为错误。至于怎样更合理，不同地区与不同行业会有不同的习惯。例如，在英国通常向下按开关是开灯，在美国正好相反。
- DCS 和其他数字控制系统的输出终端的设计应清晰明了，这通过颜色、字体和显示字符实现。关于颜色、字体、显示字符的选择，不同区域和不同行业也有不同的习惯。此外，在颜色选择上一定要考虑色盲的问题。
- 设计的数字化控制系统输出终端应避免信息超载和传输困难。
- 设计的指示仪表（表盘、标尺）应与监控的工艺参数量程匹配。
- 设计的控制系统应避免过量报警和虚假报警。可以通过报警管理方案来评估控制系统及其声音和图像输出，使报警更加合理化。
- 现场及设备周围的设计应有利于操作人员迅速对设备状态做出判断。实现这个目的包括一些环境条件，比如充足的灯光、方便抵达设备周围以及设备的智能化设计等，即通过阀门的阀杆与阀柄和操作经验，只要看一眼阀门就能迅速知道阀位。

6.12 总结

这一章节描述了开发本质安全工艺所需四个主要设计策略的最后一个：简化。这个策略可以应用于整个工艺全生命周期的任何阶段。简化的例子可以从工艺全生命周期的任何阶段找到。在下一章，我们将讨论如何应用保护层策略解决实施本质安全策略后的残余风险。

6.13 参考文献

6.1 Agreda, V. H., Partin, L. R. and Heise, W. H., *High-purity methyl acetate via reactive distillation.* Chemical Engineering Progress, 86(2), 40-46, 1990.

6.2 Center for Chemical Process Safety(CCPS) *Guidelines for Engineering Design for Process Safety.* New York: American Institute of Chemical Engineers, 1993.

6.3 Center for Chemical Process Safety(CCPS), *Guidelines for Technical Planning for On-Site Emergencies.* New York: American Institute of Chemical Engineers, 1995.

6.4 Center for Chemical Process Safety(CCPS), *Guidelines for Chemical Reactivity Evaluation and Application to Process Design.* New York: American Institute of Chemical Engineers, 1995.

6.5 Center for Chemical Process Safety(CCPS), *Essential Practices for Managing Chemical Reactivity Hazards.* New York: American Institute of American Institute of Chemical Engineers, 2003.

6.6 Forsberg, C. W., Moses, D. L., Lewis, E. B., Gibson, R., Pearson, R., Reich, W. J., et al., *Proposed and Existing Passive and Inherent Safety-Related Structures, Systems, and Components (Building Blocks) for Advanced Light Water Reactors.* Oak Ridge, TN: Oak Ridge National Laboratory, 1989.

6.7　Hendershot, D. C., Safety considerations in the design of batch processing plants. In J. L. Woodward (Ed.). *Proceedings of the International Symposium on Preventing Major Chemical Accidents*, *February 3-5*, 1987, *Washington*, *D. C.* (*pp.*3.2 - 3.16). New York: American Institute of Chemical Engineers, 1987.

6.8　Kletz, T. A., *Plant Design for Safety*. Rugby, Warwickshire, England: The Institution of Chemical Engineers, 1991.

6.9　Kletz, T. A., *Process Plants*: *A Handbook for Inherently Safer Design*. Philadelphia, PA: Taylor & Francis, 1998.

6.10　Kletz, T. A. and Amyotte, P., *Process Plants*: *A Handbook for Inherently Safer Design*, *Second Edition*. CRC Press, 2010.

6.11　Luyben, W. L. and Hendershot, D. C., *Dynamic disadvantages of intensification in inherently safer process design*. Ind. Eng. Chem. Res., 43(2), 2004.

6.12　Norman, D. A., *The Psychology of Everyday Things*. New York: Basic Books, 1988.

6.13　Raghaven, K. V., *Temperature runaway in fixed bed reactors*: *Online and offline checks for intrinsic safety*. Journal of Loss Prevention in the Process Industries, 5(3), 153-159, 1992.

6.14　Siirola, J. J., *An industrial perspective on process synthesis*. In AIChE Symposium Series, 91, 222-233, 1995.

7 本质安全策略在保护层中的应用

前四章将本质安全策略(最小化、替代、减缓和简化)应用于工艺设计，减少或消除化学品或能量的危害。这些策略也可应用于传统的保护层。在第2章2.7节，保护层被定义为"通过设施、系统或人的行为降低某个具体失效事件的可能性和严重度的观念"。保护层本身并不是本质安全设计，而是现有设计的"补充"。与本质安全设计不同，保护层既不能"实质消除"固有的化学危害，也不能消除化工生产过程中化学品泄漏或能量释放的可能性。保护层提供了额外的安全余量，可以是主动的，也可以是被动的。主动保护层需要借助其他系统(如电力)或人的干预才能起作用，而被动保护层不需要借助任何外部干预即可起作用。它们往往通过减少潜在的危险物料泄漏和降低化学品或能量的泄漏频率来降低总体风险，但本身并不减少固有的化学危害。然而，应用本质安全策略可使保护层更有效，如下所示：

- **替代**：碳钢管线系统通常需要喷漆防腐，否则可能会导致物料泄漏。用高等级合金(如不锈钢)替代碳钢可省去防腐，并能大幅减少或消除外部腐蚀。合金材质的选择至关重要，取决于使用环境。虽然高等级合金的安装成本较高，但由于其维护成本较低，可以降低全生命周期的运营成本。
- **减缓**：热物料的取样程序要求操作人员佩戴笨重的防护手套和面屏取样。但是，可通过安装样品冷却器(有就地温度计)减少操作人员的灼伤风险。
- **最小化**：原有开车程序要求操作人员上下楼梯三次，并以正确顺序操作阀门(如果操作顺序错误，可能会发生危险)。重新布置阀门后，操作人员在整个开车过程中只需要上下楼梯一次，从而减少了每次操作的犯错概率。
- **简化**：(参考文献7.5 Kletz 1998；参考文献7.6 Kletz 2010)消防系统应尽可能简单。例如，使用复杂的探测器测热量、火灾紫外线辐射、光吸收烟雾、电离辐射检测烟雾等火灾探测技术，通常不如简单的探测器可靠。简单的探测器工作原理是直接让火焰烧断细丝而断电或者融化带压塑料管造成低压触发报警或启动喷雾或喷淋系统。安装多个喷头的复杂管线灭火系统易堵塞且难以维护。而采用简易、单流量和手动操作的监控装置是一种更简单的解决办法，尽管需要提供大量的水，但可以直接淋湿整个区域。而耐火保温层更简单，尽管需要考虑并解决其潜在的耐火保温层下腐蚀(CUF)以及定期检查和维修问题。但如果安装和维护得当，它完全可以作为一种被动保护层，并且不易出现供水故障或人为操作失误。

7.1 操作程序

与操作程序(包括紧急程序)保持一致的人为干预，可作为任何一个工艺过程的关键保护层。由于更新不及时、不准确、不可用或难以实施而无法遵循的操作程序通常会带来过程安全风险。在编制或修订操作程序时，可以采用*简化*和*最小化*策略。将本质安全方法应用于程序编制时，需考虑以下事项(参考文献 7.3 CCPS 2006)：

- *完整性和准确性*：操作程序是否有足够的信息让操作人员安全正确地执行任务？
- *适当的详细程度*：详细程度是否考虑了操作人员的经验和能力、他们的培训以及职责？省略操作过程的细节而依赖于对操作人员的培训是编制操作程序的一个关键考虑因素。
- *简洁*：简洁意味着取消对工作绩效、安全或质量不相关的细节和语言。简洁也意味着将"需要知道"与"可以知道"信息分开。简洁和适当的详细程度之间需有一个平衡。
- *表述的一致性*：此要素可确保操作程序易于理解，它要求使用：
  - 一致性术语来命名物料组成和操作步骤，并标记在相应段落。
  - 标准有效的格式和页面布局。
  - 适合使用者的词汇和句子结构，并根据使用者的阅读理解水平编制文档。
- *管理控制*：所有的操作程序应在使用前彻底检查，以后也需定期检查。"工作循环检查"是行业遵循的一种有效手段，确保操作人员定期执行这些程序，并有助于获取操作程序易用性的反馈。

化工过程安全中心(CCPS)(参考文献 7.2 CCPS 2006)提供了何时需要编制操作程序的指南以及示例清单。

信息规划(Information Mapping)(参考文献 7.4 Horn)是一种用于组织和标记信息的技术，以方便理解、使用和重新调用信息。在运用本质安全概念编写程序时，它可能是一种有用工具。信息规划是一种结构化方法，用来创建适合使用者的清晰、简洁和高度可用的信息。这可以根据用户需求和信息目的来分析、组织和呈现信息，它既取决于信息本身的难易程度又有赖于信息载体的形式。它是一种思考和交流的方式，信息开发人员采用一套系统化的原则和技术处理内容，以确保其方便可用。例如，已被信息规划的操作程序将具有一套设置好的模板、格式、结构和内容。跨装置的不同单元(或跨企业机构的不同装置)的操作人员应该能够迅速找到重要信息(例如紧急停车或对安全和健康有影响的信息)，因为它始终位于每个操作程序的相同位置/章节/部分。

7.2 维护程序

维护程序也需要像操作程序一样注意人机界面，因为维护错误和操作错误的代价一样高。设计或购买易于维护、难以或不可能组装或安装错误的设备，可以提高设备的本质安全性，从而提高整个工艺的安全性。例如，无机械密封的泵消除了密封泄漏及其相关危害的可能性，这就是本质安全替代策略的应用。然而，应该认识到，危害之间常常需要权衡。消除密封泄漏风险的无机械密封泵可能会带来其自身的一系列其他危害，例如泵空转或在关闭出口阀状态下运行，其温度会迅速升高，可能需要额外的防护措施来避免这种新的危险后果。

7.3 重新布置

将工艺设备重新布置在一个危害较小的地方可以降低设计要求、简化安装，这就是*减缓策略*的应用。例如，电气控制设备或开关设备可以移至电气防爆区域外，而不是将其设计为防爆型，这使得安装本身更安全（完全移除点火风险，而不是减少）、更便宜（标准型电气外壳与防爆型电气外壳相比）（参考文献 7.6 Kletz 2010）。

重新安置可能受到火灾、爆炸或有毒物料泄漏影响的人员是减缓策略的另一种应用。一家炼油厂将其控制室和办公楼搬迁到了一个偏远地方（街对面，远离有毒和爆炸/火灾区域），并在现场附近购置房产以创建缓冲区。这种方法是常见的设施选址技术，它并没有消除化学危害，而是将人与危险区域分开。

7.4 围堵/围堰

如果失控反应在反应器中无法控制，可将反应物料紧急排放至单独的压力容器，再进行后续处理，以减轻后果。急冷罐、气液分离罐、气液分离器和其他类似设备均可用于储存放热/失控反应的紧急泄放物料（参考文献 7.1 CCPS 1993）。

对储罐、容器或整个工艺单元来讲，适当的二次围堵也是本质安全*减缓策略*的一种应用，因为它可以阻止泄漏后的液体扩散，并使其蒸发表面积最小化。如果可能的话，应避免或尽量减少多个储罐采用常规的围堰结构。围堰结构的持续完整性也是一个关键难题，特别是对于那些可能沉降、侵蚀或以其他方式削弱或失去其设计功能的围堰，应避免二次围堵（防火堤）渗透失效，并要求其具有良好的密封性。

本质安全减缓策略应用于保护层的另一个例子是采用防爆墙、隔热罩和其他屏障来吸收爆炸产生的能量并限制其影响范围，或者吸收其他潜在的危险能量源，例如声音和热能等，如下所示：

- 在一家工厂，固体铁路槽车的装卸操作由操作人员监控。所用的气动鼓风机和液压振动器在铁路槽车周围产生了非常大的噪音，操作员工在监控装卸操作时需戴上耳塞和耳罩。操作人员远离槽车进行"监控"（避开噪声）已成为一种惯例，但监控距离已远远超过监管要求。应在原有操作室安装有效的隔音材料（以及必要的空调），使操作员工能够舒适安全地密切监视整个装卸过程。
- 一家生产火箭推进剂的工厂在生产车间（在其中配制并混合推进剂）周围设置大型土堤，用来吸收任何爆炸产生的冲击力。

7.5 更可靠的工艺设备和设计

与第6章介绍的坚固设备设计概念一样，要求设备做到物料几乎不可能泄漏。应用*替代*策略，使用更可靠的工程材料或设计减少系统或组件失效的可能性，从而降低物料泄漏、有毒介质泄漏、火灾和爆炸的可能性。先前的例子已经证明，高等级工程材料的耐腐蚀性更好，并具有良好的韧性和抗疲劳性。改进动设备的壳体设计可减少转动部件故障时物料泄漏的可能性。双机械密封泵的设计比单密封泵更可靠。无密封泵大大降低工艺物料泄漏风险，但它们也带来了新的危害，如设备迅速过热而导致内部物料泄漏的风险。新型无密封泵的设计采用先进的热保护停泵装置防止其过热。根据应用工况，其他更可靠的泵包括隔膜泵、喷射泵和喷射器等。某些情况下使用智能变送器替代老式的模拟变送器，可以使控制功能更加可靠。

液-液换热器的管壳侧和空冷管束都可以设计成能够承受任何一侧的最大压力，这种设计消除对泄压装置或其他用于超压保护的主动保护层的依赖。尽管按照法规要求，只需要将换热器的壳程设计为压力容器，但是这些保护措施仍有必要(参考文献 7.5 Kletz 1998；参考文献 7.6 Kletz 2010)。

外部视镜可提供简单的液位监测，当遇到分层工艺流体时(例如在分层器中的烃类-中间层-水混合物)，其性能可优于其他液位监测设备。然而，这类视镜很容易受到外部损坏，并可能导致物料泄漏。新型铠装视镜设计(无论是外部还是内置在容器中)大大降低破裂风险，同时可进行可靠的液位监测。此外，还有一些新的方法(表面涂层和/或不同的玻璃配方)可以减少或消除玻璃本身的化学侵蚀。

7.6 简化工艺设备和设计

除了使工艺设备和设计更可靠之外，还可以通过简化消除不必要的复杂性，并减少故障发生的可能性(少即是多)，如下示例：

- 可燃气体压缩机厂房应设计为敞开式并保持自然通风。这通常意味着消除封闭式设计，用敞开式或半敞开式替代，并且在高点设置适当的放空设施。完全封闭式可燃气体压缩机厂房，主要依靠一系列主动控制措施监控机器运转状态，并在发生泄漏时使其跳车，实际上这种方法并不可靠(参考文献 7.5 Kletz 1998，参考文献 7.6 Kletz 2010)。

- 氧化工艺通常需要测量工艺流股的氧含量。对于气液两相的混合气流，这种测量将会非常困难。而将这些干扰物料从待测流股中分离出来再进行测量的复杂系统通常效果不佳，导致氧气监测仪的测量结果并不准确。有时，采用一种简单办法，例如采用有一定垂直长度的未保温管线，可以让液体凝结并流回容器或管线中，即可解决此问题，而不需要复杂的洗涤或分离系统(参考文献 7.5 Kletz 1998，参考文献 7.6 Kletz 2010)。

- 火炬系统应尽可能简单，并尽可能配备较少附属设施，以避免意外故障、堵塞和火炬能力降低。火炬虽然需要一些额外的保护设施，如阻火器、水封、过滤器等，但应仔细评估这些设施在降低风险及其保护和维修方面的必要性。

7.7 集散控制系统

集散控制系统(DCS)应采用减缓策略。这些系统通常使用输入和输出模块，每个输入和输出模块包含多个输入或输出点。因而，一个模块故障可能会同时导致多个控制回路失效。将输入/输出点合理地分配到各个模块，可以提高工厂对某一模块故障后的容忍度(参考文献 7.1 CCPS 1993，参考文献 7.3 CCPS 2012)。由于许多与过程控制相关的保护措施（非 SIS 联锁)进入到 DCS 或者是 DCS 的一部分，所以 DCS 也会引发共因失效。因此，合理选择输入输出(I/O)模块的控制信号，并使用隔离栅将 I/O 模块和其他组件进行物理隔离，可以使单个模块的短路不会造成多个相关的控制功能同时失效，降低共因失效的可能性，从而使控制系统本质更安全。Kletz(参考文献 7.5 Kletz 1998；参考文献 7.6 Kletz 2010)提供了一些关于改进过程控制系统的建议：

- 组态软件应该可读并且要有完善的文档记录，以便工艺工程师和需要了解工艺控制的人员能够理解控制系统。
- 未经仔细审查，不应将旧组态软件用于新程序。例如欧洲太空火箭 Arianne 由于重复使用旧组态软件而导致发射失败。某化工厂将批次处理过程控制方案重新应用于升级后的反应器系统，但由于控制阀具有不同的故障安全位置，导致水运期间（试车前)系统故障。
- 安全仪表系统(SIS)必须独立于基本过程控制系统(BPCS)。
- 工艺设计必须能够容忍控制系统组件故障或软件组态错误。
- 软件组态应该能够容忍硬件故障，并可通过自诊断来自动纠正。

报警功能通常内置于集散控制系统(DCS)。通过应用*最小化*策略，可将工艺报警数量减至最少，为操作人员提供足够的响应时间，进而对这些报警进行优先级排序，确保有一个程序管理无效/虚假报警。由于工艺人员更易接受较少数量的真实报警的响应培训，从而保证在工艺异常或紧急情况下能做出正确及时的响应。

7.8 总结

本章介绍了本质安全策略在传统保护层的应用，以提高其有效性和可靠性。与直接在工艺过程中应用本质安全策略尽可能将事故可能性降至零相比，这种方法可将事故可能性降低几个数量级，但仍为"非零"。

7.9 参考文献

7.1 Center for Chemical Process Safety(CCPS)，*Guidelines for Engineering Design for Process Safety*. New York：American Institute of Chemical Engineers，1993.

7.2 Center for Chemical Process Safety(CCPS)，*Human Factors Methods for improving Performance in the Process Industries*. New York：American Institute of Chemical Engineers，2006.

7.3 Center for Chemical Process Safety(CCPS)，*Guidelines for Engineering Design for Process Safety*. Second Edition New York：American Institute of Chemical Engineers，2012.

7.4 Horn，R. E.，*Developing Procedures*，*Policies & Documentation*，Info-Map，Waltham，1992，page 3-A-2.

7.5 Kletz，T. A. *Process Plants*：*A Handbook for Inherently Safer Design*. Philadelphia，PA：Taylor & Francis，1998).

7.6 Kletz，T. A. and Amyotte，P.，*Process Plants*：*A Handbook for Inherently Safer Design*，Second Edition，CRC Press，2010.

8 全生命周期阶段

8.1 通用原则

如前所述，一套化工工艺的开发需经历不同的阶段，包括：

- 概念。
- 工艺研发。
- 基础设计。
- 详细工程设计。
- 采购、施工和试车。
- 操作和维护。
- 变更管理。
- 退役(闲置、净化)。

以上过程通称为工艺全生命周期。本章全面描述工艺全生命周期的每个阶段，并详细介绍如何在每个阶段应用本质安全理念和策略。全生命周期有许多机会应用本质安全策略的理念和实践。应评估这些策略应用的机会，并对其风险成本与可降低风险进行对比。除了上述和图8.1中列出的八个阶段外，本章增加运输方面的本质安全讨论。化学品运输与工艺全生命周期相关，是化工企业运营值链活动的一部分。当计划在厂内外运输危险物料时，可以在运输现场应用本质安全策略。本章阐述通过应用本质安全策略提高化工过程安全性和工厂的经济性和其他绩效(如质量、生产效率、安全、和能耗等)，并防止环境污染。通过采用第10章过程安全受训人员使用的正式审查方法，可以将本质安全理念的通用原则贯穿于整个生命周期的各个阶段。

应该注意的是，有些固有风险随着体量的变化而变化。在工业化生产甚至中试生产时，实验室认为"安全"的物料可能会有很高风险。因此，即使在工艺研发和基础设计阶段评估风险时，也必须考虑产品的最终生产规模。例如，对于中试装置安全运行来讲，过程危害评估至关重要，但可能无法全部暴露工业化生产的固有危害。模拟"扩大规模"是早期全生命周期阶段本质安全审查的一部分。由于实验室设备与工业化生产设备不同，可能会出现类似问题，如实验室设备的反应是安全的，但工业化并不一定安全。因此，从实验室规模扩大到中试再扩大到工业化生产时，必须考虑这些问题。

如第2章所述，化工工艺的全生命周期包括八个阶段，见图8.1。

8.2 概念

化工工艺是结合"纸上"(理论)和实验室技术活动构思出来的。在概念阶段，应根据了

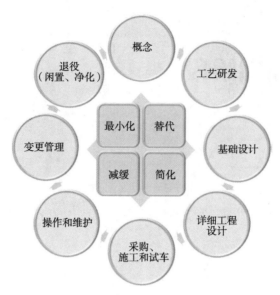

图 8.1　工艺全生命周期的各个阶段

解到的或真实的商业需求构思所需产品。这意味着需要特殊的物理化学性质获得所需的化合物。随着基础化学研究结果的确定，获得目标产品的原料和可能的中间体的选择范围又进一步缩小了。

化工工艺全生命周期的概念阶段不会开展最终甚至初始的设备设计。因此，本质安全的*最小化*、*简化*乃至很大程度上的*减缓*策略可能不适用于该阶段。例如，为实现减少化学品数量和潜在暴露目标，"集成"工艺设计和减小生产规模给设计者提出挑战，然而，这是本质安全*替代*策略发挥最大作用的阶段。如果可能的话，此阶段比后续的全生命周期阶段更容易选择一种本质更安全、危害较少的化学物料完成所需的化学反应。

总是可以使用更安全的化学品的想法是不正确的；并非总是可以用危害最小的化学物料完成化学反应生产所需产品，有时只有一种已知路线可生产所需产品。然而，如果存在一种替代化学品，可以采用不同生产路线生产所需产品，则这是采用替代化学品的最佳阶段。有时需要开展基础性研究，但此类活动有很大的不确定性，可能不会研发出目标产品。因此，在概念阶段做研究的工艺工程师和科学家通常会选择可行的基础化学。

8.3　工艺研发

研发人员与其他研发（R&D）工程师和科学家合作，可以使本质安全在化工工艺研发中发挥根本性作用。他们负责将未来产品及其制造和运输过程风险降到最低。他们在过程开发的早期就承担着重要责任，并对最终结果有着重要影响。全生命周期的研发阶段更易于以较低成本应用本质安全策略改进工艺设计。全生命周期的后续阶段将大大增加实施难度和投资成本。研发阶段通常仍有机会使用*替代*策略，因为设备及其参数尚未确定。在此阶段可以采用*最小化*和*减缓*策略。

为准确应用本质安全，研发人员必须深入调研以确定最终工艺路线，并深入了解该工艺的整个全生命周期。为了选择本质最安全的化学物料，研发团队需要考虑：

- 化学品的过程安全危害和职业安全危害。
- 化学品对环境的影响。
- 安保考虑，如该化学品是否可用于制造简易的化学武器。
- 上下游和辅助单元操作(包括废水处理)所需的化学品。
- 化学品的操作和储存，包括原料、中间体和最终产品的储存和转移；库存需求经常受到运输调度计划和生产计划的影响。
- 运输原材料和最终产品需要注意尽量减少有害物料的运输。

下面简要介绍如何将本质安全策略融入公司的研发过程。

化学研发的本质安全应用

首先，将本质安全纳入程序文件，要求研究人员在开发工艺化学和/或工艺设计时必须遵守。

研究人员需要对每个实验设置及其重大变更进行危害审查和过程危害分析(PHA)文档化管理。检查表是PHA工作的必要部分，在编写检查表时必须包含有关本质安全的问题。

产品、化学反应和工艺开发的技术报告格式(模板)应包含本质安全章节，申请专利许可的报告格式也应包括该章节。各类报告模板的主要说明如下：

如果工艺或化学反应旨在实施新的生产工艺或改进/改变现有的生产工艺，则必须对商业规模的预期危害/风险水平展开讨论。这种讨论应从本质安全角度出发，并考虑所涉及的有害物料的数量和工艺条件的苛刻度。

还需要一张标准的索引表(参考文献8.44 Heikkila)，该表要求考虑本质安全要素。该索引表从低到高对化学品的毒性、可燃性和反应性(物料因素)、数量(数量因素)以及反应苛刻度、压力、温度、腐蚀性/侵蚀性、粉尘含量、可操作性和经验(工艺因素)定义了5个级别。研究者需要给每个因素分配一个"级别严重度"，然后把所有的数字加起来。一个简单的例子如下：

二锂晶体工艺索引表

- 毒性/易燃性/反应性：5。
- 数量：4。
- 反应条件(温度、压力、腐蚀性/侵蚀性、粉尘、可操作性)：2。
- 总数：11。
- 评论：需要其他的建议。

从本质安全角度看，数字越高说明化学过程或工艺的危害越大。必须给出几种替代的化学方法和/或工艺，并完成相应的索引表。如果其他可替代的化学品和/或工艺表现出较低的总体"级别严重度"，那么研究人员可以说明他的选择理由。在所有类别都有"严重"因素的化学品是不可接受的。

8.3.1 本质安全的合成

研究人员，如化学家、工程师和其他科学家，有很多机会将本质安全用于工艺技术的研发过程，包括：

- 合成路线。
- 降低操作条件苛刻度的催化作用。
- 使用反应性较低的试剂或酶化学和生物合成。
- 减少或消除有害溶剂。
- 通过使用挥发度更高的溶剂移走反应热来缓和反应，从而降低溶剂危害。
- 通过将活性基团附着在聚合的或固定的主链上，从而使危险化学试剂与催化剂结合。
- 稀释反应物。
- 尽可能在水中而非有害溶剂中反应。
- 消除危险的单元操作。
- 近临界和超临界工艺。
- 用半间歇或连续工艺替代间歇工艺，减少反应物数量。
- 使用对关键操作参数变化不太敏感的工艺。

这些可能的工艺技术和化学品选择并非总是适用于每种最终产品。一些选择可能不适用于某些应用场合。然而，研究人员应充分利用本公司和其他公司（如果可能的话）的技术知识资源，全面审查所有工艺技术方案的可行性，仔细搜索文献以获取尽可能多的信息，从而降低危害，并尽可能选择本质最安全的化学物料生产目标产品。如果可以，应严格筛查有关涉及可选工艺技术导致事故或未遂事故的信息，并考虑弃用对过程安全事故或未遂事故根本原因有贡献的工艺技术。

8.3.2 与研发相关的危害类型

表 8.1 是过程安全危害类型和危险事件的典型列表，研究人员在寻找最佳化学路线时应予以关注并尽量减少这些危害。

表 8.1　过程安全危害类型

火灾	闪火
	池火
	喷射火
	固体火灾（自燃物料或易燃金属）
爆炸	蒸气云
	密闭空间爆燃
	爆轰
	放热失控反应
	压力容器物理超压
	脆性断裂
	聚合反应
	分解反应
	沸腾液体扩展蒸气爆炸（BLEVE）； 由工程材料或辅助材料（如管线涂料和润滑油）催化引发的意外反应
毒性相关的危害	对人有毒（急性），造成可逆或不可逆的伤害或死亡； 对植物、动物或鱼类的生命有环境毒性（大规模事件）

化学品重要的可燃特性有燃烧极限、闪点、最小点火能、最小氧浓度和自燃温度。这些特性值可以从许多不同出版物和资源获取，包括：

- **安全数据表(SDS)**：安全数据表(SDS)是联合国《全球化学品统一分类和标签制度(GHS)》的一部分(参考文献 8.76 GHS)，旨在取代以前各国使用的有害物料分类和标签制度。《全球化学品统一分类和标签制度(GHS)》在 2008 年纳入美国国家法规和标准，到 2017 年全球主要国家已总体认可《全球化学品统一分类和标签制度(GHS)》的要求。美国职业安全与健康管理局(OSHA)发布的《危害通信标准》(参考文献 8.70 HAZCOM)要求使用安全数据表(SDS)。欧盟的《关于化学品注册、评估、许可和限制的法规(REACH)》(参考文献 8.38 REACH)做出了安全数据表(SDSs)的现行要求。安全数据表(SDSs)是查找化学品理化信息的主要参考资料，因为法规要求制造商必须创建这类文档并提供给所有用户。近年来，人们开发了许多在线资源，可以很容易得到这些安全数据表(SDS)信息。要注意的是，尽管安全数据表(SDS)的质量和完整性有所提高，但有时仍然存在不同制造商的数据信息不一致和不完整的问题。但是，对于基本信息，如燃烧极限和暴露极限，安全数据表(SDS)仍然是主要的参考资料。

- 化工过程安全中心(CCPS)关于火灾爆炸方面的*出版资料*提供液体和蒸气(参考文献 8.27 CCPS 2003b，参考文献 8.17 CCPS 2010)以及固体物料和粉尘的可燃性信息(参考文献 8.11 CCPS 1999，参考文献 8.27 CCPS 2003b，参考文献 8.15 CCPS 2017)。

- *前美国矿务局(USBM)*发布了大量的关于液体、气体和粉尘的可燃性信息(参考文献 8.54 Kuchta，参考文献 8.29 Coward，参考文献 Zabetakis 8.85)。美国矿务局(USBM)大部分关于安全、健康和物料的方案已由美国能源部接管。

- *美国海岸警卫队*发布了一份名为《散装海运化学品数据指南》的文件(参考文献 8.78 USCG)，文件中提供了船运化学品的可燃性、毒性和反应性。

- *美国国家职业安全与健康研究所(NIOSH)*，作为美国疾病控制与预防中心(CDCP)的下属部门，出版的《化学危害袖珍指南》(参考文献 8.64 NIOSH)也提供了化学品的可燃性、毒性和反应性。

- 其他公开文献信息来源有：参考文献 8.83 Yaws、参考文献 8.81 Patty's、参考文献 8.80 ATSDR、参考文献 8.66 RTECS、参考文献 8.56 Sax's。除了这些众所周知的参考文献外，近年来许多介绍有害物料性质的资源也可以通过互联网获取。由于这些信息太多，无法在此列出，但可以通过常见的互联网搜索引擎找到。

除表 8.1 列举的过程安全危害和事件外，工艺技术选择可能还需注意其他的危害和事件，如职业危害、慢性健康影响(致癌、突变作用等)、长期环境影响(如温室效应、臭氧消耗等)、产品危害(客户伤害或疾病、废物处理问题等)。具体的分析研究到底包含哪些后果类型，取决于 PHA 和风险评估程序或有问题的公司或设施，以及 PHA 和其他风险分析的范围。

上述参考资料提供的理化性质通常是在标准测试条件下得到的。因此，工艺研发人员应该在实际工艺条件下谨慎评估公开文献的理化性质，因为该工艺条件下的物性可能与文献值不同。

蒸气云：点燃可燃蒸气云产生的温度和压力通常用静压力、脉冲(随时间累积的压力)

和可燃蒸气云爆燃或爆轰产生的辐射热通量表示。当点燃蒸气云的火焰速度达到或超过音速（如爆轰）时，会造成毁灭性超压；当其小于音速（如爆燃）时，会造成破坏性超压。任何建筑结构对爆炸超压做出的实际响应都是压力随时间变化的函数（如脉冲）。当点燃的蒸气云火焰速度不足以引起超压（如只是产生火球）时，将会对火球半径范围内的人和财产造成破坏，并产生大量辐射热，也会对火球范围外的人和财产造成危害（参考文献 8.17 CCPS 2010）。

在密闭空间或工艺设备内（容器和管线）点燃易燃物料导致的超压危害远远大于无约束蒸气云爆炸。蒸气云并不是在完全密闭空间才产生这些放大效应。事实证明，受建筑物和设备限制或火焰前方有障碍物（例如障碍物或地形）的室外泄漏都会增加点燃可能性和随后的爆炸影响（参考文献 8.61 NFPA 2014，参考文献 8.57 Lewis）。

池火：池火的持续时间比蒸气云的更长，其热辐射强度也很高。池火通常会带来财产损失，但不会造成大量的人员伤亡。同时，池火会对邻近的工艺设备产生影响。外部热源带来的最严重后果是可能发生 BLEVE。当装有易燃物料（通常是蒸气压较高的轻烃或具有类似易燃性质的化学品，如氯乙烯单体）的工艺设备暴露于外部热源时，会迅速发生灾难性失效，产生巨大火球（参考文献 8.17 CCPS 2010）。这种危险通常在容器外壁距离热源很近或者与池火火焰直接接触时才会发生。池火带来的另一个副作用是泄漏到大气中的有毒燃烧产物对环境造成潜在影响。

喷射火：喷射火是一种特殊的易燃性危害。像池火或火球一样，易燃液体或气体带压泄漏会产生大致呈圆锥形的火舌，对其边界内外带来火焰冲击和热辐射危害（参考文献 8.17 CCPS 2010）。

反应失控/放热和分解反应：容器内的失控反应或物理超压都会导致其结构完整性失效。反应稳定性是温度、浓度、杂质和约束条件的复杂函数。在分析失控反应时，必须了解反应的起始温度、反应速率与温度的关系和反应热。导致反应物快速分解的工艺条件同样能造成容器的物理超压（参考文献 8.13 CCPS 1995）。

毒性危害：需要对有毒物料泄漏的扩散和后果进行复杂分析，包括尝试模拟许多自然界的物理化学现象，模拟泄漏物料在大气中扩散及其浓度随时间的变化趋势（参考文献 8.25 CCPS 1996，参考文献 8.12 CCPS 2000）。通常用浓度（如 ppm）表示人体的毒理学效应，并且有许多信息资源可了解急慢性的毒性作用。与物料的可燃性信息一样，安全数据表（SDS）可作为毒理性数据的主要参考资料。但是，必须谨慎使用毒理学数据。一些数据用来描述员工的长期（慢性）接触浓度，而其他数据是用来衡量与事故状况相关的短期（急性）接触浓度。这些数据大部分是从动物实验推测出来的，需要根据人类体型和生理机能进行校正（参考文献 8.81 Patty's，参考文献 8.72 Rand，参考文献 8.79 USDOE，参考文献 8.1 ACGIH，参考文献 8.64 NIOSH，参考文献 8.12 CCPS 2000）。

物理危害：其他的物理危害也会造成过程安全风险。例如，容器或储罐会因超压破裂而发生物料泄漏。压力容器的设计规范，如美国机械工程师协会（ASME）锅炉和压力容器规范、巴西的 NR-13 和欧洲压力设备法令，均考虑安全余量。这样，容器在高于其最大允许工作压力（MAWP）的一定压力下才会发生物料泄漏。然而，设备的历史运行记录、腐蚀环境和破坏机理、检查实践和维护将决定安全余量在设备全生命周期内的有效性。另一个严重物理危害的例子是高速旋转的动设备所具有的危害，如涡轮叶片运行故障。

8.3.3 危害识别方法

研发阶段的过程危害分析包括识别可采用本质安全设计减少或消除的危害以及可由安全系统和管理程序控制的危害。下面介绍几种识别和评估过程危害的研究方法。

分子结构和化合物：某些基团可能会带来工艺过程危害。研发人员应该识别出这些基团。查阅公开文献将有助于识别出可能存在潜在危害的化合物类型。表 8.2 列出了一些已知的分子结构和化合物，这是由化工过程安全中心（CCPS）（参考文献 8.13 CCPS 1995）和 Medard（参考文献 8.58 Medard）开发，但此表不能涵盖全部物料。

新化合物的危害可能不为人知，但是类似化合物或具有相同或类似基团的化合物的危害是已知的。为了确定某种化合物的确切危险特性，可能需要进行测试。

表 8.2 具有潜在危害的基团列表
右栏是基团的主要危害

氨	毒性、火灾
氯化烃	毒性
含氰基化合物	毒性
双键和三键化合物	火灾和爆炸
环氧化合物	爆炸
氢化物和氢气	爆炸
乙炔金属化合物	爆炸
含氮化合物： 　酰胺、亚胺和氮化物 　叠氮化物 　偶氮、重氮和二氮杂环化合物 　二氟氨基化合物 　含卤素-氮键化合物 　肼衍生的氮化合物 　羟基铵盐 　金属烯醇化合物 　硝酸盐（包括硝酸铵） 　亚硝酸盐 　亚硝基化合物 　氮-金属衍生物 　多硝基烷基和芳基化合物 　含硫-氮键的化合物	全部都是爆炸
含氧卤素化合物	爆炸
氧化锰化合物	爆炸
过氧化物（和过氧化合物）	火灾和爆炸
多氯联苯（PCBs）	环境污染
多环芳烃	环境污染

不同类型化合物的反应性：许多其他危害来自于不同化学品的相互反应。公开文献给出许多不同类型化学品的相互反应清单。表 8.3 列出一些化合物相互反应清单的实例。

CCPS（参考文献 8.13 CCPS 1995），Yoshida（参考文献 8.84 Yoshida），Medard（参考文献 8.58 Medard），FEMA（参考文献 8.40 FEMA）和 Bretherick（参考文献 8.9 Bretherick）发布了化学品能相互反应的详细讨论和完整清单。化学反应性的完整概述也可从化工过程安全中心获取（参考文献 8.13 CCPS 1995，参考文献 8.20 CCPS 2003a）。

反应矩阵：化学物料之间的相互作用或反应矩阵是一种公认的有效的危害识别工具。这些矩阵在一个表或矩阵的两个轴上简单列出现场实际操作条件或给定操作条件下的物料，并在矩阵的交叉点处注明两种物料的相互反应类型。矩阵注解用于说明反应条件及其危害。反应矩阵是一种二维工具，不能直接显示两种以上物料的相互反应。表 8.3 是化学反应性矩阵示例。表 8.4 是化学品反应性相互作用示例，供参考。CCPS 发布的《管理化学反应危害的基本实践》（参考文献 8.20 CCPS 2003a）也列出一些反应矩阵。

美国材料与测试协会（ASTM）国际组织（参考文献 8.7 ASTM）给出一种编写装置级/工厂级的化学品兼容性矩阵的通用方法。Gay 和 Leggett 也给出某工艺的矩阵示例（参考文献 8.41 Gay）。惰性氮气等必需的公用工程和工程材料以及受工艺影响的操作工和其他人员都应列在矩阵中。如果矩阵识别出的后果未知（如下所述），则可能需要进行测试或计算。美国海岸警卫队（参考文献 8.78 USCG）发布了一份综合的通用化学品兼容性矩阵，用于确定不同种类海运货物之间可能发生的反应。此矩阵由美国海岸警卫队（USCG）和化学工业共同完成。

表8.3　化学反应矩阵示例

	化学品 A	化学品 B	化学品 C	工程材料	人员
化学品 A	—				
化学品 B		—			
化学品 C	x	x	—		
工程材料			x		
人员		y	y		—

注：x 或 y=相互作用或不兼容性（例如，由于放热反应、腐蚀、健康危害等原因不兼容）。

软件和网络资源可用来辅助编写和维护化学反应矩阵，如下所示：

- 美国化学工程师学会（AIChE）、化工过程安全中心（CCPS）、化学反应表软件（CRW）（参考文献 8.67 CRW4）。
- 美国材料与测试协会国际组织、化学品热力学和能量释放评价程序（CHETAH）（参考文献 8.6 ASTM CHETAH）。
- 美国机械密封和填料公司（US Seal）（www. usseal. com/jmchem. html）。
- iProcessamart. com（www. iprocessmart. com/techsmart/compatibility. htm）。
- 健康与科学索引（IDEX Health and Science）（www. idex-hs. com/education-and-tools/educational-materials/chemical-compatibility）。

反应性测试：许多方法可以测试放热反应的热稳定性和起始温度，以及反应速率和相关物料的单位质量产热量，相关内容总结如下。另外，CCPS（参考文献 8.20 CCPS 2003a），Englund（参考文献 8.35 Englund 1990）和 Fauske（参考文献 8.39 Fauske）对其有完整描述：

- 差示扫描量热法(DSC)。
- 示差热分析。
- 绝热温升测试。
- 分解压力测试。
- 卡洛斯(Carius)密封管测试。
- 混合池量热法。
- 超压泄放选型测试(VSP)。
- 加速量热仪®(ARC)。
- 反应系统筛选工具/高级反应系统筛选工具(RSST/ARSST)。

表 8.4 化学品反应性的相互作用

物料			危害类型
A	+	B	=危害事件
酸类		氯酸盐	自燃
		亚氯酸盐和次氯酸盐	自燃
		氰化物	有毒和易燃气体
		氟化物	有毒气体
		环氧衍生物	放热、聚合
可燃物		氧化剂	爆炸
		无水铬酸	自燃
		高锰酸钾	自燃
		过氧化钠	自燃
碱类		硝基化合物	容易点燃
		亚硝基化合物	容易点燃
铵盐		氯酸盐	形成爆炸铵盐
		亚硝酸盐	形成爆炸铵盐
碱金属		乙醇、乙二醇	易燃气体和放热
		酰胺、胺类	易燃气体和放热
		偶氮和重氮化合物	易燃气体和放热
无机金属硫化物		水	有毒和易燃气体
		爆炸物	放热和爆炸
		易聚合的化合物	聚合反应和放热

还有一些其他方法可测试物料的冲击敏感度、闪点、自燃温度、液体和蒸气的燃烧极限以及粉尘爆炸特性[如最小点火能(MIE)、爆炸下限浓度(MEC)、极限氧浓度(LOC)和压升速率(Kst)]。

其他危害识别工具:"假设分析"(What-If)检查表和"危险与可操作性分析"(HAZOP)方法都是应用广泛的危害识别工具,通常用于基础/详细工程设计阶段的潜在危害分析。然而,它们的基本头脑风暴理念和模式也适用于本质安全应用机会的分析。此外,初步危害分析(PrHA)方法专门用来评估工艺研发早期阶段(此时，基础工艺技术路线已经选定)的潜在危害。化工过程安全中心(CCPS)(参考文献 8.14 CCPS 2008)相关书籍和本书第12章给出了这些工具方法的应用指南。需要注意的是，这些工具方法不仅为工艺研发基础化学的本质安全设计应用提供机会，而且帮助其识别主动和被动保护措施。第10章和第12章给出评估本质安全策略的过程危害分析方法信息和指导。

替代化学工艺和本质安全(IS)衡量方法： 替代化学工艺可能会造成不同危害和程度不同的相同危害。替代工艺的选择是折中的结果。所选的替代工艺并非完全没有风险，但可能风险最小。目前尚无一种对各种替代方案做出最终判断的通用分析方法。Edwards(参考文献 8.34 Edwards)提出一种由17个潜在参数组成的工具，包括压力、温度、产率、毒性、易燃性、腐蚀性等。将这些参数分为不同范围，并对每个范围进行编号(即1，2，3等)和设定相对评分指数。分析替代工艺的每一步操作，得出一个总计的相对分数。得分最低的替代工艺是本质最安全的。Lawrence(参考文献 8.55 Lawrence)也提出一个类似的相对本质安全(IS)评分指数，该指数由过程指数和化学指数组成，然后将二者结合起来。这些初期的相对评分方法已经改进，补充额外参数，例如设备类型、设备布置、过程结构的安全性和化学品的相互作用(参考文献 8.44 Heikkilä)。Gentile(参考文献 8.42 Gentile)进一步细化基本的相对评分系统，兼顾重要参数固定范围带来的不连续性(如温度从199℃升高到200℃变化1℃，则温度的相对得分从2变到3)。这种改进是通过模糊逻辑完成，以连续而非离散和突然跳跃的方式计算指数得分。

Gupta(参考文献 8.43 Gupta)改进相对评分法，其偏差主要由替代工艺的步骤数和分配给相关参数变化范围对应的无量纲值的假设风险权重引起。例如，分配给200~299℃温度范围的"3"是否与分配给1~1.4MPa压力范围的"3"具有相同的危害等级？为了避免类似问题，将工艺每一步中与安全相关的重要参数(如压力、温度和表征可燃性、爆炸性和毒性的无量纲的组合指数)简单地进行绘图比较。与 Lawrence 相对评分法相比，此图解法分析甲基丙烯酸甲酯(MMA)替代工艺的结论有所不同。使用相对评分法分析甲基丙烯酸甲酯(MMA)的六种生产路线时，丙酮氰醇法是本质最不安全的替代工艺，但图解法则认为它是最佳替代工艺。这种差异与所选择的表征风险的工艺参数重要性有关。图解法的每一步都显示这些参数的重要性，而相对评分法并非如此。因此，在选择合适的替代工艺时，关键是确定哪些参数是最重要的，它们之间是如何相互衡量的。在上述举例中，步骤数和危险化学品数量在相对评分法的结果中占主导地位，强调采用替代和简化策略消除或替换使用的化学品，并减少所需的步骤数。操作压力在图解法的结果中占主导地位，强调采用减缓策略降低操作压力。

Khan(参考文献 8.50 Khan)比较了环氧乙烷生产工艺可用的几种本质安全(IS)指数法——Lawrence 本质安全指数法、*陶氏火灾爆炸指数法*(参考文献 8.32 Dow FEI)和*陶氏化学品暴露指数法*(参考文献 8.31 Dow CEI)、蒙德火灾爆炸与毒性指数法(参考文献 8.47 ICI)和安全加权危害指数法(参考文献 8.49 Khan 2001)。其中一些指数法早于上述的本质安全策略。但是，这四种指数法没有任何一种是简单易懂的适用于过程安全全生命周期的综合方法。Lawrence 本质安全指数法适用于分析所有的本质安全策略，但仅限于工艺研发阶段。其他指数法利用自身的分析方法论充分识别本质安全策略。使用这些方法分析可选方案的本质安全时，重要的是要在充分了解所用方法的优缺点基础上进行结果分析。如果总体风险很高，可使用多种分析方法。

为鼓励和促进本质安全的化工工艺和工厂，欧盟委员会 1994 年启动一项欧洲政府/工业项目——INSIDE(本质安全设计)项目。*INSIDE 项目*的目标是开发切实可行的方法，鼓励在工艺研发和工厂设计中使用本质安全策略。这项工作的输出成果是专门开发的被称为 *INSET 工具包*的一套工具方法(参考文献 8.48 INSET)。INSET 工具包为研发人员和工程师提供工具方法，系统地识别、评估、优化和选择本质上安全、健康和环保(SHE)的化工工艺和设计。无论是新项目还是新工厂的成熟工艺或者是计划改造现有工厂和工艺，均需综合评估安全、健康和环境危害，确保它们之间的冲突和协同效应得到充分识别和有效管理。工具包会特别关注项目的关键早期阶段，因为该阶段做出了几乎所有决定工厂 SHE 绩效的主要决策。应该注意的是，这些工具仅侧重于决策过程的本质安全方面，而不是项目的总体安全、健康或环保状况。同样，INSET 工具包并不能代替传统的安全研究、危害分析和风险评估。

如表 8.5 所述，INSET 工具包适用于化工工艺的四个阶段。每个阶段都需要使用特殊工具完成表 8.5 的分析。INSET 指南提供了每种工具应用的详细教程。

表 8.5　INSET 工具包的四个阶段(参考文献 8.48 INSET)

第一阶段：化学路线的选择
此阶段是寻找产品的潜在化学路线；某些产品可能有数百条可选路线。需对这些路线进行简单筛选，确定哪些路线(比如 5 条)需进一步评估

第二阶段：化学路线的详细评估
此阶段分析一些潜在化学路线，收集相关的化学数据，并详细评估这些路线。最终选择一条最佳路线或者两条可选路线，以便进一步优化/研发或者直接用作化工工艺的设计基础。这尤其适用于多条所选路线存在许多冲突且没有一条明显可用替代路线的情况

第三阶段：工艺设计优化
评估第二阶段选择的化学路线，优化其工艺条件，并考虑该工艺的工业化可行性以及所用特殊工艺设备的潜在影响

第四阶段：工厂设计
从工艺流程顺序、原料规格、工艺条件、单元操作和设备选型等方面进一步优化初始的工艺设计，从而提高装置性能。评估设备尺寸和管线管件的详细设计，找到减少工艺物料库存、消除工艺复杂性和减少潜在泄漏点的方法

此外，*陶氏火灾爆炸指数法*(FEI)(参考文献 8.32 Dow FEI)、陶氏化学品暴露指数法(参考文献 8.31 Dow CEI)、蒙德指数法(参考文献 8.47 ICI)和类似蒙德急性中毒危害指数法(参考文献 8.75 Tyler)都有助于从替代工艺中选择最合适的化学工艺。开发替代工艺的选择指南在第 16 章认为是未来需求。

全生命周期成本：化工工艺全生命周期成本是指整个全生命周期内的所有净支出。化学工艺选择对全生命周期成本影响极大。研发阶段的全生命周期成本定量估算准确性较差。但是，对竞争化学品的全生命周期成本进行定性估算是有益的。任何全生命周期成本估算都隐含着风险估算。未考虑与产品责任问题、环境问题和工艺危害相关的风险之前，可能一种替代工艺似乎比另一种更具有吸引力。成本效益分析(参考文献 8.28 CCPS，1995a)在预测和比较替代工艺的全生命周期成本方面起着很重要的作用。

本质安全的合成路线示例： 正如 Bodor（参考文献 8.8 Bodor）所述，二氯二苯三氯乙烷（DDT）乙酯是一种高效农药且毒性不高。该酯具有水解敏感性，易水解生成无毒产品。在其分子专门引入一种结构，促进其水解失活，成为一种更安全的分子形式。这可能是研发既能达到预期杀虫效果又无明显环境影响的化学产品的关键手段。该技术广泛应用于制药行业，也适用于其他化工行业。

生产合成橡胶需要大量危险的丁二烯和苯乙烯库存。改进工艺首先向反应器加入水和乳化剂，单体作为预混合物加入，然后加入乳化的过硫酸钠水溶液。Englund（参考文献 8.36 Englund 1991a）对此工艺进行研究，使用危害较小的物料在较易控制的较低温度下反应。这说明通过应用本质安全工艺可使已有的化工生产过程更安全。

8.4　基础设计

在工艺基础设计阶段，研发人员和工艺工程师在应用本质安全策略方面扮演着重要角色。因为该阶段已选定化学方法，从而确定了物料的基本危害。工艺开发人员需重点关注工艺合成、单元操作和工艺设备类型，确保工艺自身的本质安全性。详细了解必要的和备选的操作步骤对开发高效安全的工艺至关重要。8.3 节的用于化工工艺全生命周期研发阶段的许多危害识别法也同样适用于基础设计阶段。陶氏火灾爆炸指数法（FEI）（参考文献 8.32 Dow FEI）、陶氏化学品暴露指数法（CEI）（参考文献 8.31 Dow CEI）和蒙德指数法（参考文献 8.47 ICI）、Tyler（参考文献 8.75 Tyler）、SWeHI（参考文献 8.49 Khan 2001）、本质安全指数法（参考文献 8.55 Lawrence）、本质安全图解比较法（参考文献 8.43 Gupta）和 INSET 工具包（参考文献 8.48 INSET）都是这些方法的示例，还包括各种易获取的 PHA 方法（参考文献 8.14 CCPS 2008）。考虑到工艺设计会用到一些单元操作，重新学习基础化学有助于研究发现可用的替代方法。

8.4.1　通用单元操作

多种方法可完成特定的单元操作。替代工艺设备具有不同特点，可实现更高级的本质安全性，例如库存、操作条件、操作方法、机械复杂性和自动调节能力。自动调节意味着当某些工艺参数或条件达到某个点时，工艺/单元操作会向安全状态自然移动，如随着反应温度升高，反应速率逐渐下降，系统温度自然会降低。对于反应单元操作来讲，设计人员可以选用连续搅拌的釜式反应器（CSTR）、小型管式反应器或一台精馏塔进行反应，每一个单元操作都会对工艺物料的瞬时库存有不同影响。

在研究备选工艺设备之前，必须了解工艺要求。例如：

- 需要溶剂吗？
- 必须除去产物或副产物才能完成反应吗？
- 需要怎样的混合和/或时间要求？
- 添加物料的顺序？
- 是放热反应、吸热反应还是绝热反应？

必须在评估替代工艺之前回答这些及其他相关问题，例如：

- 需要使用过滤器、离心机或分离器分离液体中的固体吗？
- 需要用结晶或蒸馏进行提纯吗？

如图 8.2 所示，开发对操作参数变化不敏感和安全操作边界较宽的化工工艺是本质安全的做法。有时这种类型的工艺被称作"宽容的"或"可靠的"工艺。如果一个工艺必须控制在非常小的温度范围来规避危险，则它拥有较窄的安全操作边界。对于某些反应，某种反应物过量可以扩大其安全操作边界。

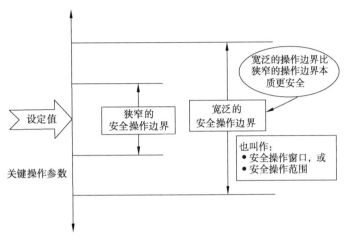

图 8.2　工艺设计安全操作边界

8.4.2　具体单元操作

下面介绍一些具体的通用单元操作示例和注意事项。

反应：反应器设计尤为重要，因为它涉及化学转变并往往会潜在地释放大量能量。反应器安全性评估包括了解控制反应速率的物理或化学过程（催化、传质、传热等）和反应消耗或产生的总能量。同时，也应评估能量产生的压力和/或副反应。这些信息对评估各类反应器（CSTR、间歇式、管式、各种新式设计，例如在环管反应器中的喷射器、静态混合器、挤压机等）的反应适用性非常重要。混合和传质通常是反应器设计时需要考虑的关键要素，因为化学物料一旦在适当条件下混合会迅速反应。

不是所有反应都只发生在反应器。有些反应发生在管线系统、换热器、精馏塔及储罐中。在选择最终设计方案之前，了解反应机理和反应位置至关重要。

一些间歇反应有可能产生非常高的能级。如果在引发反应之前将所有反应物（和催化剂，如果有的话）加入反应器，若反应器中两种或两种以上物料发生放热反应，将会反应失控。应考虑采用连续或半间歇反应器限制能量产生，减少反应失控风险。"半间歇式"是指首先在反应器中加入一种反应物和催化剂（如果需要），随后加入第二种反应物，这样可以检测该反应条件下的工艺波动，可以通过控制加入第二种反应物限制反应产生的能量。

关于反应器设计策略的其他讨论已在第 3.2 节"*最小化*"（一种本质安全设计策略）和第 8.4 节讨论。

精馏：当蒸馏物料是热不稳定的或易与其他物料反应时，有很多方法可以最大程度地减少危害。这些方法包括采用：

- 没有出口堰的塔盘。
- 筛板塔盘。

- 刮板蒸发器。
- 塔底设置内挡板以减少持量。
- 缩小塔底直径(参考文献 8.52 Kletz 1991)。
- 真空蒸馏，降低操作温度。
- 体积较小的回流收集罐和再沸器(参考文献 8.30 Dale)。
- 内回流冷凝器和再沸器(参考文献 8.30 Dale)。
- 保证操作效率且持液量最小的塔内件(参考文献 8.30 Dale)。

另一种选择是蒸馏时尽早移除有毒、腐蚀性或其他危险物料，减少这些物料在整个过程的扩散(参考文献 8.82 Wells)。

低液位蒸馏设备，例如薄膜蒸发器，也可用于危险物料的蒸馏。该设备具有停留时间短的优点，尤其适用于有反应性或不稳定性的物料。

固体处理： 处理固体物料时经常会产生粉尘，从而可能存在爆炸危险(如果可燃性粉尘具有粉尘爆炸所需的特性)。粉尘还有潜在的职业健康危害。处理大粒径颗粒或小球固体而不是细粉物料会降低员工暴露的潜在性，增加爆炸下限浓度，减少粉尘悬浮在空气中的停留时间，从而减少粉尘爆炸危害。

如果固体物料没有被氧化，但仍保持可燃性，则使用较大尺寸的颗粒物料可大大减少甚至消除粉尘爆炸危害。但是，请务必记住，在处理和生产过程中大颗粒可能磨损变成小颗粒悬浮在空中，这将增加粉尘爆炸危害。所以，必须研究颗粒尺寸减小步骤的顺序甚至所需颗粒尺寸，从而使涉及微小颗粒的工艺步骤数量最小化。另一种选择是采用不易产生粉尘的形状，例如球状、珠状、丸状等。如染料生产工艺，将固体物料处理成湿浆或浆料而非干燥的固体颗粒或粉末，也可以减少员工暴露机会和粉尘爆炸危害(参考文献 8.10 Burch)。例如，使用湿式过氧化苯甲酰替代干式过氧化苯甲酰，可减少该类极易反应物料的危害(参考文献 8.84 Yoshida)。

甚至可以采用液体生产以消除固体物料。但是，这可能需要对处理过程中使用的有毒或易燃溶剂的危害与无溶剂的工艺危害进行对比评估。此外，固体粉尘与易燃气体/液体的混合物的危险性通常比粉尘自身的更大(参考文献 8.22 CCPS 2004，参考文献 8.15 CCPS 2017)。

控制粉尘爆炸危害的本质安全方法还包括设计强度足以承受爆炸的建筑物和建筑结构。化工过程安全中心(CCPS，参考文献 8.11 CCPS 1999，参考文献 8.27 CCPS 2003b)，Eckhoff 教授(参考文献 8.33 Eckhoff)和美国消防协会(NFPA，参考文献 8.63 NFPA 2004，参考文献 8.64 NFPA 2006)已经发布更详尽的粉尘爆炸危害及其控制措施的讨论。

传热： 有些工艺需要很大的传热量，这将增加传热设备的物料存量。如果这些物料是热不稳定的，则减少物料在换热器中的停留时间是本质安全做法。尽量减少换热器物料存量的方法包括采用不同类型的换热器。正如第3章所讲，通过在管束内使用"湍流器"来提高传热系数，并采用管程输送危害性较大的物料，减少管壳式换热器的物料存量。

传热设备单位体积的传热面积变化很大。采用满足换热要求且物料体积最小的换热器可最小化物料存量。表8.6对各种类型换热器的表面紧凑度进行比较。降膜蒸发器和刮板换热器同样可减少管程物料存量。

表 8.6　换热器的表面紧凑度（改编自 Kletz，参考文献 8.53 Kletz 2010）

换热器型式	表面紧凑度/(m²/m³)	换热器型式	表面紧凑度/(m²/m³)
管壳式	70~500	印刷电路式	1000~5000
板式	120~225 至 1000	再生–旋转式	高达 6600
螺旋板式	高达 185	再生–固定式	高达 15000*
壳式翅片管式	65~270 至 3300	人类的肺	20000
板翅式	150~450 至 5900		

* 有些类型的换热器紧凑度低至 $25m^2/m^3$。

过去几十年，紧凑型换热器技术取得许多进展。但是，由于缺少认识，仅用于非流程工业，因缺少可靠的设计方法和实际工艺操作条件的测试调查，这些相当先进的热交换技术尚未在流程工业广泛应用。紧凑型换热器的定义通常是表面紧凑度大于或等于 $700m^2/m^3$ 和水力学直径为 1~10mm 的换热器。相比之下，管壳式换热器具有较低的紧凑度和较大的水力学直径。因此，管壳式换热器的效率要低得多，占用空间也大得多。下面是当前紧凑型换热器及其应用的概述（参考文献 8.74 Stankiewicz）。

- *板式换热器(PHE)*：最初开发用于食品行业（牛奶巴氏杀菌）。板式换热器由压制的波纹板制成，每块板的传热面积为 $0.02~3.0m^2$，水力学直径为 2~10mm。紧凑度高达 $1000\ m^2/m^3$（参见表 8.6）。板式换热器已应用于化工、区域集中供热和电力领域，但主要应用于单相工况。但双相工况已在制冷行业得到应用。在汽车行业，作为换热器和蒸发器，板式换热器的体积比热容缩减因子已经达到 2。

- *螺旋板换热器*：螺旋板换热器是将焊接在一起的钢板轧制成螺旋通道，其传热面积变化很大（$0.05~500m^2$）。螺旋板换热器已应用在相变领域。

- *板壳式换热器*：该类换热器由插入壳体的板管束组成。在流程工业，该类换热器已被用于锅炉领域，因为其壳侧可以很容易设计成耐高压。采用不同几何形状可以达到很高的紧凑度（参见表 8.6）。除了铝，还采用其他工程材料（铜、不锈钢、钛）以适应高温、高压和强腐蚀环境。

- *板翅式换热器(PFHE)*：铝制板翅式换热器首次开发应用于航空业，因为它高度紧凑且质量较小。今天，板翅式换热器技术已广泛应用于空气分离、烃类分离和天然气液化领域。

- *扁管翅式换热器*：该类型换热器起初用于汽车行业的空调和发动机冷却，这些多数是气液换热和少量的液液换热的工况。气体侧为翅片侧，液体侧为小直径通道侧。从机械上讲，这些换热器可以承受很高的压力（20~140bar）。

- *微通道换热器*：该类型换热器的水力学直径小于 1mm。制造这些设备需要使用化学刻蚀和精密的加工技术。微通道换热器已应用于高温核反应堆和海上平台等苛刻场合。最常见的类型是印刷电路换热器，其通道被化学刻蚀到板上，水力学直径是 50~200mm，然后将这些板堆叠黏合。该类型换热器可应用于高温（900℃）高压（500~1000bar）。微通道换热器的主要局限性在于整个通道的压降较大。

需要注意的是，紧凑型换热器，特别是板式和螺旋板换热器，通常具有较大的密封表面，可能会增加泄漏可能性。

近年来，大量研究致力于开发集热交换和反应单元操作于一体的多功能换热器（参考文献 8.74 Stankiewicz）。目前已有几种类似设备，包括催化板式反应器，即在其板式换热器上涂覆一层反应催化剂。热交换反应器必须满足以下几种设计目标：

- 在设备内的停留时间必须足以完成所需反应。
- 流体温度必须可控，这需要较高的传热系数。
- 如果进料和反应物没有预先混合好，通道的几何形状必须产生足够湍流，实现两种物料的充分混合。
- 设备压降可接受。

一些紧凑型换热器的设计已经具备这些特性，即使低流量也具有高的传热传质系数，并且其湍流足够大，确保物料充分混合。但是，还需完成其他的设计工作，才能在流程工业得到广泛应用。

管线系统： 管线系统的存量可能会构成重大风险。例如，通过对氯气存储和供应系统的定量风险分析发现，从存储区到生产区的管线是产生总体风险的重要方面（参考文献 8.45 Hendershot）。为了最大程度地减少与传输管线相关的风险，应重点关注设备位置和输送管线走向，最小化管线长度。管线尺寸应满足输送流量要求且不能太大。但是，与大口径管线相比，小口径管线的坚固性较差，其物理损坏的容忍度也较低，并且需额外关注其支撑和安装是否合适。在某些情况下，例如用于水处理领域的氯气，可能是气体而非液体输送，从而大大降低传输管线存量。

化学品存量最小化还可通过拆除工艺系统不需要的盲管段实现。盲管段可能会发生较强的电偶腐蚀。其他破坏机理（如保温层下腐蚀）通常在管线的盲管段更为明显。此外，盲管段累积的较重物料（通过密度或固体沉降的方式）会产生一些未知危害，例如盲管段水的冷冻膨胀在融化时可导致管线失效（参考文献 .8.77 CSB）。

管线系统的设计应尽量少用可能泄漏或失效的管件。应尽可能避免使用视镜和柔性接头（如软管和弯头）。如果必须使用，须特别关注，使其结构更坚固，采用和管线相同的温度和压力等级（或尽可能接近），与工艺流体相兼容，并且安装时能最大程度地降低外部损坏或撞击风险。此外，与管线系统的其他管件相比，应提高管线系统易损管件的检查频次。不常用的排空和导淋应设置管帽和堵头。

法兰垫片推荐使用螺旋缠绕垫片和柔性石墨垫片。这些垫片结构不太可能失效而导致灾难性的物料泄漏。正确安装螺旋缠绕垫片，特别是法兰螺栓的扭矩，对预防物料泄漏有重要影响。

8.5 详细工程设计

随着项目从基础设计阶段进入详细设计阶段，化学工艺、单元操作和设备类型已经确定。详细设计阶段主要关注详细的设备规格、管线、仪表设计以及布置细节。尽管在详细设计阶段仍有机会采用本质安全策略，但是不会再有*减缓*和*替代*的大量应用机会，因为化学工艺和安全操作范围已经确定。然而，如果早期阶段设备/单元布置尚未确定时，仍有机会应用最小化策略。详细设计阶段还可应用简化策略。

工厂设计应基于风险评估，认真考虑化工工艺和选址以及本质安全操作的所有原则。早期的决定可能会限制详细设计阶段的选择，但本质安全原则仍然可用。详细设计是最后一步，该阶段可以在成本允许的情况下进行变更，因为大多数设备是详细设计批准后采购。一旦完成设备采购和制造以及工厂装置建设，改造成本就会大幅增加。

8.5.1　工艺设计基础

为降低危险物料大量泄漏的可能性：

- 如果项目还处于详细设计阶段，可以在满足操作需求的前提下，最小化或消除危险物料的工艺存量（包括工艺设备、管线以及容器储罐），满足最低操作需求量。但消除中间储罐对上下游设备可靠性提出更高要求，防止物料中断引起单元或装置停车。

- 检查易燃物料储罐的二次围堵（防火堤）、存量和安全间距。围堰内的污水坑有助于收集少量泄漏物料。污水坑排液或污水泵可直接将物料排至安全环保的地方，参见美国消防协会标准 NFPA30《易燃液体设计规范》（参考文献 8.60 NFPA 2018）。

- 检查管线布置，最小化危险物料的管线长度，拆除不必要的盲管段。

- 对于间歇操作，应尽量减少能量最高物料的一次性加入量。考虑以"半间歇"方式加入物料，即先加入大部分原料，然后通过流量控制加入高能物料。当高温或高压指示操作异常（超出安全操作边界）时，使用安全仪表系统（SIS）切断反应进料。此外，还可考虑使用被动保护层（管线尺寸、孔板、限定泵的能力等）来限制操作产生的能量。低温可能也很危险，如果高能物料在反应器内累积未反应，随后被引发反应。累积物料可能有足够的潜在能量导致灾难性泄漏。

处理易燃物料时，本质安全设计选择可能会因场地和工艺而有所变化。例如：

- 如果在全生命周期的详细设计阶段，仍可选择非易燃物料。

- 容器设计为能承受可能产生的最高压力（即固有坚固性）。

此外，还应为易燃物料的储存和处理设计合适的主动和被动保护层，包括使用惰性容器、安装防爆装置以及将泄压引至更安全的地方（参考文献 8.61 NFPA 2014，参考文献 8.60 NFPA 2018，参考文献 8.17 CCPS 2010，参考文献 8.20 CCPS 2003a）。

8.5.2　设备

一些工程师仅根据预期的操作温度和压力确定压力容器的最大允许工作压力（MAWP）。虽然这样会降低容器壁厚，但可能会导致容器设计不能承受控制系统、通信系统或公用工程等故障失效造成的工艺扰动。如果工艺扰动可能会引发过程安全事故，则需要增加保护层降低风险。本质安全选择则是通过设计坚固的设备尽量减少保护层。例如，如果容器的最大允许工作压力（MAWP）比可能产生的最大压力高，则不需要用安全仪表系统（SIS）切断容器的高压力源。工艺设备规范应考虑潜在的超压工况，如 API 521《压力泄放和减压系统》的超压工况清单。

被动设计的设备完全可以承受任何可能超压而不会超过材料的屈服应力。如果容器超压在弹性范围内，金属拉伸后会恢复到正常晶态。"弯曲而不断裂"的系统设计略微超过金属的塑性范围发生变形（变硬），这实际会使设备变得更坚固。然而，如果这种工况反复发生，新危险则是容器将不会拉伸而通常会破裂。因此，承受塑性范围应力的容器需要更频繁的形变和完整性检查。真正的被动设计不仅更安全，全生命周期测试和检查的成本也会更低。

所有系统硬件均需要可靠设计。如果所连接的管线接头或仪表的设计压力低于容器的设计压力，超压会使其失效。工艺设备设计应采用第8.3节的工程原则，实现能量和物料的累积储存最小化：

- 设定足够高的设计压力，承载放热反应产生的压力，避免泄压阀打开和/或超过设备的最大允许工作压力(安全操作范围的安全上限压力)。
- 通过管线尺寸、限流孔板和泵的能力等物理限制控制过高流量。
- 利用设备布置的重力流(如果可行)，最大限度降低对危险物料输送泵或固体处理设备的需求。
- 评估加料点和管线的腐蚀情况。设计加料点、弯头和其他易冲蚀区域时，采用较低流速。
- 使用低腐蚀速率的工程材料。
- 使用适合所有操作条件的工程材料，如正常开停车、紧急停车和系统排液。例如，正常操作条件可使用碳钢。但异常工况下，可能会发生低温脆性断裂(例如液化气)。水压试验常用的冷却水，如果低于16℃，可能导致某些碳钢脆性破裂。
- 避免使用有裂纹或凹坑的工程材料；均匀腐蚀比非均匀的局部腐蚀更安全。
- 避免异常工况下接触不兼容的化学物料。
- 禁止在乙炔或氨气环境使用铜制配件和干燥氯气环境使用钛制材料。这些原则也适用于垫片、润滑剂和仪表。
- 审查工程材料时，还应考虑外部腐蚀问题。含有氯化物的保温材料可引发奥氏体不锈钢的快速应力开裂，海洋环境的设施也一样。
- 如果可能，尽量避免使用低强度设备，例如视镜、软管、转子流量计、弯头、膨胀节和大多数塑料设备。
- 通过使用较少的交叉连接和软管站，将交叉污染可能性降至最低。尽量减少装卸设备的软管数量。有时候，少量催化剂引起的交叉污染也可能发生危害反应。为防止雨水和泄漏物料造成污染，禁水性物料应考虑室内储存。此外，不要在地下室储存禁水性物料。

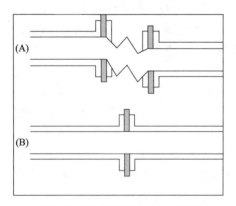

图8.3　正确和不正确的管线设计
(A)显示对柔性连接的不当使用，以弥补较差的管线对中；(B)显示正确的设计和管线对中

- 绝不能用柔性连接解决不正确的管线对中和管线支撑问题。图8.3举例说明好的和坏的管线对中。如果有毒物料的管线系统需要安装膨胀节，可以考虑使用夹套膨胀节。夹套之间有压力指示，用于检测泄漏。
- 所有焊接管线均优于法兰管线。对易燃和有毒物料，应避免使用螺纹管线。
- 压力测试应选择水压试验而非气压试验。
- 试车应该使用水或其他无毒物料，不使用危险的工艺物料。
- 如果管子破裂，无填料的夹管阀会泄漏。
- 在磁力泵和屏蔽泵与双机械密封的离心泵之间要有所权衡。虽然前者没有密封泄漏，但用于温度敏感的工艺物料时，需要使用主动的安全仪表系统(SISs)防止高温。类似地，虽然隔膜泵不会轴封泄漏，但隔膜失效时，工艺介质可能从排气线漏出和空气可能进入工艺系统。双隔膜泵需要两次故障才能使工艺介质从排气线漏出。

- 如果低压储罐内部压力会致其开裂，则应考虑弱顶焊设计。储罐顶部焊缝应首先破裂，而非罐底焊缝(注：需要提醒业主的是弱顶焊的施工细节至关重要。设计可以指定某一等级钢材，使用该等级规格材料的最小强度。实际采购的钢材强度可能远远大于最低等级规格。除了弱顶焊外，储罐的其他焊缝强度越高越好，这使得储罐本质更安全。然而，弱顶焊强度越大，储罐的破裂压力就越高，这会降低弱顶焊的作用。同样，钢板厚度大于规定厚度，也会增加弱顶焊强度)。

8.5.3 工艺控制

化工过程安全中心(CCPS)出版的《化工过程安全自动化指南》(参考文献 8.21 CCPS 2016a)和《安全可靠仪表保护系统指南》(参考文献 8.23 CCPS 2016b)中有许多本质安全设计方面的内容。

本质安全设计的最终目标是消除所有危害，而无需采取主动风险控制措施。然而，安全策略保护层始终需要控制系统。控制系统的设计逻辑采用本质安全策略可以使其更安全。

确定响应时间需要考虑"永不超过"的边界和"永不偏离"的响应。永不超过的边界是指不安全后果会立刻发生的那一点。必须响应点是一个设定得足够低或足够高的值，以便于及时进行仪表控制或人为干预，阻止危害发生。见图 8.4。响应滞后的一个例子是系统维持热量平衡的能力。在反应系统中，当系统产生热量的速度快于传递给其他系统或环境的速度时，就会失去控制。在含有易挥发物料系统中，这种多余热量会立即引起压力升高。在其他系统中，反应物分解为气体会导致系统压力升高。响应温度边界必须设定得足够低，以便有充足的响应时间，防止容器高压失效。另一个例子，储罐进料波动可能会导致高液位溢流，设计控制系统为储罐液位控制提供足够时间，在溢流之前检测到这种波动并对罐的进出流量采取纠正措施。必须降低类似储罐液位的最高设定值，以便留出足够的响应时间。

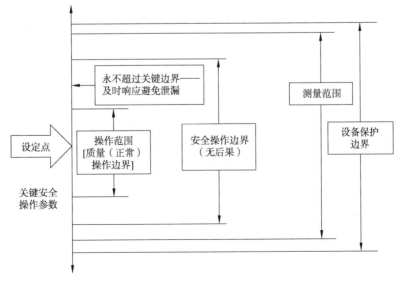

图 8.4　操作范围及边界

基本过程控制系统(BPCS)和安全仪表系统(SIS)： 很少有化工厂设计得足够坚固，不需要主动控制系统。同时使用主动和被动控制可以保证产品收率和质量，维持化工装置安全稳定运行。这类控制系统被称为基本过程控制系统(BPCS)。基本过程控制系统(BPCS)的作用是对或高或低的运行状态进行报警和调节，使其永不超边界。但是，当不可接受的高风险不能通过现有控制系统或其他保护层降低时，需采用安全仪表系统(SIS)迅速停车。当基本过程控制系统(BPCS)不能维持安全运行状态，安全仪表系统(SIS)可以自动使工艺系统处于安全状态。不应将基本过程控制系统(BPCS)作为工艺安全停车的唯一来源。严格来讲，以下与基本过程控制系统(BPCSs)和安全仪表系统(SISs)的设计、操作、测试相关的许多指导性原则并不是本质更安全技术，因为都与主动保护相关。然而，这些原则的多数内容是本质安全*简化*策略的一部分。

- 本质安全的安全仪表系统(SISs)应完全独立于基本过程控制系统(BPCS)的过程控制系统逻辑，包括输入/输出(I/O)卡和逻辑运算器。如果基本过程控制系统(BPCS)和安全仪表系统(SIS)共享组件(包括电源和任何其他公用工程系统，例如仪表风等)，也会发生共因失效。

- 安全仪表系统(SIS)通常应该是故障安全，其设计目的是在失电或断电跳闸时实现或维持工艺的安全状态。

- 如果输入或输出信号丢失，还应该对基本过程控制系统(BPCS)进行编程，使其输出至安全状态。由于大多数设施都有断电或其他公用工程失效的可能性，所以采用非故障安全设计很难充分降低风险。由于故障安全设计不太复杂，所以有助于实施本质安全(IS)的*简化*策略。

- 另一个*简化*例子是，达到必须响应点时，操作人员总是能够收到来自基本过程控制系统(BPCS)或安全仪表系统(SIS)系统的通知。一个日常例子是汽车的高温警示灯。在温度达到高报值前，它不会亮起。温度指示器会在达到报警值之前发出预警。指示器的正常波动反映其监测功能是否正常。

- 在选择安全仪表系统(SIS)输入变量时，尽可能使用被控制工艺参数的直接读数，而不是间接读数。如果要控制压力，就直接测量压力，而不要从温度间接地推算压力。这消除选择间接变量的处理延时。直接读数也消除变量之间推算的潜在误差。直接读数的另一例子是阀位信号。阀门位置应该由直接测量阀杆位置或冲程的设施确定，而不是由指示阀门至特定位置的控制信号确定。换而言之，阀门的开关指示或控制功能应该只在阀门实际达到预定位置时给出，而不是控制系统给出。

控制系统的操作模式： 必须为所有操作模式提供过程控制和安全停车功能，而不仅仅是正常的稳定的操作模式。这包括开车、停车(正常或紧急)、检查/测试和临时操作(如果有的话)：

- 对于紧急停车和其他异常/波动工况，控制系统的设计应达到最高水平的*简化*。如果紧急停车功能仅是单一的人工触发跳车(单击鼠标或触发某个按钮/开关)，则该操作按钮应该容易找到、标记清晰、易于操作且功能清晰。

- 如果可行的话，在实际测试高风险条件的重要控制时，不应使运行参数接近临界安全极限。例如，使用本质安全原则，可以在不提高储罐或容器实际液位的情况下进行高液位切断测试，这比提高实际液位测试更安全。另一个例子是高速旋转设备的超速测试。调速器应该能够在设备未达到跳闸转速(大多数电子调速器均有该设计功能)时进行测试。较老的、机械和机电调速器则不具备此功能。

- 为了测试整个控制回路/功能,还必须测试最终的控制元件。为避免测试造成瞬时或频繁的单元/工厂停车,通常在停车期间进行完整的安全仪表系统(SIS)功能测试。根据工厂响应能力,可能在测试时利用机组跳车触发计划停车。只有在有序稳定且不会引起其他运行参数瞬间超过正常范围的计划停车时,才能执行该操作。

报警系统:近年来,随着化工/处理设施控制系统的数字化,进入控制系统的每个信号都可以发出报警。这引发真正的安全担忧,因为这些过多的同时报警声音和指示使操作人员疲于应付。控制系统的设计,包括控制屏幕上的报警指示、听觉和视觉特征以及报警消音,尽管多年来已有所改进,仍是持续关注的问题。应该对基本过程控制系统/安全仪表系统(BPCS/SIS)的数字和模拟报警显示进行分组,通过颜色、物理位置和独特的声音提示轻松地识别和区分。应在屏幕上显示可能的操作选项列表。数字基本过程控制系统(BPCSs)和安全仪表系统(SISs)的导航应是直观且用户友好的,特别是报警屏幕。第6章对控制面板和其他操作界面的人机工程学有进一步讨论。

ANSI/ISA 84.00.01(参考文献8.3 ANSI/ISA 84.01)、ANSI/ISA 18.2(参考文献8.2 ANSI/ISA 18.2)和化工过程安全中心(CCPS)(参考文献8.23 CCPS 2016b)对基本过程控制系统(BPCSs)和安全仪表系统(SISs)提供了进一步的分析、设计、测试、报警系统合理化以及其他全生命周期的指南。

8.5.4 公用工程和辅助系统

公用工程对过程安全非常重要。它既可能发生泄漏和过程安全事故,也会在失效时对相关工艺系统产生影响。公用工程系统应用需要考虑的因素包括:

- 防止通入的氮气或工厂风使储罐或容器超压。即便所有压力控制设备/调节器故障,这些组件应能承受气动系统产生的最大压力。另一种解决方案是改变气动系统所能产生的最大压力,使其低于暴露其中的任何设备的最大允许工作压力或设计压力。如果无法降低公用工程系统压力,则尽可能采用被动保护措施,例如限流孔板等。如果因操作原因无法实施这些本质安全方案,则需要采用主动控制措施,例如泄压装置或双(分级)调节器。
- 用水或蒸汽作为传热介质,而非高温易燃或可燃油品(参考文献8.51 Kharabanda,参考文献8.52 Kletz 1991,参考文献8.53 Kletz 2010)。
- 使用高闪点和高沸点的导热油,并在其沸点下操作。如果水或蒸汽不适用,可使用熔盐作为传热介质(参考文献8.30 Dale,参考文献8.52 Kletz 1991,参考文献8.53 Kletz 2010)。
- 寻找用于水处理和消毒的氯气替代品。例如,近年来,次氯酸钠已成功取代氯气用于工业和市政水处理领域,这是本质安全替代策略最成功的应用案例。水处理的其他替代方法包括次氯酸钙或非化学处理法,例如臭氧、紫外线辐射和热处理等(参考文献8.68 Negron,参考文献8.59 Mizerek)。
- 使用氢氧化镁浆液控制pH,而非浓缩的氢氧化钠(参考文献8.36 Englund 1991a)。

8.5.5 间歇工艺

间歇工艺由于自身特点和用途而存在独特风险。一些间歇工艺系统专门生产一种产品或一个产品系列。然而，许多间歇工艺是多用途、多产品和多阶段的。这给生产装置提供了最大灵活性，尤其在特殊化学品部门，可以在同一单元/化工过程生产各种不同产品。中试装置也具备相同的多用途、多产品和多阶段的特点，从而实现研发和实验最大灵活性。但这些灵活性也带来一些危害/风险：

- 间歇工艺的化学品库存有时候会比连续工艺的还要高，因为它是一次加入所有物料。一些连续生产工艺有时会现场生产并立刻消耗最危险物料，这将大幅度减少危险物料库存。

- 与连续操作相比，操作人员往往对工艺操作和控制有更多的直接操作。原料储罐、反应器/混合器以及中间品/最终产品储罐间互相关联。使用阀组选择正确的物料路线，特别是那些具有多排或相同阀门的阀组，会增加人为操作失误的可能性。

- 多产品多阶段的间歇工艺经常使用软管增加操作灵活性，手动将软管从不同的原料储罐连接至产品反应器。

- 间歇工艺或中试装置主要是瞬时操作模式。整个间歇工艺运行通常是延长的瞬时操作，几乎没有稳态操作。瞬时操作会增加工艺波动可能性。

- 工厂设备状态随时间变化，间歇工艺的同一台设备可能在不同操作条件下运行。此时此地的非危险偏差(例如加料错误)可能是彼时彼地的重大风险。

由于这些特点，运用本质安全策略可减少甚至消除许多风险，例如：

- 容器、管线和其他管线组件的压力等级和温度等级要高于生产任何产品所能达到的最大条件。对于中试装置，很难预测何时开始设计工业化工厂。但是，所测试的产品性质可提供设备全生命周期内可能承受的压力和温度范围。必须采用变更管理评估和处理间歇工艺或中试装置全生命周期内的异常工况。

- 设计容器、管线和其他管线系统组件时，应考虑设备材质和厚度能否适应最苛刻的腐蚀、侵蚀以及其他类似工况。

- 如果可以，应尽量少用或不用软管和其他"薄弱"部件。多产品工厂通常很难做到这点。

- 如果可以，使用独特的软管配件，使软管只有一种连接方式。

- 细致醒目的标签，特别是不同颜色和形状，有助于简化阀组操作和减少人为失误。这也适用于多种选择且操作特点相同的其他设备。请参阅第 6 章，进一步讨论与此类设备设计相关的人为因素，以使其操作更简单、更耐错和更容错。

8.5.6 其他设计考虑

正确设计化工/处理设施的其他准则包括：

- 《高毒危险物料的安全储存和处理指南》(参考文献 8.24 CCPS 1988a)。
- 《气相泄漏减缓指南》(参考文献 8.26 CCPS 1988b)。
- 《工艺厂房外部火灾爆炸评估指南》(参考文献 8.18 CCPS 1996b)。
- 《工程设计过程安全指南》(参考文献 8.16 CCPS 2012)提供本质安全技术清单，已修改的技术清单参见本书附录 A。

这些参考文献未明确提出本质安全策略，但确实提供符合四种策略定义的相关指导方法。

8.6 采购、施工和试车

设备采购、组装和安装时，已不能应用较易实施和更经济的*替代、减缓*和*最小化*的本质安全策略。装置试车期间的操作可能有助于发现设计期间不明显的物料存量优化机会，这可能也是应用*最小化*策略的机会。但是，这必须写入操作和物流管理程序，对库存量进行程序管控。在初步和详细设计阶段，可以确定储罐尺寸和所能达到的最大存量。

施工期间更改有缺陷的设计是一种高成本低效率的项目建设方法。由于工期限制，现场变更不可能有很好设计，通常也没有高质量的工程设计或危害评估。此外，现场变更也不可能认定为重大变更。美国堪萨斯城凯悦酒店空中走廊事件的悬吊支架最初设计是"不可构建的"，承包商临时做出简单的设计变更。由于第二次的设计不够牢固，无法承受许多客人同时在走廊跳舞，导致空中走廊倒塌，造成许多人受伤和死亡（参考文献 8.71 Petroski 1985）。

如果项目施工期间仍有机会，应调整设备布置，尽量减少间距对泄漏的严重性或可能性的影响。2005 年 BP 得克萨斯城爆炸事件后，应用正式（和定量）的设施选址分析和最佳实践是通用的行业标准。当采用临时和柔性（如帐篷）结构时，这些标准中的许多做法都应用于过程全生命周期的施工和试车阶段（参考文献 8.4 API 753，参考文献 8.4 API 756）。

设备布置还需考虑吊装维修作业，例如避免起重机在运行设备上方吊装，特别是处理危险物料尤其是高压或高温危险物料的设备。此外，如有可能，应最大化空间布置，留出足够的维修空间，避免损坏其他设备。大多数设备布置问题应在详细设计阶段考虑和解决，确保设备的正确安装。

新装置的施工和试车阶段可能会使用*简化*策略。但是，项目设计阶段应解决诸如应用本质可靠的设备设计、更简单的反应器设计、传热传质设计、工艺步骤细化、优化控制系统和其他本质安全改进等各方面问题（参见第 6 章）。大多数可能的改进项是对保护层的修改。施工和试车期间发生的变更将增强保护措施和独立保护层（IPL）的可靠性，也属于本质安全理念。然而，一些变更会增加更多保护层，这不是本质安全。

随着设备安装和装置首次运行，*简化*改造和增加保护层的机会或需求越发明显。第 6 章和第 7 章提供*简化*和本质安全理念在保护层应用的其他指南和示例。此外，在试车结束和正式运行时，操作实践和程序将逐步完善。本质安全理念在这些操作实践和程序的应用机会可能自动出现。第 7 章和第 14 章包含本质安全在操作和过程安全方案方面的应用指南。

8.7 操作和维护

工艺全生命周期的最长阶段是操作和维护阶段。该阶段有可能持续几十年，涉及人员、操作维护原则、业务/财务变化以及所有权等诸多变更。此阶段应该解决与本质安全有关的两个重要问题：

- 保持基础设计阶段所提供的本质安全特性和做法。
- 寻找持续改进本质安全的机会。

8.7.1 保持本质安全特性

任何过程安全方案的首要目标是维持或降低工艺的过程安全风险水平。工艺设计基础，特别是植入到工艺设计和设备设施的那些本质安全特性，应作为固有属性予以明确记录，同时说明它们如何/为什么是固有属性。这对本质安全措施特别重要，因为目前广泛认可和普遍接受的良好工程实践（RAGAGEPs）或其他标准对此不做要求，但这些要求可用于以后的设计。本质安全设计措施是最终设计决策所"固有"的并深深植入工艺的基本特征。通常没有标准、报告、计算及其他参考文献阐明本质安全融于最终设计的好处，除非有人想编写此类文档管理。因此，没有此类具体本质安全文档就不可能完全评估任何可预见的变更，尤其是多年后才发生的变更，以确定该变更是加强、削弱或不影响装置本质安全特性或实践。完整的本质安全文档也很重要，因为有时候可能找不到提供本质安全特性或实践的人员（或组织机构），从而无法解释设计阶段的本质安全考虑。完整的本质安全相关文档是防止丢失本质安全决策技术依据的第一层保护。变更管理（MOC）方案是下一层保护，MOC 重要性在第8.7 节讨论。

使用本质安全原则可以在工艺全生命周期的施工、试车或运行阶段以较低成本进行简化改进。这些改进对工艺设计和功能影响最小。大多数改进使工艺更能容忍人为错误，这是简化的基本定义：

- 如有可能，修改阀门设计，使阀门位置一目了然。参见第 11 章的球阀手柄示例。示例中的阀门打开时，错误安装实践导致阀柄与管线和流向不在一条直线。
- 使用不同的法兰尺寸或特性，确保阀门不能反向安装，尤其是止回阀。
- 用"8"字盲板替代普通盲板，使盲板状态清晰可见。
- 用半透明材料代替储罐和管线的玻璃钢材料，无需借助流量计或液位计观察流量和液位。如果最初使用不透明的玻璃钢，可能必须等到正常磨损或首次计划大修时才能更换。
- 尽可能用固定管线代替软管，例如带有适应设备振动柔性接头的管线和装卸作业的鹤管。
- 仅在绝对需要时才使用快速断开接头，并且用法兰代替不必要的接头。这些法兰需要在受控环境中使用，并且需要安全工作许可证才能拆卸。

上述及其他*简化*示例由 Kletz 和 Amyotte 提出（参考文献 8.53 Kletz 2010）。

尽管在过程全生命周期的运行和维护阶段很难改变化学工艺和操作条件，但可能有机会进行局部改变，从而对过程安全产生深远影响。可能无法替代化学品，但可能在较温和条件下使用这些化学品。例如，即使稍微调整 pH 值，也可能对腐蚀速率有显著影响。微调流量可能会减少对某些部件的冲蚀。后期的大型改造项目，例如脱瓶颈，可能会将传热传质设备改造成更简单、本质更可靠和本质安全友好设计（参见第 6 章和第 7 章）。

8.7.2　持续改进本质安全

过程安全方案要求装置至少每五年进行一次过程危害分析（PHAs）或类似研究。许多公司和工厂也要求项目必须进行过程危害分析（PHAs）。应评估每个安全装置或程序是否可以应用本质安全*简化*原则进行消除或修改。这些原则包括：

- 阀门需直观显示其实际阀位。
- 如果不先断开用于隔离、排液、清理及吹扫连接的机械连接（或短接），就无法开始维修作业，因为它们可能将有害物料通入待维修设备。如将一根氮气管线跨过或穿过人孔，如果不断开氮气管线，就无法进入容器。
- 阀门和管线要便于操作，最大程度减少操作错误。

- 设备布置要留出足够空间。
- 考虑可操作性和可维修性，如果可以，尽量降低所有仪表保护层的复杂性(参考文献 8.23 CCPS 2016b)。
- 设备编号要合理。图 8.5 是泵设备编号不当的示例。
- 合理的控制面板布置。图 8.6 是不合理的厨灶燃烧器控制开关布置图。
- 完整的工艺设备技术信息(即工艺安全信息)，不仅包括基本设计信息、数据和规格书，还包括支持运行和维护活动的其他全部信息，例如维修材料、工程材料易受腐蚀和破坏的机理(通常称为腐蚀控制文件或 CCDs)、润滑剂、包装材料等。

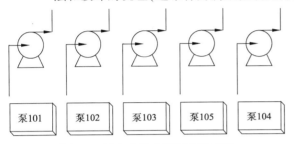

图 8.5　设备编号分配不当的示例

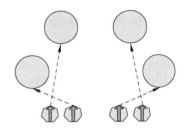

图 8.6　不合理的厨灶燃烧器控制开关布置
(参考文献 8.69 Norman)

过程危害分析(PHAs)和操作程序审查时，应使用本质安全原则对以下安全条款进行审核：

- 操作员工巡检检查表。
- 要求双人确认的内容清单。
- 尽量减少交叉污染和清理的工作计划。
- 记录工艺参数值，而不只是检查标记。
- 重新编辑操作程序，使其更易于使用。例如，在有应急方案的纸张贴上容易识别的标签。有关人为因素的进一步讨论参见第 6 章。

除了操作程序和实践外，资产/机械完整性方案的实践和规程也有机会应用本质安全的简化策略：

- 应采用与上述操作程序相同的原则编制维护程序。检查、测试和预防性维护结果的数据表和其他表格/音视频文件，应完整和好用。
- 维修期间应正确安装指定的备品备件和材料。有时人们更愿意使用仓库已有的，而不是指定的。至少应该修订维修和备品备件管理程序，使维修工单始终包括替换材料的零件型号，并使用相同的编号标记零件及其仓库存放点。
- 应修改备品备件管理程序，以跟踪库存材料的失效日期。这可以利用通用的计算机库存系统或简单的仓库存储标签实现。专用备件入库时也应贴上标签，并考虑专用备件分区存放。
- 工厂设备设计(或重新设计)应便于检查、测试和预防性维护并降低其风险。例如，如果可以在平台上测量管线厚度，就不要乘坐起重机去测量。
- 随着对设备腐蚀机理的了解和研究，逐步形成采用正确测试检查方法和设备材料预防腐蚀的行业共识。很明显，不会拆除整个装置，然后再用不同合金重新建设。然而，极易腐蚀的化工装置出现问题的地方以及遭受过度腐蚀必须更换的任何设备，必须使用耐腐蚀的合金材料。这取决于设备的剩余寿命和物料泄漏后果的严重性。这是使工艺更可靠的示例（参考文献 8.46 Hurme）。

尽管这些改进操作维护实践的建议与工艺危害或工艺设计没有直接关系，但是也属于四个本质安全策略的应用。第 14 章会进一步讨论本质安全理念和策略在其他过程安全方案要素中的应用。

8.8   变更管理

变更管理（MOC）方案用于管理工艺设备［不是同质同类替换（Replacement-in-kind）］、公用工程系统、操作和其他程序，以及配套的制度、实践和程序的工艺变更。它们是法律要求的所有过程安全方案要素，通常也是自愿公认的过程安全方案的关键要素。变更管理（MOC）方案强制要求审查和批准流程，有助于在变更实施前进行彻底审查和评估以管控风险。

变更管理（MOC）方案还应保留本质安全特性。例如，脱瓶颈项目旨在提高产量和生产效率。但是，提高产量需要增大不同的工艺设备尺寸。增大阀门尺寸或安装更大的泵可能会引入设备高压风险，从而增加泄漏风险。Sanders（参考文献 8.73 Sanders）提供许多影响装置安全的变更示例。应修改变更管理（MOC）程序和表格，对其进行适当讨论和核对：

- 以前的本质安全策略没有被破坏，并且
- 适当情况下，变更后的设备或实际设计、安装、操作和维护都包含四个本质安全策略。

工厂改造也存在初始设计阶段忽视或推迟的本质安全策略的应用机会。例如，如果必须更换厚度等于或接近退役厚度的压力容器时，可以借机设计压力等级较高（即使可信的最坏工况发生也不会超压）的新容器，或者将其升级为更耐腐蚀的材质。变更管理（MOC）方案应该在变更审批过程中评估这些问题。

本质安全问题的最终解决方案也可以增加到启动前的安全检查（PSSR）程序和检查表。

8.9   退役

设备退役阶段的本质安全策略应用与设计或运行阶段同等重要，这是因为操作人员不再像连续运行时那样对这些设备进行巡检维护。退役设备可能在"废弃"多年之后才重新启用或拆卸。由于危险物料可能已从设备完全排净，设备的检查、测试和预防性维护活动也随之中断。从化学品泄漏角度看，该设备不再危险。这会弱化设备安全工作操作实践和其他作业规范，包括切割管线和打开设备等。如果退役多年，可能没人记得设备停运时的状态。尤其在设备退役阶段，本质安全的*减缓*和*替代*策略尤为重要。在退役阶段，为确保退役的单元/工厂或单个设备零部件处于安全稳定状态，需采取的关键行动是：

*机械隔离：*退役设备必须与工厂运行部分进行完全可靠的机械隔离。可靠隔离不包括关闭阀门（尽管可能完全关闭）。为可靠隔离退役设备，必须采用法兰盖/盲板或物理断开。保持退役设备与任何其他设备完全隔离状态是*减缓*策略的一种应用（即保持退役设备的零物料流入/流出，消除危险物料泄漏可能性）。

放空/吹扫： 如果退役设备必须放空或惰性气体吹扫，以使其处于安全状态，必须用锁开阀门维持最低限度的操作。应优先选择放空管线不会被隔断的放空口，即所有阀门已拆除。维持退役设备在通风(或吹扫)状态也是减缓策略的一种应用(即将退役设备状态保持在较低甚至环境温度和压力下)。

电气隔离： 退役设备必须与工厂运行部分做到完全的电气隔离。这包括供电电源以及控制信号，这些信号阻止工厂退役区域任何设备的运行或改变。应通过拆除断路器或保险丝实现电气隔离。至少应锁开断路器、开关和其他电气设备。

消除有害物料： 退役设备必须完全清除有害物料，不能有任何残留。这种情况可采用本质安全替代策略，用环境空气、或惰性液体或气体(如氮气)置换有害物料，实现退役设备安全状态。但是，维持设备吹扫状态可能被认为是一种主动保护措施。完全清除退役阶段的残留有害物料是消除危害和第2章描述的第一级本质安全理念。即使少量有毒物料凝固在设备内表面或不拆除设备就无法除去，清理步骤也是最小化策略在退役阶段的重要应用。

状态文件： 必须使用变更过程管理或类似方法清楚记录退役设备的确切状态，以便将来某个时候(可能几年)安全地重新启用、改造或拆除退役设备。这是本质安全简化策略的一种形式。

例8.1

　　使用约200L的搅拌釜式反应器生产氢化铝钠。氢化铝钠遇水会发生放热反应，放出大量的热使泄漏出来的氢气爆炸。将反应器排空，彻底清洗(根据报告)，然后放在室外设备堆场，打开设备管嘴以"风干"设备。大约一年后，通知一位维护人员清理并重新使用这台反应器。该维护人员被告知在打开反应器前必须穿戴全套防火服。但他并未穿戴这套个体防护设备(PPE)就用消防水冲洗反应器。当水遇到管嘴处的结皮氢化铝钠时发生爆炸。这名工人被烧伤，需住医院两周，休养数月。

　　必须注意对人员或环境的长期保护，使其免受废弃设备危害。符合填埋场处置标准(即已正确清洗)的设备不适合挪为他用。如果不能充分清洗废弃设备，必须使其无法重新使用，从而避免以下例子中出现的问题。

例8.2

　　第二次世界大战期间，人们从炸弹碎瓦砾中挖出装有搅拌器的生产四乙基铝的反应器，用其加工鱼酱。虽然清洗了反应器，但还是引起多人中毒。通常考虑到拆除成本，管理者往往尽可能延迟拆除退役或废弃工厂。然而，经验表明，延迟拆除和清洗永远不比立刻拆除的成本更低或更安全，因为刚退役时：

- 知道物料处理方法和存放位置的人最多。
- 装置仍然完好，最容易清理，作业程序找得到，设备也可用。
- 工厂物料的废物处置合同仍然有效，或者可以很容易重新执行。
- 设计文件、废物清单、维护记录和其他文档随时可用。
- 设备可能没有腐蚀到不能安全操作的程度——阀门容易打开，螺母没有生锈，仪表指示准确。
- 储罐物料可以很容易识别。

8.10 运输

厂内和工厂之间的化学品运输并不是化工工艺全生命周期的一个独特阶段，因为它是大多数工厂每天发生的重要生产辅助活动。

全生命周期不同阶段解决相应的运输风险可以增强工厂整体运行的本质安全性。这可能意味着尽量减少厂内或厂外的铁路槽车数量，尽量选择靠近工厂的供应商或其他供应商。本节概述了如何应用本质安全理念管控潜在的运输风险。

在新厂选址或评估现有工厂风险时，必须考虑运输风险。新的化工工艺单元设计应尽早对物料价值链进行定性或定量风险评估，包括物料的生产、使用和运输，以最大限度降低整体风险。对现有工艺流程风险评估（包括运输风险）后，最终需要搬迁现有工艺装置。风险评估方法可从许多文献获得（参考文献 8.12 CCPS 2000），运输风险分析方法参见《化学品运输风险分析指南》（参考文献 8.14 CCPS 2008）。

运输风险评估必须考虑与化学品的制造和分销/运输相关的整个价值链的能力、设备和实践。除了确保作为独立实体的承运商具有正确有效的营业许可证、证书、培训计划、应急响应方案和其他纸质操作实践，化工厂不能控制承运商的政策、实践、程序和设备，只能拒绝承运商的业务。一旦承运商离开装货地点，化工厂便将产品转交给承运商负责，也就无法直接控制货物在工厂之外的安全或安保，即使通常在产品交付给客户之前化工厂仍然是货物所有者。

化工/流程工业，即美国交通部（DOT）定义的托运方和承运方（如铁路、公路运输公司、海运公司、空运公司等），历史上曾共同努力改善运输的安全性和应急响应。美国铁路协会（AAR）等与美国化学理事会（ACC）联合建议通过改进运输设备、路线和程序提高运输的安全性。氯气研究所多年来一直致力于提供本质安全的氯气运输方法。多年来，美国化学理事会（ACC）责任关怀®、CHEMTREC®和TRANSCAER®方案已显著改善化学品运输的安全性和应急响应。

许多国家都出台化学品运输管理的规定，对运输风险和方案选择的任何评估和意见都必须考虑这些规定。此外，一些公司对特殊物料的制度要求超过了法律规定。除了化学品运输相关的安保问题外，很重要的一点就是实施本质安全策略至少要考虑厂内运输基础设施。

8.10.1 原料供给位置

如果运输原料或中间品的风险大于运输最终产品的风险，将工厂建在生产危害原料或中间品的地方，有可能降低或消除它们的运输风险。一个例子就是 1984 年博帕尔事件之后的本质安全实践。在美国，少数几个生产异氰酸甲酯（MIC）（博帕尔泄漏的剧毒化学品）的工厂开始就地生产和使用异氰酸甲酯（MIC），从而停止将异氰酸甲酯（MIC）运输到另一个生产农药的工厂。生产和使用异氰酸甲酯（MIC）的整个过程都在同一个地方完成（说明：目前在美国，用异氰酸甲酯（MIC）生产氨基甲酸酯类农药的工艺已被另一种不同的工艺所取代，这是替代策略的应用）。将某化工产品的价值链中的起点和终点布置在同一个地点，通过降低库存，即最小化，有机会降低运输风险。当然，增加某工厂的工艺数量可能会增加该工厂的总体风险。

例8.3

某工厂生产甲基丙烯酸甲酯，先用氢氰酸与丙酮反应生成丙酮氰醇，然后再生成甲基丙烯酸甲酯。另一个工厂生产的氢氰酸通过铁路槽车运输至甲基丙烯酸甲酯工厂。后来，甲基丙烯酸甲酯工厂新建一套氢氰酸装置，从而不需再运输氢氰酸或丙酮氰醇。

例8.4

一家公司在阿肯色州生产溴，在新泽西州生产溴代化合物。风险评估后建议考虑将生产溴代化合物的工艺装置搬迁到阿肯色州的溴生产工厂。从经济性和降低风险来看，这条建议是合理的，并最终付诸实施。尽管安全不是唯一要考虑的因素，但在该案例中它是重要因素。

8.10.2 运输条件

在评估运输风险时，运输物料的物理状态和性质应根据具体情况而定。可以通过降低释放的可能性或释放的严重性来降低运输风险。也可运用减缓或最小化本质安全策略改变物理状态提高安全性，如下所示：

- 在大气压或减压条件下冷藏和运输物料。
- 以浓缩状态运输物料来减少容器数量，然后到用户现场稀释。
- 运输和使用稀释的物料或替代品，即用氨水替代无水氨，或用漂白剂替代氯气。
- 运输和使用中间品，而不是原料。

8.10.3 运输方式和路线选择

选择合适的运输方式以最大限度地降低风险。桶、ISO集装罐、公路槽车、铁路槽车、驳船以及管线等运输方式的选择要综合考虑产量/库存量、容器的完整性、潜在事故规模、与供应商或客户的距离以及事故频率等因素。虽然驳船事故概率低于公路槽车，但在重要水路(尤其是周围居民饮用水源的水路)发生驳船泄漏的严重后果(包括环境和经济的)使得公路槽车成为更具吸引力的运输方式。

运输方式会影响托运方对运输路线的选择。如果走公路而不是铁路运输桶装、ISO集装罐和油罐挂车，托运方可以选择高速公路而不是铁路以规避高风险。公路运输比铁路运输有更多的路线选择，而铁路运输在给定的起点到终点之间的选择路线较少。公路运输比铁路运输更容易确定出发时间和运输时长，如果有必要的话，安保押运通常比铁路运输更容易。

铁路公司选择铁路槽车运输路线，而托运方很少或无法选择风险较低的路线。然而，大量的危险化学品可以通过铁路穿过人口密集的市区运输。2013年7月，一列载着易燃巴肯原油的失控火车在魁北克拉克—梅甘蒂奇镇市中心脱轨。发生的火灾和爆炸导致47人死亡。替代路线和铁路运输跟踪系统的改进有助于减少危险，如避免装有有毒或易燃物料的铁路槽车长期停靠在临近居民区的支线上。

驳船运输路线基本由托运方和接收方的位置以及它们之间的水路而定，而且无法管线输送。化工过程安全中心(CCPS)提供了不同运输模式的事故发生率数据和参考资料(参考文献8.14 CCPS 2008)，可用于选择最安全的运输方式。

承运方和托运方一直在合作改善运输安全。美国铁路协会已同意将每年运输 10000 次或以上化学品的路线定为"关键路线"。关键路线可获得升级的轨道，检测轨道缺陷的新设备和较低的速度限制。

物料的随用随供可能对运输方式产生影响，实际上还可能会增加相应风险。例如，如果用户以桶装而非罐存的形式使用某种化学品，该化学品可能存放在仓库。而仓库的安全管理可能达不到供应商或用户现场管理的水平。在考虑随用随供时，应评估此种风险。

8.10.4 运输容器改进

对运输容器进行本质安全设计，降低运输风险，设计改进的一些例子如下：

- 现已淘汰使用常规铁路槽车运输环境敏感性的物料，取而代之的是使用美国交通部（DOT）规范 105 要求的压力槽车（替代）。
- 使用保温材料维持容器内较低温度，提供更好的防火保护（减缓）。
- 采用挡板和隔板把容器内部分成几个小室，如果只有一处泄漏，泄漏出的化学品量会较少（最小化）。
- 使用非脆性材质，提高容器抗撞击或冲击破坏的能力。

此外，运输容器可以设计成本质更坚固，并增加以下保护措施：

- 改进铁路槽车设计，特别是针对某些货物运输的铁路槽车设计，使其可承受更严重更剧烈的碰撞和脱轨而不会损坏。比如很多运输化学品的铁路槽车端盖都已加固，以承受更高速的正面碰撞。
- 远程控制或弹簧载荷式（通电打开）切断阀可以降低事故的严重性。
- 公路槽车、拖车和其他容器可以规定不带底部出口，或在底部出口设置防撞保护。
- 所有的铁路槽车必须配备滚动轴承车轮。
- 容器的设计压力高于内部物料在预期的最大环境温度下的蒸气压，从而无需为了安全而使用低温容器。
- 运输化学品的铁路槽车已设计有车钩缓冲器以及加固型槽车端头，可以减少碰撞事故时的泄漏量。
- 一些驳船设计成双层船壳。
- "低矮"型拖车用于 ISO 集装罐运输。低重心拖车也可用于公路槽车运输。低重心拖车降低了翻车风险。
- 大型容器内部使用隔板能提高其稳定性。
- 使用非脆性材质以提高容器抗撞击或冲击破坏的能力。

8.10.5 管理控制

除了通过优化运输方式、路线、物理状态及容器设计提高运输安全性外，还应该检查货物的处理方法，以确定是否可以提高安全性。例如，一家公司进行了测试，以确定装卸叉车货叉穿透运输容器所需的速度。随后，他们在叉车上安装了调速器，限制叉车速度低于穿透容器需要的速度，并要求在货叉末端安装钝齿。这是一个过程设计本质更可靠的例子。

程序管理手段是应用本质安全原则使运输更安全的另一种方式，比如对驾驶员和其他相关人员进行如何安全处理产品的培训，这种培训会定期重复进行，并仅聘用经过认证的驾驶员（这是许多政府监管的一项法规或法律要求）。

8.10.6 厂内运输容器管理

到达厂内的运输容器要么是卸载原料或中间品，要么是装载中间品或最终产品，或两者兼有。这些运输容器有时也会用作临时储存设施，直接与工艺系统连接，给装置供料。与一些工业用气体(如三氟化硼、氢气)一样，氯气也是以这种方式进行操作，从管式拖车直接连到工艺系统进行卸载。满载或部分装载的铁路槽车、公路槽车(散装或管式拖车)、或驳船停留在厂内会存在库存管理问题。通常，现场存放的这些运输容器的数量，无论是与工艺系统连接的还是待连接的，都代表了厂内危险物料的最高库存，尤其是铁路槽车，现场存放的铁路槽车数量通常是由所需产量和铁路调度惯例共同决定。很多情况下，这导致多辆满载90t液氯的铁路槽车停留在厂内等待使用或运离现场。

可通过如下措施降低厂内危险物料运输容器的风险：

- 保持与操作需求一致，将已装载的运输容器数量最小化。这需要与铁路系统商讨修改其运输时间表，这可能很难实现。然而，工厂会发现，现有的运输时间表是基于铁路系统以前过时的调度时间表，而且是可以更改的。如果可以改变，这可能是本质安全最小化策略的一个重要应用。
- 将装有危险原料、中间品或最终产品的铁路槽车存放在厂内安保围栏内，并由安保人员现场监控。
- 确保厂内的铁路槽车有当前有效的许可或其他记录，表明已执行要求的压力和泄压装置测试。
- 采用重力或气体压料方式，并与全通径放空或气体回收系统连接来卸载容器里的物料，避免出现容器超压或真空损坏的工况(减缓)。

将本质安全理念应用到产品运输会遇到的一个重要问题就是风险转移，特别是*最小化*策略的应用。这是因为假设经济和市场条件稳定，工厂的生产率和产量通常是恒定的。因此，尽量减少厂内库存或限制厂内装载铁路槽车的数量，将会减少任何时候潜在的化学品泄漏数量。但是，这意味着化学品运输会更加频繁，公路槽车、铁路槽车和其他容器也会更多。这些化学品容器以极高的速度进行运输(尤其是在高速公路上)，通过或接近人口密集地区，甚至可能靠近敏感的公共和环境区域(如学校、河流等)。虽然发达国家的运输基础设施相当安全，但是运输意外泄漏的风险比固定设施泄漏的风险更高。总体而言，当化学品运输量增加时，化学品泄漏风险也随之增加。在做出厂内最小化决策时，应该权衡这种风险。有关风险转移和本质安全更详细的讨论，参见第 13 章。

8.11 参考文献

8.1 American Congress of Government Industrial Hygienists(ACGIH), Threshold Limit Values for Chemical Substances and Physical Agents and Biological Exposure Indices, 2017.

8.2 American National Standards Institute/Instrument Society of America(ANSI/ISA), Management of Alarm Systems for the Process Industries, ANSI/ISA-18.2-2016, Instrument Society of America, 2016.

8.3 American National Standards Institute/Instrument Society of America(ANSI/ISA), Application of Safety Instrumented Systems for the Process Industries, ANSI/ISA-84.00.01-2004, Instrument Society of America, 2004.

8.4 American Petroleum Institute, Management of Hazards Associated with Location of Process Plant Portable

Buildings, API-753, 2012.

8.5 American Petroleum Institute, Management of Hazards Associated with Location of Process Plant Tents, API-756, 2014.

8.6 American Society for Testing and Materials(ASTM International). CHETAH: Chemical Thermodynamic & Energy Release Evaluation, Ver 10.0, 2016.

8.7 American Society for Testing and Materials(ASTM International), E2012-06 Standard Guide for the Preparation of a Binary Chemical Compatibility Chart, ASTM International, 2006.

8.8 Bodor, N., *Design of biologically safer chemicals*, Chemtech, 25(10), 22-32, 1995.

8.9 Bretherick, L., *Handbook of Reactive Chemical Hazards*, 5th Edition, London, UK: Butterworths, 1995.

8.10 Burch, W., *Process modifications and new chemicals*, Chemical Engineering Progress, 82(4)5-8, 1986.

8.11 Center for Chemical Process Safety(CCPS 1999), *Avoiding Static Ignition Hazards in Chemical Operations*. American Institute of Chemical Engineers, 1999.

8.12 Center for Chemical Process Safety(CCPS 2000), *Guidelines for Chemical Process Quantitative Risk Analysis 2nd Ed.*, American Institute of Chemical Engineers, 2000.

8.13 Center for Chemical Process Safety(CCPS 1995), *Guidelines for Chemical Reactivity Evaluation and Application to Process Design*. American Institute of Chemical Engineers, 1995.

8.14 Center for Chemical Process Safety(CCPS 2008), *Guidelines for Chemical Transportation Risk Analysis*, American Institute of Chemical Engineers, 2008.

8.15 Center for Chemical Process Safety(CCPS), *Guidelines for Combustible Dust Analysis*, American Institute of Chemical Engineers, 2017.

8.16 Center for Chemical Process Safety, *Guidelines for Engineering Design for Process Safety*, American Institute of Chemical Engineers, 2012.

8.17 Center for Chemical Process Safety(CCPS 2010), *Guidelines for Evaluating the Characteristics of Vapor Cloud Explosions, Flash Fires, and BLEVEs, 2nd Ed.*, American Institute of Chemical Engineers, 2010.

8.18 Center for Chemical Process Safety(CCPS 1996b), *Guidelines for Evaluating Process Plant Buildings for External Explosions and Fires*, American Institute of Chemical Engineers, 1996.

8.19 Center for Chemical Process Safety(CCPS 2008a), *Guidelines for Hazard Evaluation Procedures*, 3rd Ed., American Institute of Chemical Engineers, 2008.

8.20 Center for Chemical Process Safety(CCPS 2003a), *Essential Practices for Managing Chemical Reactivity Hazards*, American Institute of Chemical Engineers, 2003.

8.21 Center for Chemical Process Safety(CCPS 2016a), *Guidelines for Safe Automation of Chemical Processes*, American Institute of Chemical Engineers, 2016.

8.22 Center for Chemical Process Safety(CCPS 2004), *Guidelines for Safe Handling of Powders and Bulk Solids*, American Institute of Chemical Engineers, 2004.

8.23 Center for Chemical Process Safety(CCPS 2016b), *Guidelines for Safe and Reliable Instrumented Protective Systems*. American Institute of Chemical Engineers, 2016.

8.24 Center for Chemical Process Safety(CCPS 1988a), *Guidelines for Safe Storage and Handling of High Toxic Hazard Materials*, American Institute of Chemical Engineers, 1998.

8.25 Center for Chemical Process Safety(CCPS), *Guidelines for Use Vapor Cloud Dispersion Models*, American Institute of Chemical Engineers, 1996.

8. 26   Center for Chemical Process Safety(CCPS 1988b), *Guidelines for Vapor Release Mitigation*. American Institute of Chemical Engineers, 1988.

8. 27   Center for Chemical Process Safety(CCPS 2003b), *Understanding Explosions*, American Institute of Chemical Engineers, 2003.

8. 28   Center for Chemical Process Safety(CCPS 1995a), *Tools for Making Acute Risk Decisions with Chemical Process Safety Applications*. American Institute of Chemical Engineers, 1995.

8. 29   Coward, H., Jones, G. Bureau of Mines Bulletin 503, Limits of flammability of gases and vapors. National Technical Information Services, 1952.

8. 30   Dale, S., Cost-effective design considerations for safer chemical plants. J. L. Woodward (ed.), Proceedings of the International Symposium on Preventing Major Chemical Accidents, February 3-5, 1987, Washington, D. C. (pp. 3. 79-3. 99). American Institute of Chemical Engineers, 1987.

8. 31   Dow Chemical Company(Dow CEI). *Dow's Chemical Exposure Index Guide*, *1st Edition*. American Institute of Chemical Engineers, 1994.

8. 32   Dow Chemical Company(Dow FEI). *Dow's Fire and Explosion Index Hazard Classification Guide*, *7th Edition*. American Institute of Chemical Engineers, 1994.

8. 33   Eckhoff R., *Dust Explosions in the Process Industries*. Butterworth Heinemann, 1997.

8. 34   Edwards, D., Lawrence, D., and Rushton, A., Quantifying the inherent safety of chemical process routes, 5th World Congress of Chemical Engineering, July 14-18, 1996, San Diego, CA (Paper 52d). New York: American Institute of Chemical Engineers, 1996.

8. 35   Englund, S., (1990) Opportunities in the design of inherently safer chemical plants, Advances in Chemical Engineering, 15, 69-135, 1990.

8. 36   Englund, S. (1991a), Design and operate plants for inherent safety-Part 1, Chemical Engineering Progress, 87(3), 85-91, 1991.

8. 37   Englund, S. (1991b), Design and operate plants for inherent safety-Part 2, Chemical Engineering Progress, 87(3), 85-91, 1991.

8. 38   European Union, Regulation(EC)No 1907/2006, Registration, Evaluation, Authorization and Restriction of Chemicals(REACH), 2007.

8. 39   Fauske, H., Managing Chemical Reactivity-Minimum Best Practice, Process Safety Progress 25(2), 120-129, American Institute of Chemical Engineers, 2006.

8. 40   Federal Emergency Management Agency(FEMA), U. S. Department of Transportation(DOT), and U. S. Environmental Protection Agency (EPA), Handbook of Chemical Hazard Analysis Procedures. FEMA Publications Office, 1989.

8. 41   Gay, D., Leggett, D., *Enhancing thermal hazard analysis awareness with compatibility charts*, Journal of Testing and Evaluation 21(6), 477-80, 1993.

8. 42   Gentile, M., *Development of a hierarchical fuzzy logic model for the evaluation of inherent safety*, PhD Thesis. Texas A&M University, College Station, TX, 2004.

8. 43   Gupta, J., Edwards D., *A simple graphical method for measuring inherent safety*, Journal of Hazardous Materials, 104, 15-30, 2003.

8. 44   Heikkilä A., Inherent safety in process plant design. VTT Publications 384, Technical Research Centre of Finland, Espoo, D Tech Thesis for the Helsinki University of Technology, 1999.

8. 45   Hendershot, D., The use of quantitative risk assessment in the continuing risk management of a chlorine handling facility, The Analysis, Communication, and Perception of Risk (pp. 555-565). Plenum Press, 1991.

8.46 Hurme, M., and Rahman, M., Implementing Inherent Safety Throughout Process Life cycle, Journal of Loss Prevention in the Process Industries, 18, No. 4-6, 2005.

8.47 Imperial Chemical Industries(ICI), The Mond Index, Second Edition. Imperial Chemical Industries PLC, 1985.

8.48 INSET, Toolkit Combined Version in Single Document, Volumes 1 and 2 - The Full Toolkit, The Inherent SHE In Design(INSIDE)Project, 2001.

8.49 Khan, F. I. et al., Safety Weight Hazard Index(SWeHI): A new user-friendly tool for swift yet comprehensive hazard identification and safety evaluation in chemical process industries, Trans IChemE, Part B, 79B(2), 65, 2001.

8.50 Khan, F., *Evaluation of Available Indices for Inherently Safer Design Options*, Process Safety Progress (22)2, American Institute of Chemical Engineers, 2003.

8.51 Kharbanda, O., Stallworthy, E., Safety in the Chemical Industry. London: Heinemann Professional Publishing, Ltd, 1988.

8.52 Kletz, T., (1991)Plant Design for Safety, The Institution of Chemical Engineers, 1991.

8.53 Kletz, T., Amyotte, P., (2010)Process Plants - A Handbook for Inherently Safer Design, 2nd Ed., CRC Press, 2010.

8.54 Kuchta, J., Bureau of Mines Bulletin 680, Investigation of fire and explosion accidents in the chemical, mining, and fuel-related industries-a manual., National Technical Information Services, 1985.

8.55 Lawrence, D., Quantifying inherent safety for the assessment of chemical process routes, PhD Thesis, Loughborough University, Loughborough, UK, 1996.

8.56 Lewis, R., Sax's Dangerous Properties of Industrial Materials, Wiley, 2005.

8.57 Lewis, B., and von Elbe, G., Combustion Flames and Explosions of Gases, 3rd Edition, Academic Press, 1987.

8.58 Medard, L., Accidental Explosions, Volume 2: Types of Explosive Substances. Ellis Horwood Limited, 1989.

8.59 Mizerek, P., Disinfection techniques for water and wastewater. The National Environmental Journal, 22-28, 1996.

8.60 National Fire Protection Association(NFPA 2018). Guide for Venting of Deflagrations. NFPA 68, 2018.

8.61 National Fire Protection Association(NFPA 2014), Explosion Prevention Systems, NFPA 69, 2014.

8.62 National Fire Protection Association(NFPA 2018a). Flammable and Combustible Liquids Code. NFPA 30, 2018.

8.63 National Fire Protection Association(NFPA 2004). Recommended Practice for the Classification of Combustible Dusts and of Hazardous(Classified)Locations for Electrical Installations in Chemical Process Areas, NFPA 499, 2004.

8.64 National Fire Protection Association(NFPA 2006). Standard for the Prevention of Fire and Dust Explosions from the Manufacturing, Processing, and Handling of Combustible Particulate Solids NFPA 654, 2006.

8.65 National Institute for Occupational Safety and Health(NIOSH), DHHS(NIOSH)Publication No. 2005-149, Pocket Guide to Chemical Hazards, 2005.

8.66 National Institute for Occupational Safety and Health(NIOSH), Registry of Toxic Effects of Substances (RTECS); www.cdc.gov/niosh/rtecs/default.html.

8.67 American Institute of Chemical Engineers(AIChE), Center Chemical for Process Safety(CCPS), Chemical Reactivity Worksheet 4.0.3(CRW 4.0.3)(2019).

8. 68　Negron, R., Using ultraviolet disinfection in place of chlorination. The National Environmental Journal, 48-50, 1994.

8. 69　Norman, D., Turn Signals are the Facial Expressions of Automobiles, Addison-Wesley Publishing Company, 1992.

8. 70　US Occupational Safety & Health Administration(USOSHA), 29 CFR 1910. 1200, Hazard Communication Standard, 2012.

8. 71　Petroski, H. (1985). To Engineer Is Human: The Role of Failure in Successful Design. St. Martin's Press/Vintage Books, 1985/1992.

8. 72　Rand, G., Petrocelli, S., Fundamentals of Aquatic Toxicology. Hemisphere Publishing, 1985.

8. 73　Sanders, R. E. Management of Change in Chemical Plants Learning From Case Histories, Butterworth-Heinemann, 1993.

8. 74　Stankiewicz, A., Re-engineering the Chemical Processing Plant: Process Intensification(pp. 261-308), CRC Press/Marcel Dekker, Inc., 2003.

8. 75　Tyler, B., Thomas, A., Doran, P., and Greig, T., A toxicity hazard index, Chemical Health and Safety, 3, 19-25, 1996.

8. 76　United Nations, Global Harmonized System of Labeling and Classification of Chemicals(GHS), 4th Edition: United Nations, New York and Geneva, 2011.

8. 77　U. S. Chemical Safety and Hazard Investigation Board, Investigative Report, LPG Fire at Valero-McKee Refinery. Washington, DC: Report No. 2007-05-I-TX, 2008.

8. 78　U. S. Coast Guard(USCG), CIM 16616.6A, Chemical Data Guide for Bulk Shipment by Water, 1990.

8. 79　U. S. Department of Energy(USDOE), AEGLs, ERPGs, or Rev. 21 TEELs for Chemicals of Concern 2005, DKC-05-0002, 2005.

8. 80　U. S. Department of Health and Human Services, Agency for Toxic Substances and Disease Registry (ATSDR), www. atsdr. cdc. gov/.

8. 81　Vernon, R., Cohrssen, B., Patty's Industrial Hygiene and Toxicology, Sixth Edition. John Wiley and Sons, 2010.

8. 82　Wells. G., Rose, L., The Art of Chemical Process Design, 266. Elsevier, 1986.

8. 83　Yaws, C., Chemical Properties Handbook. McGraw-Hill, 1999.

8. 84　Yoshida, T., Wu, J., Hosoya, F., Hatano, H., Matsuzawa, T., and Wata, Y. Hazard evaluation of dibenzoylperoxide(BPO), Proc. Int. Pyrotech. Semin.. 2(17), 993-98, 1991.

8. 85　Zabetakis, M., Bureau of Mines Bulletin 627, Flammability characteristics of combustible gases and vapors. National Technical Information Services, 1965.

9 本质安全和安保

9.1 概述

本章重点涉及本质安全(IS)理念在管控化工安保风险的应用。本质安全方法可以减少或消除工艺危害，从而为设施安保提供保障。随着各国对恐怖主义担忧的日益加深以及对化工设施和资产实施攻击的可能性增大，化工企业负责人必须从整体角度考虑工艺和设施的安保问题。在"安保"这一章节中，"资产"是指容易受到蓄意攻击的潜在目标。因此，资产可以是单独的生产单元、特定的设备、特定的工厂区域，甚至整个工厂。这就要求化工工程师运用其专业知识和技能开展化工安保管理工作，因为这样可以：

（1）最大限度地降低蓄意破坏化工设施对公众、员工和环境造成的危害风险；

（2）通过维持设施运营完整性保卫资产，并保持其投资价值。

本书阐述的本质安全方法和理念包含这些安保原则：降低化工设施成为恐怖袭击目标的可能性、通过设施布局或设计提高安全性、扩大缓冲区、替代或最小化危险化学品，采取必要措施限制泄漏或减轻后果。每个本质安全策略都有增强"纵深防御"的潜力，只要应用中不与操作需求冲突，且不会带来新的安保或安全问题，就可以提升化工安保水平。

9.2 化工安保风险

正如前面几章所讨论的，过程安全风险被定义为关于事件产生的后果严重度和事件发生的可能性的函数(参考文献 9.4 CCPS)：

$$安全风险(R) = f[后果严重度(C)，可能性(L)]$$

在安全和安保的评估中，通常可以估计事件的潜在后果。然而，评估安全事件可能性的方法并不适用于安保事件。

对于意外情景，可以通过有效统计数据估计事件的可能性(概率或频率)，如历史故障数据或描述随机事件的正态分布数据。

这种方法不适用于可能由蓄意行为引起的事件，例如恐怖袭击。蓄意行为不是随机的，因此通常不能用概率分布预判。此外，蓄意行为可能是个别的，独立于其他行为：一个行为不会必然引发或影响另一个行为。如果出现一个狡猾的、适应性强的敌对势力，其他恐怖分子可能会向他学习，这些恐怖袭击方案可能会根据特定地点条件、袭击目标或目标的安保措施而改进。因此，与设备故障数据和其他正态分布数据形成的数据库不同，蓄意行为的历史数据不能统计分析。因此，在进行安保风险评估时，必须结合以下因素来分析事件发生的可能性：

- 敌对势力对资产的*威胁*。
- 资产的*易损性*。
- 资产的*吸引力*。

因此，安保风险可被定义为关于后果(*C*)、威胁(*T*)、易损性(*V*)和吸引力(*A*)的函数，或

$$安保风险(R)=f[\,后果(C)、威胁(T)、易损性(V)、吸引力(A)\,]$$

安保风险评估需要清晰地定义"后果""威胁""易损性"和"吸引力"。

后果是成功袭击资产所造成的损失或损害的严重度。相关后果如下：

- 对公众或员工的伤害。
- 重大环境危害(如饮用水污染)。
- 对公司造成直接或间接的重大财产损失。
- 扰乱国家、地区或地方运营和经济。
- 企业生存能力丧失。

美国国土安全部(DHS)明确了与化学品的生产、使用、储存或销售相关的五类潜在后果类别或安保问题(参考文献 9.4 CCPS)：

(1) *泄漏*。有毒、易燃、易爆化学品或物料，如果从化工设施中泄漏，可能对人类生命或健康造成重大不良后果。

(2) *盗窃或转移*。化学品或材料，如果被偷窃或被转移，可以用作武器，或通过简单的化学原理、设备或技术很容易转换成武器。

(3) *破坏或污染*。化学品或材料，与一些比较容易获取的材料混合，可能会释放有毒气体或物料，对人类生命或健康造成重大不良后果。

(4) *对公司或政府职能产生重大影响*。一些必要的化学品、材料或设施，如果无法生产供应，可能会影响政府紧急情况下提供基本服务的能力。

(5) *对公司或国家经济产生重大影响*。一些必要的化学品、材料或设施，如果无法生产供应，可能会对企业的生存发展造成严重的不良影响，甚至危及地区政府乃至国家的经济发展。

前三个问题(即泄漏、盗窃/转移和破坏/污染)涉及化学品特性以及潜在的人类健康危害。后两个问题(即政府职能和经济)反映一些化学品的关键性作用，这些化学品可能有危害，也可能没有危害。

本质安全(最小化、减缓或替代)可以通过减少、消除或减缓危害降低后果影响，简化则可降低事件严重升级的概率。

威胁可以定义为任何可能导致资产损失或损害的迹象、情况或事件，也可能是敌对势力采取行动蓄意破坏资产的意图或能力。威胁可以表现为敌对势力直接破坏化工资产，或使用化工资产作为手段袭击其他目标，例如盗窃化学品生产简易爆炸装置。威胁的大小取决于敌对势力采取蓄意破坏行动的意图和能力，这些行动将对有价值的资产带来危害。威胁来源可分为恐怖分子(国际或国内)、心存愤恨的在职或离职员工或承包商、激进分子、压力群体、偏执的狂热分子或罪犯(即白领阶层、网络黑客、非法组织、投机者等)。

敌对势力可以分为"内部人员"(内部威胁)、"外部人员"(外部威胁)或内外部联合人员(内外勾结)。政府执法和安保机构可能会提供有关潜在敌对势力的更多信息，包括动机和

策略。公司也可以选择其他渠道获取这些信息，包括商业情报服务等。

本质安全可以影响威胁。对一些敌对势力来说，减少或消除危险源可能会降低或消除他们对目标的兴趣，或减少他们发动袭击的可能性。然而，如果本质安全措施只是从操作层面改进，而没有完全消除危险源，本质安全策略就不一定能消除威胁，顽固的敌对势力可能不会放弃袭击。

*易损性*是攻击者可以利用的任何漏洞。易损性可能包括但不限于：

（1）结构特点；

（2）设备性能；

（3）人员行为；

（4）人员、设备和建筑物的位置；

（5）运营、网络和人事实践。

易损性是在考虑现有安保因素的前提下，对资产抵御袭击能力的评估。评估的场景通常来自头脑风暴（依靠了解的程度）、情报评估或敌对势力动机战术分析等。美国国土安全部规定了设施的特定场景，依据《化工设施反恐标准（CFATS）》进行安全漏洞分析（SVAs）时，可以参考这些场景。

除非从多个源头管控，或减少危险化学品的数量，或以其他安全形式替代，否则与其他因素相比，易损性受本质安全的影响较小。有可能对危害本身运用本质安全方法（第一和第二级）后不改变易损性，但如前面所述，危害后果可能不同。对安保保护层应用本质安全方法可能会有效增强其安全性，但这并不一定会减少危害。

*吸引力*是特定资产被袭击的感知价值。特定资产的吸引力取决于袭击者的预期目标，袭击后果与这些目标相符度越高则吸引力越大。其他可能增加资产吸引力的因素包括：

- 成功袭击后的"新闻价值"，或从袭击中获得的显著宣传。
- 理想目标附近有其他资产，袭击理想目标时可以对周边的其他资产造成附带破坏。
- 资产邻近公众区域，有利于发动袭击，如公共交通枢纽或公路立交桥。

资产吸引力很大程度上受到威胁、后果和易损性的影响。因此，潜在后果或易损性相似的目标吸引力可能有所不同，这取决于敌对势力的目的和动机。对于某些敌对势力来说，知名的大型跨国公司拥有或运营的资产可能比由规模较小或相对不知名的公司运营的设施更具吸引力，即使这些设施可能会产生同等甚至更大的潜在后果或漏洞。一家与敌对势力的对手有关系的公司设施，可能比其他设施更具吸引力。由于威胁、后果和易损性的影响，吸引力应该被视为一个非独立的安全风险变量。

本质安全可能会影响资产的吸引力。类似于威胁影响原理，如果本质安全改进后大大削弱了袭击后果，对手可能就不会感兴趣了。

9.3 安保策略

流程工业的安保策略通常基于以下四个关键概念的应用（参考文献 9.4 CCPS）：

阻止：一种安保策略，通过恐惧、怀疑或减少设施吸引力来防止或阻止安保破坏发生。物理安保系统，如警告标志、灯光、穿制服的警卫、摄像机和障碍物，都是提供威慑的例子。

　　探测：一种安保策略，用以识别企图进行恶意行为或其他犯罪活动的敌对势力，以便对其活动和身份进行实时观察、截取和事后分析。

　　延迟：一种安保策略，提供各种障碍来减慢敌对势力进入现场的速度，以防止攻击或盗窃，或者留出禁区以帮助逮捕和防止盗窃。

　　响应：对发现的犯罪活动作出反应的行为，可以是在发现后立即通知地方当局提供援助，也可以是在事件发生后通过监控录像或日志作出反应。

　　韧性：(参考文献9.8 DHS)抵抗、吸收、恢复或成功适应逆境或条件变化的能力。在能源安保领域，恢复力可以从系统坚固性、资源丰富性和快速恢复性三个维度来衡量。

　　完整的安保设计将这些关键概念涵盖在"保护层"或"纵深防御"理念(图9.1)。理想情况下，最关键的资产应该位于这些同心圆的中心，即有更加严格的安保措施。安保场景通常包括对资产或资产附近的直接攻击。因此，目标资产位置与物理防护对策位置之间的空间关系或邻近性非常重要。

　　工厂可以在安保层的多个位置探测、阻止、延迟或响应事件。最理想的情况是，安保措施将在最外层进行阻止和探测，以便在事件开始之前为响应方提供足够的时间抑制或压制敌对势力。关键资产的防护层可能需要相当坚固，因为敌对势力有意破坏防护功能，并可能使用任何手段确保袭击成功。这可能包括使用炸药或其他破坏措施，导致多个安保防护层失效。动机很强的敌对势力可能会采取极端手段，包括自杀式袭击，破坏安保防护层。

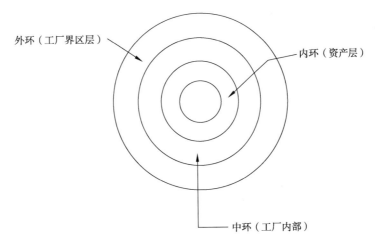

图9.1　安保保护层或纵深防御

9.4　应对措施

　　应对措施是为了减少或消除一个或多个漏洞而采取的行动。应对措施包括安保人员、安保屏障、技术安保系统、网络安全、响应、安保程序和制度，以强调下列策略：

- 物理安保(旨在改善保护的安全系统，保护人员和体系结构功能)。
- 技术安保(用于增强保护或其他安全目的的电子系统，包括访问控制系统、读卡器、键盘、电子锁、遥控开门器、警报系统、入侵检测设备、通知和报告系统、中心站监视、视频监视设备、语音通信系统、监听设备、计算机安全、加密、数据审核和扫描仪）。

- 网络安全[保护关键信息系统（包括硬件、软件）、基础设施和数据免受丢失、篡改、被盗或破坏]。

- 危机管理和应急响应计划（企业机构或组织处理威胁到自身、利益相关方或公众的重大事件的过程）。

- 制度和程序（制度是管理公司开展业务的规则；而程序是执行该过程的一系列步骤）。

- 信息安全（防止未经授权的访问、使用、泄露、破坏、修改、检查、记录或销毁信息的实践）。

- 情报（考虑有威胁的事物的动机、能力和活动时用来描述特定或一般威胁的信息）。

- 本质安全（一种安全的理念和方法，侧重于消除或减少与原材料和操作有关的危险因素，这种消除或减少是永久和非独立的）。

9.5　安保易损性评估

化工行业的管理者已经认识到化工设施以及化学物料本身有被恐怖分子或其他犯罪分子用作武器的潜在威胁，同时也认识到需要扩大现有安保方案，以应对一系列新的威胁。美国制造业在现有的过程安全管理系统的基础上，开发新的安保管理系统，其中要求评估和优先考虑化工设施的潜在安保风险，并实施应对措施。例如美国化学品制造商协会 2003 年 6 月通过的《责任关怀安保守则》（参考文献 9.1 ACC）和美国石油学会的《石油行业安保指南》（参考文献 9.3 API）。

2002 年，美国化学工程师协会（American Institute of Chemical Engineers）发布了《化工厂安保易损性分析和管理指南》，以支持此类安保管理系统的开发。该指南描述了一种基于风险的方法管理化工设施安保，能够评估出从蓄意破坏到恐怖袭击的一系列威胁。通过识别威胁、后果和安保易损性，以及对安保事件风险进行评估，从而建立安保管理系统更有效地降低评估出的风险。

某些行业协会，如美国石油学会（参考文献 9.2 ANSI/API）和美国各州，要求公司使用安保风险评估（SRA）或安保易损性评估（SVA）方法，以满足 CCPS《化工厂安保易损性分析和管理指南》中规定的设计标准要求。美国新泽西州允许工厂使用 CCPS 要求的或与 CCPS 要求等效的 SVAs 满足 2005-05 行政命令的要求（参见第 10 章）；马里兰州的巴尔的摩市也要求化工厂根据其化工安保要求使用 CCPS 或 CCPS 等效的 SVA 方法。

美国国土安全部同样也采用了 CCPS 方法的一些原理，作为《化工设施反恐标准（CFATS）》的一部分（参考文献 9.5 CFATS）。典型的安保易损性分析方法（SVA）的原理如图 9.2 所示，它描述了 CCPS《化工厂安保易损性分析和管理指南》（参考文献 9.4 CCPS）介绍的方法。

安保易损性分析（SVA）完成后，需要拟定一份报告或文件，将其结果传达给管理者，以便采取适当对策。安保易损性分析（SVA）报告应该作为公司机密文件严格管理，因为它包含了已经识别出的安保易损性信息，以及针对这些安保易损性分析的建议和应对措施。

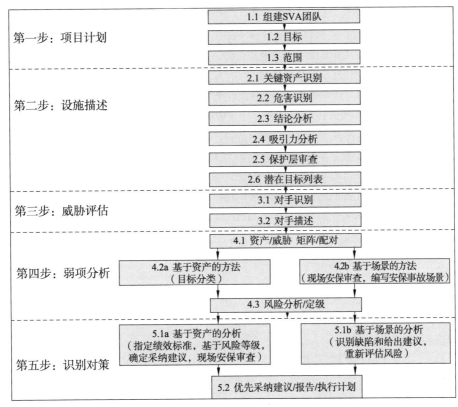

图 9.2 CCPS《化工厂安保易损性分析和管理指南》中的评估要素(参考文献 9.4 CCPS)

9.6 本质安全和化工安保

应用本质安全(IS)原则可以使工厂安全性超越传统的*物理*安保措施。物理安保措施包括安保人员、机械隔离设施和监控设备等方面。尽管如此,除了物理、技术以及网络安保选项之外,某些资产也可以使用本质安全(IS)原则进行安保评估。通过评估这些安保措施的组合以及优化措施本身流程,创建一个更加冗余有效和定制化的设施安保方案。

在工艺全生命周期中,如同对化工安全的影响一样,具有本质安全知识的化学工程师有机会对化工安保产生积极影响。与安全一样,安保问题也可以在项目的计划和设计阶段,从而更经济地消除或大大降低安保风险。如第 5 章所述,本质安全理念可适用于现有、新建、改建项目,通过回答下面问题来实现:

(1)首先,能否完全消除潜在后果?(第一级本质安全措施)

(2)其次,能否降低潜在后果的严重度?(第二级本质安全措施)

(3)最后,是否可以通过主动保护措施、被动保护措施和程序保护措施等不同风险管控层级来降低残余易损性?(安保保护层)

后果

如前所述,化工安保事件后果通常归纳为以下五种:

- *泄漏有毒、易燃易爆化学物料。*

- *盗窃*或*转移化学物料并用于制造化学武器*。
- 在运输过程中遭*破坏*或*被污染*导致有毒物料的泄漏。
- 影响政府或企业职能的*关键化学品的丢失*。
- 关乎国家或企业*重大经济效益的关键化学品或关键设备的丢失*。

本质安全(IS)原则相比其他策略更适用于安保问题的潜在后果分析，在现有安保事件场景分析中的作用也很明显。在可行情况下，用危险性较低的化学品，减少危险化学品的使用量，或在较温和的工艺条件下操作，都有助于设施的安保，并提供更好的安全选择。

应用第一级和第二级本质安全理念的机会存在局限性。例如，一种关键反应物可能没有替代品，减少存量可能导致工艺运行困难甚至操作不安全（如缓冲罐的需求）。同样，一些安保问题可能无法找到适合的本质安全解决方案，比如有被盗风险的化学品可能不具有剧毒、易燃或其他的危险特性。像这种情况，在考虑额外保护层、装置布局、工艺安全保护或缓冲带的时候，应用本质安全概念可能更适合，从而降低危险化学品被盗、转移、破坏的风险。

易损性

保护层可以降低事故概率或频率。同样，保护层也可以通过降低资产的吸引力或增加袭击难度降低资产易损性。对于资产的安保类保护层可能包含：

- 设施或资产周边安保。
- 人员、车辆和包裹的通行控制。
- 侦察、阻止和延迟攻击的措施。
- 防止化学品和设备被盗、转移、污染或破坏的安保措施。
- 安保业务、过程控制和其他计算机系统的安保措施。
- 监控、通讯和警报系统。
- 应急响应方案和恢复。

参见 6 CFR 27.230，以获取美国国土安全部要求的高危化学品设施安保绩效措施清单。

传统的安保措施如物理安保、身份背景核查、行政管控、访问权限管控以及其他预防性或保护性的安保措施，同样可以从本质安全角度考虑。将本质安全理念应用到安保保护层（尤其是最小化和简化策略），可以使其更加坚固、可靠、有效、可用，甚至可以降低安装或维护成本。理想情况下，保护层应具有以下特性：

- 独立性：不存在共因失效问题（即停电、单一操作或维修活动而导致多个保护层失效）。
- 有效性：能够发现、延缓和/或阻止敌对势力。
- 可审核性：可以检查每个保护层的有效性。
- 被动性：不需要能量输入或人员干预就能正常动作。

然而，并不是所有安保因素的被动保护对策都能实现，例如大门需要动力来开关，照明灯和摄像头需要电力，访客的审查护送流程以及对敌对势力的阻截和控制很有可能需要员工执行。

在某些情况下，安保对策也会增强设施的安全性。例如，安保设施可能在公共区域和工厂围栏之间、工厂围栏和关键工艺设备之间分别设置一个缓冲区。这类安保措施会设置：

- *探测区*：如没有障碍物且有足够纵深，当敌对势力在尝试非法进入时，能被侦测到。
- *对峙区*：有足够的纵深，使敌对势力无法从外围使用炸药或武器进行有效攻击。
- *延迟区*：在侦测到敌对势力到达目标前，有足够的响应时间，允许干预力量介入或操作人员采取规避行动。

这样的缓冲区增加了潜在泄漏源和厂外保护目标之间的距离，从而减小意外泄漏对厂外目标的潜在影响。

9.7　本质安全理念在安保管理应用中的局限性

正如第 11 章中所讨论的，辨识和实施本质安全措施可能需要进行风险评估，以确保风险确实降低，而不是转移到其他地方或转化为其他风险。在安保方面尤其如此，无意中改变了风险影响的群体，可能会造成非常严重的后果。

9.7.1　平衡安保和其他问题

假设一个间歇的工艺流程，包含一个危险中间品的大型储罐，满足工艺对中间品不同用途间切换的需求。虽然可以重新设计工艺流程消除中间储罐，从而消除或减小后果，但中间储罐所提供的操作灵活性可能是必需的。这种情况下，为了维持运行，需要应用更加可行的安保策略或者加强其他安保措施。如果该工艺生产对经济至关重要的化学品，或者工艺本身对区域经济至关重要，那么该工艺的运行可能就是一个安保问题。

9.7.2　产生新的安保问题

如第 4 章所述，三氯氧磷可以代替光气，1,1,1-三氯乙烷可以代替盐酸气体(参考文献 9.6 Kletz)。然而，根据《禁止化学武器公约》(参考文献 9.7 OPCW)，三氯氧磷和三甲基磷酸酯被列为化学武器的原料，并且因出口管制而增加额外的记录保管和上报。《化学品设施反恐标准(CFATS)》，6 CFR 第 27 章中，三氯氧磷和三甲基磷酸酯也被列为易盗化学品。因为应用简单的化学知识、设备和技术就能将其中的任何一种化学品转化成化学武器，从安保角度来看，这些化学物料有被偷窃或转移的风险。因此，采用以上替代工艺的设施仍需要满足《化学品设施反恐标准(CFATS)》的安保要求，从而确保这些化学品在生产时不会被盗，运输过程中也不会被转移。此外，虽然光气也在《禁止化学武器公约》之列，并且是《化学品设施反恐标准(CFATS)》定义的易盗化学品，但光气几乎不能运输。这意味着满足《化学品设施反恐标准(CFATS)》要求的光气设施不太可能需要实施防盗/防转移措施。

9.7.3　安保风险的转移

依据存量和存储设施的不同，液氯会产生两种不同的安保问题——存储设施中的氯气泄漏可能对厂外产生严重后果；运输过程中被盗或被转移，最终做成化学武器。

一个由 90t 铁路槽车供氯的设施存在潜在泄漏的安保风险，可以通过改用更小的钢瓶减小敌对势力袭击的潜在后果。然而，较小的容器不仅增加了设施内钢瓶被盗/被转移的风险，还因为相同氯气用量的情况下需要更多的钢瓶数量，既产生了运输威胁，也为运输中钢瓶被盗/被转移提供机会。如果将工艺改为用氯漂白剂水溶液而不是氯气，其作为袭击目标的吸引力和后果会显著降低。

由于进出车辆可能携带袭击设施的爆炸物，或者带走化学武器或炸弹制造原料的化学品，对于一处有多个潜在被袭目标的设施，可能会采取车辆进出数量最少化的安保策略。这与通过少量多次的货运方式减少现场的危化品库存的策略相矛盾。这就需要根据现场或周边社区的实际情况决定是选择减少车流量还是降低库存（参见下面例子）。车流量增多会导致易损性增加，而库存增大会导致潜在后果增大。无论如何，都需要识别和评估这两种方式的风险，以确保车流量增多带来的整体安保风险不高于库存量增大。

安保风险位置转移：如第13章所述，一个工厂可能通过卡车运输（13t/次）代替铁路运输（130t/次）来减少现场危化品的收货量。然而运输次数的增加不仅会增大运输过程中货物被转移的潜在风险（如前所述），还有可能因途经恐怖袭击目标区域（例如学校或政府大楼），而增大了成为恐怖袭击目标的吸引力。这并不是说不应该考虑减少库存，而是说在作出决定之前也要考虑工厂以外的安保因素。

如果卡车运输替代铁路运输方案的安保措施不如储存在工厂中更可靠，那么整体的安保风险并没有降低，仅仅是从一个位置转移到另一个位置。转移库存是降低还是增加安保风险，取决于对工厂和替代方案的安全评估结果。鉴于《化学品设施反恐标准（CFATS）》（6 CFR 27）只针对化学品设施的安保做出了要求，没有包括储存具有吸引力化学品的铁路货场，如果工厂设施的安保措施更可靠，那么增加工厂设施的危化品存量就可能会降低社区的整体安保风险。

9.8 结论

安保和安全管理体系一样可以从本质安全理念的应用中受益。安保风险评估可以减少本质安全误用导致的危害和后果。

本质安全和安保替代方案的应用很复杂。对于安保策略来说，本质安全可能并不是最有效的，尤其是对会产生新的安保问题或安保风险转移的情况。期望所有的危害都通过本质安全消除是不切实际的。所有的替代方案都需要进行完整的评估，包括风险降低带来的好处和所有投入以及可能产生的风险冲突。

同时，也要比较实施这些方案和其他替代方案，比如更加传统的安保措施，所带来的好处，以便管理安保风险，并确认整体风险能否得到足够管控。

9.9 参考文献

9.1 American Chemistry Council(ACC)，*Responsible Care*，(www. responsiblecaretoolkit. com/security. asp).

9.2 American National Standards Institute/American Petroleum Institute(ANSI/API)；ANSI/API Standard 780 "Security Risk Assessment Methodology for the Petroleum and Petrochemical Industries, First Edition；2013.

9.3 American Petroleum Institute(API)，new.api.org/policy/otherissues/upload/SecurityGuideEd3.pdf.

9.4 Center for Chemical Process Safety (CCPS)，*Guidelines for Managing and Analyzing the Security Vulnerabilities of Fixed Chemical Sites*，American Institute of Chemical Engineers，2002.

9.5 Chemical Facility Anti-Terrorism Standards(CFATS)，6 CFR Part 27，Interim Final Rule published April 9，2007(72 *Fed. Reg.* 17696).

9. 6 Kletz, T. A. (1998). *Process Plants: A Handbook for Inherently Safer Design.* Philadelphia, PA: Taylor & Francis.

9. 7 Organization for the Prohibition of Chemical Weapons (OPCW), Convention on the Prohibition of The Development, Production, Stockpiling and Use of Chemical Weapons and On Their Destruction, (www. opcw.org/).

9. 8 United States Department of Homeland Security(DHS), *Energy Sector Specific Plan*, 2010.

10 本质安全设计实施

10.1 概述

本质安全设计/技术的实施需要系统的管理方法、良好的技术基础以及公司文化和管理重视，并将其作为企业降低工艺风险的重要方法和工具。在公司层面，首先需要管理层承诺并提供资源、建立制度和程序，将本质安全的实施整合到公司过程安全管理方案框架中。除了降低风险的承诺之外，公司实施本质安全设计也是监管的要求。本质安全策略作为通用的理念，应该融入设施的设计、建造、操作和维护中，便于公司员工在装置运行中不断寻找和识别本质安全最大化的方法。这和当前行业强调的"精益制造"很类似，精益制造运用系统的管理方法，一方面消除生产中的过度浪费、等待时间、运输、加工、库存、传送和废弃物，另一方面通过Kaizen（日本的一种持续改善方法）的方法论持续改善工作流程以实现管理目标。

现在越来越多的公司在其过程安全管理体系中制定了本质安全设计原则，部分公司将其融入企业的过程危害分析程序。公司希望在工艺全生命周期的关键阶段通过本质安全审查来完善其现有的审查系统。本章讨论在项目的以下三个全生命周期关键阶段需要开展本质安全审查：

（1）产品和工艺研发阶段；

（2）概念设计阶段；

（3）生产运行阶段，包括变更和事故调查。

许多公司可能选择将这些审查目标和特性纳入现有的过程安全管理系统。如果公司决定将本质安全纳入现有的系统和审查，则需要特别注意新产品及其工艺研发。在工艺研发阶段应用本质安全设计策略比其他任何阶段都更容易和更经济。Overton 和 King（参考文献 10.19 Overton）指出，实施本质安全技术将是一个循序渐进的过程。例如，定期对现有工艺进行审查的管理系统，比如 PHA 复审，持续提供应用最新技术的机会，低成本地提高工艺本质安全水平，并显著降低风险。将本质安全策略纳入整个过程安全管理范畴的一个关键点是确保操作、维护和工程人员了解其技术和优势。

10.2 本质安全系统管理方法

有效的本质安全方案需要整体的管理系统方法，体现了"计划–执行–检查–行动"的管理周期。高水平的企业过程安全管理制度和方案通常是风险管理的第一步，其关键原则之一就是要明确地包含本质安全策略。本文概述了过程安全管理方案框架内所需的管理系统，并至少包括以下要素：

- 制定本质安全制度、程序和设计标准。
- 各阶段本质安全的普及教育(即工艺研发、基础设计、详细工程设计、操作、维护)。
- 新设施和现有设施的本质安全审查，包括建议落实跟踪[可纳入项目设计审查和设施过程危害分析(PHAs)]。
- 实施本质安全策略对操作的持续影响(即变更管理、维护、SOPs)。
- 系统的管理审查过程包括绩效指标、绩效评估以及改进的审查和实施。

Amyotte 等人(参考文献 10.1 Amyotte)描述了如何将本质安全策略融入过程安全管理方案的每个要素，包括维护和操作程序、培训、变更管理和事故调查。Dowell(参考文献10.11 Dowell)强调需要将诸多环境、安全和健康要素(包括那些涉及过程安全管理的要素)整合到一个综合管理系统，使它们成为公司经营方式的一部分，而不是独立的管理方案。本质安全不能作为一个独立方案，它需要集成到一个全面的过程安全管理(PSM)方案中。过程危害分析(PHAs)将推动对过程危害/风险的理解，而之后本质安全技术可以用来控制或消除识别到的危害和风险。

通过这种方式，本质安全会成为公司提高过程安全和降低风险系统的固有组成部分。第11 章更加全面地讨论基于风险的过程安全要素中本质安全策略的应用。

就像其他管理系统一样，本质安全管理系统将本质安全设计从概念阶段转移到过程安全相关活动的实施阶段。如果没有系统的管理方法，本质安全将只是一个理念，而不是企业安全工作的功能要素。

10.3 教育和意识

10.3.1 本质安全成为企业理念

一旦管理上建立了对本质安全原则的承诺，包括通过制度和程序建立管理系统，就需要对那些在过程安全相关工作中影响本质安全决策和实施的负责人进行培训。要想激励和采纳本质安全原则，就要尽可能为有效的过程安全管理提供看得见的领导力和承诺(参考文献 10.1 Amyotte)，但这不足以建立本质安全方案。本质安全概念和应用的教育和意识也很必要。

作为通用理念，本质安全教育和意识的目标之一是让所有负责设计或工程决策的员工意识到本质安全策略，并在日常工作活动中"自动"寻找机会。这比任何审查过程都更加主动。当技术人员完成设计和操作任务时，他们能够理解本质安全的价值，并在适当情况下将这些策略应用在各个层次的细节上，包括从研究人员选择基础工艺路线到工厂人员编写操作程序。

10.3.2 本质安全教育

近年来，化工过程安全的基本概念越来越多地融入到许多本科高校的化学工程课程。随着本质安全技术的增加，人们对本质安全的兴趣也日渐浓厚。为了使学生更好地做好化工工作准备，本质安全教育应该扩展到化工和技术管理课程。基础化学是本质安全设计的关键，研发人员需要认识到这一点，并在研究新的或改进已有工艺时寻找符合本质安全理念的工艺路线。本质安全在"绿色化学"的理念形成和实践方面同时发挥作用，化工产品和工艺设计通过绿色化学理念来降低或消除有害物料的使用和生成，降低或防止污染和危废的生成。包含本质安全理念的绿色化学是一门综合性的化工科学，已成为化学教育课程的重要组成部分。

另一个与环保领域同步进行的工作是目前对污染预防的强调，要求工艺设计时尽量少产生废物，而不是依靠"末端治理"。这种方法主要依赖于基本的工艺设计和操作条件，改变原材料，或在某些情况下改变产品。这一理念已被许多公司采用，而且实际上许多州的污染防治规划也已提出了法律要求。

CCPS 赞助安全与化学工程教育（SAChE）机构，其主要活动包括开发化工过程安全教育教材以及赞助化学工程老师的过程安全主题培训。SAChE 已经开发了一个关于本质安全工艺的教学模块，就像英国化学工程师协会与国际过程安全组织（参考文献 10.16 IChemE）（参见第 10.7 节）的合作一样。

在本科化学、化工及相关学科开展本质安全技术策略的教育，将会对学生毕业后进入工业界大有裨益，并有助于学生在工作中进一步实施本质安全理念。

10.4 组织文化

企业的安全文化是价值观、信念和行为的集合，或者"企业经营业务的方式"，来自领导力和管理承诺的可视化。本质安全操作及其创新实践作为减少或消除而非管理风险的积极策略，必须成为企业过程安全文化不可或缺的内容，正如管理层对全面质量管理（TQM）或精益制造的承诺成为企业文化的重要内容一样。当今大多数公司，除了安全效益之外，还必须有广为人知的商业利益，让管理层确信公司需要本质更安全的运营。这通常是通过对整个公司有效开展相关培训和交流实现的，这包括本质安全的理念、应用（尤其是在工艺研发的早期阶段）、好处（比如降减少库存、减少设备尺寸和不必要的需维护的保护层等）及其局限性。评估本质安全设计的初期成本和运行成本有助于加深理解。许多本质安全改进可以经济高效实施，特别是对运行装置的改进提升。Kletz（参考文献 10.18 Kletz）讨论了实施本质安全设计的文化和管理障碍以及克服这些障碍的对策。Khan 和 Amyotte（参考文献 10.17 Khan）提供了指南，使本质安全设计策略的使用更加常态化。

Turney（参考文献 10.22 Turney）列出了五个步骤，这些步骤来自欧洲过程安全中心（European Process Safety Centre）的最佳实践，对在企业内有效开展本质安全很有必要：

- 对运用本质安全人员的支持。
- 适当的培训。
- 项目初期的应用。
- 项目开发过程中的评估。
- 对参与项目人员的认可和奖励。

将本质安全设计融入企业文化，使其成为一种持续检查和评估过程危害的方法，这种理念将渗透到过程安全管理体系的各个方面中。例如，人们一旦充分理解了本质安全应用，编写标准操作程序时会主动运用简化理念处理人为因素。

10.4.1 本质安全和过程安全方案的多重需求

Dowell（参考文献 10.11 Dowell）指出，卓越的企业运营必须包括人员和过程安全两个方面，并且需要一个全面的系统管理方法。挑战在于需要将许多环保、安全和健康（ESH）合规标准(PSM、RMP、责任关怀，RP750 和公司要求等)和特殊工作方案(ISO 9000 和可持续性发展等)整合到化学品生产系统中，这就是公司文化的要求。这些工作不能仅仅局限于企业遵守最低标准要求。图 10.1 说明了所需要的领导力基石(参考文献 10.3 Auger)。

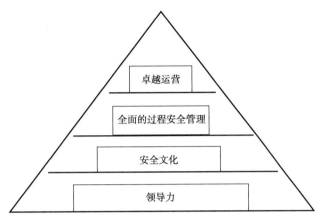

图 10.1　领导力是过程安全管理的基石

过程安全管理是基于管理层执行的企业使命。公司各级管理人员必须了解本质安全的效益，并以实际行动证明他们对本质安全原则的承诺，包括为本质安全项目提供必要资源，例如为建议措施的后续审查、评价和执行提供人力、时间和经费。

10.4.2　常规设计的本质安全应用

如前所述，本质安全应该成为常规设计的一部分，使本质安全思维融入设计过程和标准。只有在整个企业贯彻执行，从研发到运行操作，它才会成为"我们开展工作的方式"。本质安全考虑应始于工艺全生命周期的初期，就是最初的工艺研发。由于本质安全的设计基础是在这个阶段形成，因此，这对过程安全的关注程度可能会产生最大的影响，甚至比设计阶段审查 P&ID 图时的影响还要大。随着项目进入详细设计和施工阶段，修改设计就会变得更加困难，因此，设计人员必须在最初的工艺选择、设计和设备参数确定的时候考虑本质安全。

当在工艺研发的任何阶段发现危害时，设计人员应按下列顺序提出问题(参考文献 10.14 Gupta)：

(1) 是否可以消除危害(第一级本质安全方法)？

(2) 如果无法消除，是否可以显著降低危害或由危害引起的潜在事故(第二级本质安全方法)？

(3) 问题(1)和问题(2)的答案确定的改进设计方案是否会激化已有的其他危害或引入其他新的危害？

(4) 如果改进设计方案激化了其他的危害，或者引入了新的危害，要理解这些危害及其对项目的相对重要性。

(5) 确定适用于所有管理危害的被动、主动和程序性防护措施。

(6) 使用逻辑决策过程来选择最佳设计，要综合考虑本质安全和其他安全特点，以及所有其他相关的设计参数。

对设计人员来说，确定危害之后，不要跳过前四个问题而直接进入第 5 个问题，这个非常重要。虽然消除或显著减少所有危害并不总是可能或可行的，但可以肯定的是，如果不提出这些问题，它就永远会不可行。这是本质安全设计理念的核心，首先要问是否可以消除危害，或者是否可以显著降低危害。如果一开始就确定不可能消除或降低这些危害，应该通过其他安全系统设计管理和控制危害。

在设计阶段之前，基础工艺路线选择是本质安全的核心，因为这是建立基础化学和单元操作选择的基础。如果存在一种或多种的替代工艺，则应根据其危害本质进行比较，如所使用的原料、产生的中间体和废物，以及包括温度和压力在内的操作条件等。选择本质安全工艺并不总是一件容易的事，可能会有一些问题需要解决，以优化其他因素的风险水平（参见第13章）。Ankers（参考文献10.2 Ankers）描述了一个用于识别本质安全工艺选项的软件，重点关注早期危害识别。相关行业已经开发了许多测试和比较两个或多个工艺本质安全水平的方法，这些将在后面讨论。

具有本质安全设计特点的企业设计标准有助于为新工艺的设计人员提供指导，帮助建立企业风险最小化的期望和决策。许多企业已经建立了内部设计指南，用于指导新设施使用本质安全设计，以及对现有设施进行较大改造。

许多企业依赖工程承包商从详细的工艺研发一直到"交钥匙"的各个阶段开展设计工作。在签订合同之前，公司应该清楚地定义设计工艺对本质安全设计的期望。一些承包商可能不了解本质安全策略以及如何实施本质安全策略，因此，关键因素之一是提供一个如何考虑这些策略的工程标准。公司应该在设计布局和残余危害管理方面提供指南，说明应如何在项目中考虑本质安全以及如何进行文档化管理。

英国《2015年重大事故危害控制（COMAH）条例》要求在早期设计阶段考虑和记录本质安全设计方案。除了标准的本质安全策略以外，它还包括工厂布局作为整体方法的一部分，特别是防止火灾、爆炸（压力波和碎片）或有毒气体云可能造成的多米诺骨牌效应导致另一个区域的操作控制失效。设计阶段的工厂布局通常是以下几个因素的折中方案：

- 将装置和存储设施之间的物料传输距离降至最低，以降低成本和风险。
- 现场的地理位置限制。
- 现有道路、排水系统和公用设施线路与厂内现有或规划中的装置连接。
- 与园区内其他工厂的连接。
- 工厂可操作性和可维护性的需要。
- 含有危险物料的设施尽可能远离工厂界区和当地居民区。
- 可能泄漏易燃物料的地方不要成为密闭区域。
- 提供应急响应通道。
- 需要为现场人员提供紧急逃生通道。
- 为操作员工提供可接受的工作条件。

过程安全管理（PSM）和《风险管理计划》（RMP）法规中的设施选址对这些问题进行了部分解答，涉及过程危害与人之间的空间关系，但也可以应用于危害与其他建筑物、设备或工艺之间的空间关系。最基本的是使用本质安全选址策略，要求将有危害的化工企业建在远离居民区的偏远地方，为将来预期的"城市发展"提供足够的缓冲地带。因此，炸药制造企业总是建在人口稀少的地区。

在设计阶段需要考虑的其他本质安全包括：

- 设计容器能够承受可能达到的最高操作温度和操作压力。
- 设计控制阀限制下游设备能够承受的最大流量/温度/压力。
- 使用无密封泵以及设计泵的回流管线减少泵出口无流量风险。
- 选择与工艺物料和设计条件相匹配的设备材质，以最大限度地减少腐蚀和冲蚀的可能性，而不是依靠设备检查方案来识别和维修。
- 减少容器、管线和其他设备的尺寸限制潜在的泄漏量。
- 减少法兰、螺纹接头和软管/柔性接头的数量，减少泄漏的可能性。
- 解决与化学反应危害物料相关的问题，例如，如果使用了禁水性物料，则需要消除工艺含水的可能性。

大多数情况下，备选方案的评估将包括考虑初始投资和运行成本（如检查、测试和维护）和其他因素，包括运用其他风险管理方法降低风险，比如紧急泄压、减缓系统或者较高的容器设计压力等。对于复杂、技术上有挑战性或本身风险较高的项目，应使用诸如排序法或定量风险评估进行正式的风险比较。Ankers（参考文献 10.2 Ankers）描述了一个用于识别选择本质安全工艺的软件，重点强调进行早期危害识别。本章后面将讨论其他方法。

10.5　本质安全审查

近年来，有关本质安全制度和程序的文献持续增加，表明公司对本质安全原则的认识正在提高。除了提供降低风险的机会外，美国新泽西州和加利福尼亚州康特拉科斯塔县也要求高风险企业开展本质安全审查。最近，美国加利福尼亚州通过了修订后的炼油厂安全规程，其中包括了本质安全的内容。虽然英国和欧盟的安全法规强烈暗示企业考虑本质安全，但没有对本质安全审查提出正式的监管要求（参见第 14 章）。与降低安保风险有关的本质安全探讨，并考虑将其纳入化工安保立法，会提高本质安全在美国公司的知名度。将本质安全策略纳入其危害管理方案的公司，会考虑强调或以其他方式确认这些方案的本质安全设计要求。这将提高研发人员、工程师和商务经理对这些理念的认识。反过来，这种重视程度将鼓励本质安全设计策略的应用，并将其作为日常工作流程的一部分。

有几家公司已经公布了其本质安全审查实践的说明：

- 拜耳（参考文献 10.20 Pilz）使用基于危害分析的程序，侧重于应用本质安全策略减少或消除危害。
- 陶氏（参考文献 10.21 Scheffler；参考文献 10.13 Gowland）使用陶氏火灾爆炸指数（参考文献 10.10 Dow 1994b）和陶氏化学品暴露指数（参考文献 10.9 Dow 1994a）作为本质安全的衡量标准，同时应用本质安全设计策略减少危害。
- 埃克森化学（参考文献 10.12 French；参考文献 10.23 Wixom）开发一种本质安全审查流程，其中包括工艺全生命周期不同阶段的应用程序。本质安全策略已经纳入公司《本质安全、健康和环境（SHE）审查》文档。
- 英国石油公司已经发布了《新项目和工艺研发的本质安全设计指南》。
- 杜邦（参考文献 10.6 Clark）描述了如何将本质安全工艺（ISP）纳入整个企业的过程安

全管理(PSM)方案的清单和企业培训计划。企业研发部门在工艺全生命周期的最初阶段考虑使用半定量的本质安全工艺(ISP)评分系统，以确保其应用。

此外，加州康特拉科斯塔县健康服务中心还发布了一份指导文件，对产品研发、设施设计范围和开发以及项目基础设计阶段的现有设施和新设施进行本质安全审查。当标准中定义的"重大化学品事故或泄漏"可能发生时，必须对所有情况进行本质安全分析。这个文件还包括评估建议可行性的指南以及本质安全审查文件。对现有工艺的本质安全审查可以使用包含本质安全理念的检查表或引导词分析，这可以作为初始的或五年一次过程危害分析(PHA)的一部分，也可以单独分析研究。本质安全技术(IST)清单的详细示例参见附录A。本书第12章的表12.1提供了引导词矩阵，表12.2提供了本质安全引导词。

10.5.1 本质安全审查目标

本质安全审查目标是采用协同团队来：

- 理解危害。

- 找到消除或降低这些危害的方法。

本质安全审查的第一个主要目标是准确理解过程危害。早期对这些危害的理解能够为研发团队落实本质安全评估的建议措施提供足够时间。物料可燃性、压力温度相关的危害比反应性化学危害相对容易识别。反应性危害通常很难在实验室和中试装置识别和理解。通常需要特殊的量热设备和专业知识充分描述失控和分解反应的危害。同样，工业卫生和毒理学专业知识有助于确定和了解与所用化学品有关的健康危害。

消除和降低危害及其相关风险是第二个主要目标。在产品和工艺研发工作早期应用本质安全策略，为实现项目本质安全审查的目标提供了最大机会。如果在项目后期应用这些策略，由于时间不允许，最终可能只会在"之后的项目"上实施。

新工艺或项目本质安全审查的经验表明，项目投资通常会因此而降低。减少设备和减少对安全保护系统的需求通常是投资降低的主要因素。能否实现这些潜在的成本节省很大程度上取决于工艺或项目研发阶段审查的时间节点。

同样，本质安全评估的两个主要目标也适用于现有工艺的审查。一般来说，这些审查的目的是确保不断改进，主要体现在工艺简化方面，比如改进机会可能是工艺改造、主要设备更换或二期项目。通常情况下，现有工艺生产操作没有发生重大事故的事实很难说服企业为了提升过程本质安全花费巨大的投资。然而，当进行重大项目变更时，本质安全审查可以识别出本质安全设计的应用机会。

10.5.2 本质安全审查准备

任何本质安全审查都应该从本质安全策略的简要概述、需要分析的工艺和分析方法(如HAZOP，What-If，检查表等)介绍开始。

审查前，在第1至第8步(10.5.5节)中的信息完整性将影响本质安全审查的质量。研发人员需要定义目标反应，理解潜在的副反应，并研究加错料或工艺偏差对反应化学的影响。这些化学反应信息的要求在5.2节讨论。

反应动力学在一般的实验室或中试装置往往难以建立。为了获得热力学和动力学信息，需要专门的反应量热仪和反应化学测试，如差示扫描量热仪(DSC)、绝热加速量热仪(ARC)和超压泄放选型测试(VSP)等(参考文献10.4 CCPS 1995)。一些化工企业已经建立了反应化学实验室，利用反应工程专家帮助获得这些信息。专业的实验室分析检测公司也提供这种专业知识和实验能力。

工业卫生/毒理学专业人员需要开发工艺使用和生产的所有物料的急慢性毒理学信息。这些信息还应包括潜在的非常规反应的产物。这些专业人员应该向审查小组阐释物料安全数据表(SDS)上的毒理学信息。

另一个必要条件是工艺使用的化学品的物理性质数据。这些信息包括熔点、沸点、蒸气压、水溶性、可燃性、气味阈值等。公司必须组织编写和统筹这些信息,以满足公司工艺设备文档化管理及法规要求。

设计阶段或现有工艺的本质安全审查需要准确的 P&ID、最新的标准操作说明,还有其他过程安全信息,包括设备尺寸和材质。审查小组要有同样或类似工艺的有经验的工艺设备人员,他们通常可以提供有价值的知识和经验。

10.5.3 本质安全审查时机

在典型的项目全生命周期的适当时机,应该考虑本质安全审查。审查可以是独立的或与其他过程危害分析或适当的项目审查相结合。建议审查时机包括:

- 工艺路线开发(合成)阶段,产品/工艺研发的重点是化学反应路线和工艺(参见 8.2 节)。
- 基础设计阶段,重点关注设备和配置(参见 8.3 和 8.4 节)。
- 详细工程设计阶段(即设计阶段的 PHA),确保设计采纳已辨识出来的本质安全机会。
- 正常运行期间,识别现有设施的提升潜力和考虑改进新项目的设计。

每个阶段都有各自的审查时机,但前三个阶段进行本质安全审查是至关重要的。如果太早,可能无法获得所需要的资料。但如果太晚,设计可能已经进行到后期,变更可能会产生很大的投资成本或造成项目时间节点的延迟(参考文献 10.18 Kletz)。

建议定期复审本质安全审查的结果,就像每 5 年做一次 PHA 一样。复审应包括并记录以下内容:

- 上次审查后所开展的本质安全和其他过程安全提升管理或采用新方法开展的本质安全分析。
- 如果 MOC 管理程序没有包括本质安全专门审查,则需要审查自上次本质安全审查后的所有变更。
- 审查上次本质安全审查后发生的重大事故。
- 审查之前没有评估过的且可能本质更安全的新技术和现有技术。
- 审查任何新的公司或监管要求的变化,这些要求能够为装置提供本质更安全的选择。

10.5.4 本质安全审查小组成员

本质安全审查小组成员组成根据项目开发周期阶段和产品/工艺的性质而有所不同。小组通常有 4~7 名成员,他们是从表 10.1 中所列的典型技能专业领域挑选出来的。成功的审查需要小组成员的知识和技能。工业卫生/毒理学家和研发人员在团队中扮演了关键角色,以确保了解并解释与反应、化学品、中间体和产品相关的危害,特别是可能涉及的工艺路线或物料的选择。

表 10.1　本质安全审查小组成员组成

	产品研发	过程开发	设计阶段 PHA	操作运行
工业卫生师/毒理学家	√	√	√	√
研发人员	√	√	√	√
工艺工程师	√	√	√	√
安全工程师	√	√	√	√
工艺技术负责人	√	√	√	√
环境科学家/工程师	√	√	√	√
控制工程师		√	√	√
操作人员			√	√
生产主管	√		√	√
维保人员			√	√

　　企业通常会致力于消除给定工艺特有的有毒物料，如水或废水处理工艺中的氯气。替代的选择也会带来其他的危害和风险，所以这就需要一个明智的决定。工业卫生师、研发人员和安全工程师在多种方案选择时所需的信息起着重要作用。

10.5.5　本质安全审查过程概述

　　如前所述，充分的准备对有效开展本质安全审查非常重要，特别是新工艺。图 10.2 概述了审查的准备工作，包括以下背景资料：

（1）定义目标产品。

（2）描述生产目标产品的可选化学路线（如果有的话），包括原料、中间体和"三废"。

（3）编制简化的工艺流程图和初步布局图。

　　● 包括可选工艺路线。

（4）定义化学反应。

　　● 期望的和不期望的。

　　● 确定失控/分解反应的可能性。

（5）列出所有使用的化学品和物料。

　　● 建立化学反应矩阵。

　　● 包括空气、水、铁锈、副产品、污染物等。

（6）定义物理、化学和有毒特性。

　　● 提供美国消防协会（NFPA）危害等级或同等的要求。

　　● 描述可燃粉尘危害（MIE、Kst 等）。

（7）定义工艺条件（压力、温度等）。

（8）估算每个工艺系统（容器、反应器等）的物料数量。

　　● 陈述工厂的产能基础。

　　● 估计"三废"排放数量。

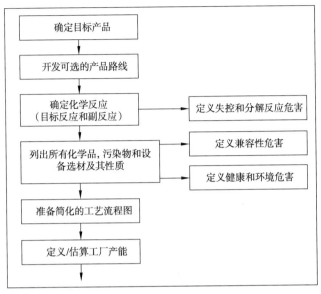

图 10.2　本质安全审查准备

基础信息形成后，可以安排本质安全审查。图 10.3 总结了审查步骤，建议的审查步骤如下：

（1）审查上面步骤（1）到步骤（8）的背景资料。

（2）确定主要的潜在危害。

（3）系统地审查工艺流程图，审查每个工艺步骤和有害物料，通过应用本质安全策略辨识消除或降低危害的方法。

（4）工艺开发阶段的本质安全审查期间，辨识和确定设计团队应该解决的潜在人为因素/人体工程学问题。

（5）记录审查和建议跟踪项。

系统审查工艺流程图期间，审查小组将审查下列问题：

- 可以使用更安全的化学品吗（即无毒/不易燃或不挥发的反应物）？
- 是否可以减少物料存储量（特别是中间产品）？

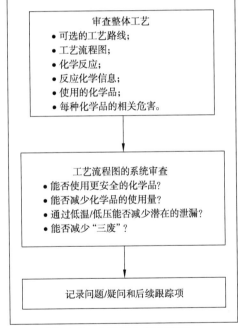

图 10.3　本质安全审查过程

- 是否可以通过降低温度或压力、消除设备或使用无机械密封的泵减少潜在泄漏？
- 可以减少"三废"吗（即使用可再生或可回收的催化剂）？
- 需要哪些额外信息（毒理学信息或化学反应危害数据）？
- 通过应用人机工程学/人为因素原则，设备或工艺是否可以简化，是否可以防错，或者至少可以容错？
- 工艺中的微量物料或污染物及其影响是否已经识别出来了？

在产品/工艺开发的过程中，通常会有几次本质安全审查。如图10.2所示，早期的审查通常没有步骤(1)到步骤(8)所需的全部信息。后期审查会列出获取这些缺失信息的必要条件，如新的中间体的毒性数据或副反应产物。

附录B提供了一个更全面的本质安全审查过程举例，包括审查准备、组员培训、开展本质安全审查和文档的信息。

10.5.6 本质安全审查内容

本质安全审查的重点从研发到生产运行阶段会有所变化。虽然每次审查都是有针对性的，但表10.2说明了特定阶段应重点关注的内容。在常规生产运行阶段的审查中，审查小组不仅要识别现有工艺的本质安全机会，还要为现有工艺的扩建或新建项目识别出本质安全机会。如果原始工艺设计中没有考虑本质安全，这个审查尤其重要。表中带勾号表示每个阶段需要重点关注的项目。

在"工艺研发"的本质安全审查中，审查小组要包括以下要点：

- 理解危害。
- 选择最佳路线生产某一特定化学品或产品。
- 工艺改进。
- 反应器类型和条件。
- 中间品存储的优化。
- "三废"最少化。
- 分离技术。
- 附加信息要求。

表10.2 不同本质安全审查阶段的重点
注：复选标记的数目表示策略的相关重要性

	研发和工艺选择阶段	工艺设计阶段	生产运行阶段
最小化 • 减少数量	√	√√√	√√
替代 • 使用较安全的化学品	√√√	√	√√
减缓 • 使用低危害的工艺条件 • 减少"三废"	√√	√√	√√
简化	√	√√√	√√

在设计阶段，审查小组将致力于设备最小化，减少库存，简化流程，减少"三废"以及优化工艺条件等。本质安全策略也应该在新工艺和现有工艺的过程危害审查中考虑，如HAZOP。最初的设计应该是"防错的"，每一个安全设施和程序都要检查，以确定是否有消除它们的方法。

当本质安全审查扩展到常规生产运行阶段时，小组应着眼于本质安全的所有方面，为现有设施和新项目设计提供改进建议。即使该工艺最初设计时已经考虑本质安全，这些改进措施也可能来自技术进步、产品规格或应用的变化、或从审查的设施或其他类似设施发生的事故和未遂事件中吸取的教训。

10.5.7 工艺全生命周期的各阶段

工艺全生命周期的以下阶段已在前面定义过：

- 工艺研发。
  - 化学合成路线。
- 概念设计阶段。
  - 工艺设计。
  - 中试工厂运行。
- 详细工程设计。
  - 工厂设计。
- 施工和试车。
- 常规操作。
  - 操作。
  - 检查。
  - 维护。
- 工厂和工艺改造。
- 退役。

如图 10.4 所示，本章描述的本质安全技术(IST)审查的类型应该在工艺全生命周期每个阶段使用最合适的方法进行。

以下是工艺设计人员或操作人员在工艺全生命周期的不同阶段应用本质安全设计策略决策的例子(参考文献 10.14 Gupta)。

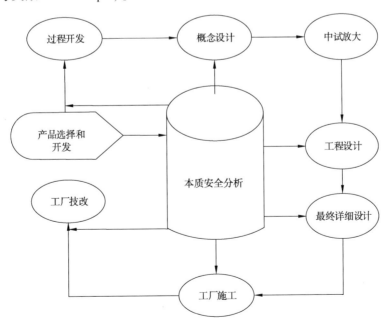

图 10.4　本质安全设计在工艺和工厂开发不同阶段的应用

本质安全设计策略的应用实例

概念设计阶段：选择基本工艺技术、原料、中间品、副产物和"三废"、化学合成路线。

工艺研发阶段：选择特定的单元操作，反应器的类型和其他处理设备，操作条件，循环物流，产品净化，"三废"处理工艺。

工厂基础设计阶段：生产设施的位置，装置的相对位置，产品线的尺寸和数量，原料数量，中间体和产品存储设施，为所需的单元操作选择特定的设备类型，过程控制理念。

工厂详细设计阶段：所有设备的尺寸，所有设备和管线的压力等级和详细设计，工艺设备的库存，工厂中特定设备的位置，管线的长度、布置和尺寸，公用工程设计，设备布局，详细控制系统设计，人机界面设计。

运行阶段：工厂的变更过程需要识别本质安全机会(减小库存，升级和使用更现代化的设备，基于对改进工艺的理解识别本质安全操作)来提高本质安全水平，进行变更时要考虑本质安全设计，使用"用户友好"的操作指导和程序。

新的化工工艺会最终取代现有工艺，当设计出新的化工设施时，化学合成路线和材质的根本改变将会变得更加经济有效。工艺设计取决于加工物料的物理和化学性质；这种变化将对设备设计产生深远影响，最好是在工程设计阶段的早期应用(参考文献 10.19 Overton)。在设计阶段进行新工艺的本质安全审查对于实现本质安全方案的替代是最关键的。

本质安全审查应在新工艺开发阶段的早期进行，然后只要可行，在整个项目的不同设计阶段进行审查，这些阶段包括：

- 在工艺研发(化学合成)阶段进行产品/工艺的研发，重点关注化学路线和工艺。
- 在工艺包阶段和完成基础设计之前，要把重点放在设备和配置上。
- 在项目的基础设计阶段。

然而，强调尽早考虑本质安全设计(ISD)方案的重要性，可能会让负责现有设施运营的工程师和管理人员认为本质安全设计与他们无关。他们有一个现有工厂，拥有成熟的技术，很难进行变更或变更成本很高。对于现有工厂来说，采用新的本质安全技术往往在经济上不可行。如果需要的变更涉及不同的化学品或明显不同的操作条件，则很可能需要一大笔投资更换现有设备(参考文献 10.19 Overton)。

但本质安全设计与现有工厂和工艺有关。将本质安全设计策略应用于现有工厂的机会经常是存在的，会使现有工厂本质更安全。此外，诸如泄漏后果模型和定量风险分析(QRA)之类的工具有助于理解本质安全设计选项的潜在好处，有助于得到管理层支持，以实现对现有设施进行本质安全设计的修改(参考文献 10.15 Hendershot)。

《康特拉科斯塔县工业安全条例》(ISO)指导文件中的 D 章节提供了在以下主要工艺全生命周期阶段进行本质安全审查的额外指导。有关本条例及其适用的详情，请参阅第 14 章(参考文献 10.7 Contra Costa County)：

- 研发化学路线的阶段。
- 工艺包设计阶段。
- 基础设计阶段。
- 现有生产装置。

10.6 反应性化学品筛选

经验表明，在实验室和中试开发新产品工艺的过程中，有时没有发现化学反应危害的问题。这些化学反应危害必须要明确识别，以便在本质安全审查过程中进行分析。应该鼓励和培训研发人员探索异常操作的化学反应危害的可能性。简单的反应性化学品筛选工具，如第8.2节中描述的化学反应矩阵，可以供研发人员使用。

CCPS书籍《管理化学反应危害的基本做法》(参考文献10.5 CCPS 2003)，概述了识别和管理整个设施全生命周期中的化学反应危害的过程。充分管理化学反应危害需要以下几个方面的知识：

- 设施内可能发生的失控反应。
- 如何引发此类反应(即热量、污染、无意的混合、冲击、摩擦、电路短路和雷电)。
- 如何识别失控反应已经发生。
- 如果发生这样的反应会有什么后果(如有毒气体泄漏、火灾、爆炸)?

一旦确定了工艺使用的物料，就必须对其潜在的反应危害进行筛选。CCPS(参考文献10.5 CCPS 2003)提供了化学反应危害筛选的详细方法，包括主反应和副反应以及如何管理这些危害的指南。从本质安全角度来看，消除或降低危害的机会比管理危害的机会更好。这里包括避免无意混合或接触可以造成危害的试剂等。例如，在涉及禁水性物料的工艺中不使用水，从本质上来说比采取措施阻止两者接触更安全。附录A提供的本质安全技术检查表中的许多问题可以用来考虑反应危害，例如：

- 反应性原料的库存可以减少吗?
- 是否有可能使用替代工艺或化学路线来完全消除反应性原料、工艺中间体、或副产品?
- 是否有可能从工艺中消除反应性组分(如水、铁、空气等)来防止意外接触?
- 是否有可能设计出避免物料在高温下不稳定或在低温下冻结的工艺操作条件?
- 设备设计是否考虑了材质最大承受的工艺温度?
- 设备设计是否能够避免由于操作或维护错误而造成潜在的危险工况?

CCPS(参考文献10.5 CCPS 2003)还提供了下列本质安全审查的典型流程，其中包括了新设施在概念或开发阶段对反应危害的考虑：

- 评估所建议的工艺中已经知道的化学反应和其他需要控制的危害。这些现有的知识可能来自于过去的经验、供应商、文献查阅和事故报告等。
- 根据对化学反应危害了解的知识水平，确定是否需要对这些危害进行额外的筛查。有反应性官能团的反应可能意味着需要进行文献检索、访问数据库或进行差式扫描量热仪测试了解。
- 讨论可能的工艺方案及其相关危害，包括诸如替代溶剂要避免可能的不兼容问题等。
- 进行头脑风暴以及使用辅助的检查表，讨论减少风险的可能方法。
- 在需要解决的重大未知问题上取得共识。
- 记录审查过程，包括参与者、审查范围、方法和决策等。

- 分配行动项责任人、完成日期和关闭机制，如确定下次会议时间。

附录 A 提供了一份本质安全技术的检查表。

10.7 本质安全审查培训

本质安全培训至少应包括下列主题：
- 风险管理策略的层级，从本质安全、被动保护、主动保护到程序管理的层级。
- 本质安全系统的各种应用方法，包括最小化、替代、减缓和简化。
- 公司的设计标准、最佳实践和其他信息，为本质安全设计的评估和实施提供指导。
- 潜在的本质安全冲突。

下面提供一个培训计划大纲的示例（参考文献 10.15 Hendershot）：
- 本质安全设计的历史。
- 基本概念。
- 化工过程安全策略。
- 本质安全设计策略：最小化、替代、减缓和简化。
- 本质安全和可靠性。
- 工艺的可靠性。
- 其他行业的本质安全实践。
- 本质安全冲突与衡量。
- 何时考虑本质安全设计。
- 本质安全设计工具。

本质安全培训还应包括公司对评估和实施工艺全生命周期内本质安全技术的要求，以及如何将该技术应用于各种过程安全管理方案要素。与包括过程安全在内的大多数安全要素一样，因为各层级的员工将被要求帮助识别、评估和实施可能改善工艺的本质安全操作的变更，员工的参与非常重要。所有相关职能部门必须对本质安全及其可能的冲突有一个很好的理解，这样才能对风险降低与成本的问题做出正确判断，以及变更对其他重要运行参数的潜在影响，包括质量、产量、运行成本和"三废"产生等。同样重要的是要强调适当应用其他的风险管理策略，例如主动保护和程序控制等，往往可以在公司可接受的管理风险水平上达到满意的管理要求。

本质安全培训的要求应该纳入现有的管理系统。一般来说，应该为所有人员，包括工程师、研发人员和公司高管，以及操作和维护人员等制定本质安全培训目标。为了真正达到效果，应在两个层面提供培训：（1）对本质安全策略和应用有基本了解的"认知"培训；（2）针对那些需要进行本质安全审查的人进行"技术"或具体的培训。认知培训应包括本质安全的基本概念，以及如何在企业的过程安全管理、新产品开发和项目执行方案中实施这些概念。如下面那些在本质安全过程中扮演关键角色的人，要考虑给予更多具体的培训：
- 参与产品和工艺开发的研发人员。
- 参与工艺范围界定、开发和设计活动的工艺开发和工艺设计工程师。
- 安全工程师和工业卫生师等专业人员。
- 本质安全审查方法的使用人员。

如果企业选择在应用方法中包括本质安全审查，则应包括有关如何进行此类审查的培训。

英国化学工程师学会(Institute of Chemical Engineers)《本质安全工艺设计》(参考文献 10.16 IChemE)是一个优秀的本质安全设计方案，相关内容已经刻成光盘。该方案由国际过程安全组织更新，提供必要的培训支持，以确保新工厂设计和现有工厂的变更都能理解和应用本质安全策略，并强调过去的经验和吸取的教训。它包含一个光盘，里面有培训师的笔记、150 张带插图的幻灯片、视频和各种关于最佳实践的案例研究。更新的光盘内容包括检查表章节，更多的关于本质安全评估和设计的工具信息，以及超过 400 个本质安全参考文献的扩展书目。它包括了全面审查、管理问题、过程集成化、可持续性、"三废"最小化和本质更安全的工艺、本质更安全的保护层及其与成本和立法的关系、本质安全与工厂可靠性、人为因素、化学反应危害和案例研究等。

公司可能希望开发自己的培训课程，培训潜在的本质安全审查小组成员。该课程可以提供关于本质安全策略、管理危险物料所需的系统和本质安全审查过程要素的背景信息。课程应该包括视频、问题、示例和小组练习，最大限度地提高学员的学习兴趣和知识。

培训管理系统还应规定初始培训和再培训的要求。这些要求的定义将有助于保持本质安全文化和技能水平，确保对新员工、工作调动和重新安置的员工以及有经验的人员进行适当的培训。

10.8 本质安全设计特性的归档

实施本质安全设计的一个重要因素是公司对工艺安全信息的管理。其目的是确保从工厂实际操作经验中获得的知识和信息被很好地记录下来，对于设施的未来安全运行可能非常重要，不会随着人员和组织架构变更而被遗忘或忽视(参考文献 10.8 CSChE)。Hendershot(参考文献 10.15 Hendershot)认为在考虑本质安全和本质安全设计的特性时，这一点尤其重要。他给出了几个例子，如果本质安全设计特性被取消会导致潜在风险，原因是最初实施这些本质安全设计的理由没有被清楚全面地记录下来。如果今后的变更不了解最初设计人员的意图或特定的安全要求，就可能会影响设施的安全。例子包括为什么用于限制最大反应物料流量的进料管线尺寸是安全设计基础的一部分，或者为什么管线的走向旨在尽量减少泄漏后果等。

本质安全设计特性特别容易受到企业内部记忆流失影响，不同于高压报警之类的增加设施，它们是设计基础的一部分，其用途可能不是很明显(参考文献 10.15 Hendershot；参考文献 10.1 Amyotte)。所有这些本质安全设计特性必须记录在原始设计文档，并且必须随时可以提供合适的工艺安全信息，包括 P&ID 和 SOP 等。这个问题还与变更管理有关，应该仔细审查变更项目，以确保本质安全设计特性没有受到影响。

10.8.1 本质安全审查文件记录

无论进行何种类型的本质安全分析，都应生成审查报告，记录审查结果。报告至少应包括下列资料和内容：

- 本质安全审查使用方法的总结(即方法论、使用的检查表等)。

- 审查小组主持人或主导人的姓名和资格，以及小组成员的组成，包括职位、姓名，以及任何相关的经验或培训。
- 是否考虑本质安全替代方案，以及那些已经实现或包含在设计中的方案。
- 如果进行了独立的本质安全分析，文档应该包括分析方法、考虑了哪些本质安全系统以及每个考虑的结果。如果使用了本质安全检查表，记录下没有考虑检查表中某些项目的原因，例如，由于不适用或以前已经考虑过等。
- 记录不采纳潜在的本质安全机会的理由（成本、其他安全性或可操作性问题等）。
- 审查过程中识别出来的需要进一步评估或实施本质安全的建议和行动计划。

如果本质安全审查包含在一个更大的审核中（即 PHA 或过程危害分析），该信息应该纳入这个审核报告。建议将本质安全审查信息作为永久过程安全文档的一部分，并在工艺的全生命周期中进行维护。可编辑电子版应加以维护，以方便日后的更新和验证审查。

不采纳的本质安全审查行动项的理由应该遵循以下指南，包括不采纳事故调查和过程危害分析给出的建议措施：

- 该建议项所依据的分析存在事实错误。
- 该建议是不必要的。例如，保护措施可能不充分，后果只是操作性的问题，或者场景的后果或严重性不会导致显著的泄漏事件。
- 另一种本质安全方案可以提供足够的危害减少程度。（注意：仅实施一种方案来解决已识别的危害可能不足以最大限度地减少或消除危害。但是，如果实施第二种替代方案没有显著减少危害，或已证明了不可行，则不必实施一种以上的替代方案。）
- 由于下列一项或多项原因，提出的建议不可行：
  ○ 该建议与现有的联邦、州或地方法律相冲突。
  ○ 该建议与广泛认可和普遍接受的良好工程实践（RAGAGEP）有冲突。
- 该建议项经济上考虑不可行，例如实施建议项后工艺装置财务上无法维持。这可以包括以下因素：
  ○ 资本投资。
  ○ 产品质量。
  ○ 直接制造成本的总额。
  ○ 工厂的可操作性。
  ○ 退役和将来的清理和处置费用。
- 该建议将产生强烈的社会负面影响，使得该项目不能执行。一些可能的例子包括对社区造成不可接受的视觉或噪声影响，或增加交通堵塞。
- 该建议可能违反无法修改的营业许可协议，必须保持其有效。
- 该建议可能会减少危害，但会增加整体风险，或将风险扩大到一个不太可控的场景（如从现场转移到运输）。
- 与不采纳的本质安全措施相比，另一种措施将降低更多的风险。

如果建议的本质安全备选方案因产生更多的风险而被拒绝，或者其他非本质安全的变更比实施本质安全选项更能降低总体风险，那么应该记录下决策的理由。定性或定量的风险评估可作为风险分析的基础。

10.8.2　本质安全审查所需时间

本质安全审查所需的时间取决于审查的类型(如新设施、现有设施、技改等)以及复杂程度。相对简单或低风险的审查可以在几个小时内完成。复杂的项目审查可能需要一到两天的时间。一个关键因素是对潜在的本质安全选项的评估程度,一种是在审查会议中完成评估,另一种是会后完成并反馈结果。与 PHA 和其他类型的风险评估一样,审查小组帮助确定本质安全机会或替代方案,然后将其分配给个人或其他小组。这个审查小组将在非会议时间对备选方案进行评估,然后对评估结果进行反馈,评估结果通常包括详细的成本估计和风险比较,以确定其可行性。本质安全审查小组不应该将解决方案作为审查的一部分。实施本质安全设计特性的建议通常涉及成本与风险降低的程度,以及评估解决本质安全方案时可能出现的其他潜在冲突(参见第 13 章,对这些潜在冲突进行更全面的讨论。)。

高效审查的关键之一是做好充分准备,包括更新的工艺图纸和本质安全审查方法,这些方法帮助审查主持人向审查小组提出相关问题,并帮助确保考虑了尽可能多的本质安全备选方案。根据小组审查的结果,可能需要进一步考虑替代设计的建议,也可能需要小组全部或部分人员进行额外的审查。

10.9　总结

本质安全是一个充满挑战的领域,它已经引起了全世界研究人员、工厂设计人员、管理人员和监管方的注意,并且开发了许多衡量本质安全的方法。但是,需要一种简单、普遍接受的方法比较某种特定产品的不同工艺设计方案。

开发和构建本质安全过程的最佳方法是让它通过教育成为所有工程师和研发人员在工作时应该考虑的一部分。当认识到消除危害的重要性和好处时,他们开发消除或降低危害的新方法的创造性将比任何特定的审查方法更有助于加强本质安全。一旦公司员工开始将本质安全设计策略应用到新的和现有的工艺,其好处就会变得更加显而易见,从而促使本质安全设计策略进一步得到运用。正如本质安全设计成功地应用在流程工业,它也能够适用于其他容易发生事故的行业,如采矿、建筑、运输等(参考文献 10.14 Gupta)。

10.10　参考文献

10.1　Amyotte, P. R. Goraya, A. U, Hendershot, D. C., and Khan, F. I., *Incorporation of inherent safety principles in process safety management*. In Proceedings of 21st Annual International Conference-Process Safety Challenges in a Global Economy, World Dolphin Hotel, Orlando, Florida, April 23-27, 2006(pp. 175-207)New York: American Institute of Chemical Engineers, 2006.

10.2　Ankers, R., *Introducing inherently safer concepts early in process development with PRORA*. In CCPS Inherently Safer Process Workshop, May 17, 1995, Chicago, IL. New York: American Institute of Chemical Engineers, 1995.

10.3　Auger, J. E., *Build a proper PSM program from the ground up*. Chemical Engineering Progress, 91 (1), 47-53, 1995.

10.4　Center for Chemical Process Safety (CCPS), *Guidelines for Chemical Reactivity Evaluation and Application to Process Design*. New York: American Institute of Chemical Engineers, 1995.

10.5　Center for Chemical Process Safety(CCPS)(2003). *Essential Practices for Managing Chemical Reactivity Hazards*. New York: American Institute of Chemical Engineers.

10.6　Clark, D. G., *Applying the limitation of effects ISP strategy when siting and designing facilities*. In Proceedings of the 41st Annual Loss Prevention Symposium, April 22–26, 2007, Houston, TX (Paper 1C). New York: American Institute of Chemical Engineers, 2007.

10.7　Contra Costa County Industrial Safety Ordinance (ISO) guidance document, cchealth. org/hazmat/pdf/iso/section_d.pdf.

10.8　CSChE, *Process Safety Management*, *Third Edition*. Ottawa, ON: Canadian Society for Chemical Engineering, 2002.

10.9　Dow Chemical Company, 1994a, *Dow's Chemical Exposure Index Guide*, *1st Edition*. New York: American Institute of Chemical Engineers, 1994.

10.10　Dow Chemical Company, 1994b, *Dow's Fire and Explosion Index Hazard Classification Guide*, *7th Edition*. New York: American Institute of Chemical Engineers, 1994.

10.11　Dowell, A. M., Regulations: *Build a system or add layers?* Process Safety Progress, 20(4). 247–242.

10.12　French, R. W., Williams, D. D., and Wixom, E. D., *Inherent safety*, *health and environmental (SHE) reviews*. Process Safety Progress 15(1), 48–51, 1996.

10.13　Gowland, R. T., *Putting numbers on inherent safety*. Chemical Engineering 103(3), 82–86, 1996.

10.14　Gupta, J. and Hendershot, D. C., *Inherently safer design*. In S. Mannan(Ed.)in Lees Loss Prevention in the Process Industries: Hazard Identification, Assessment & Control, 3rd Edition. London, UK: Butterworth-Heinemann, 2005.

10.15　Hendershot, D. C. et al., *Implementing inherently safer design in an existing plant*. Presented at the 7th Biennial Process Plant Safety Symposium, American Institute of Chemical Engineers 2005 Spring National Meeting, Atlanta, GA, April 10–14, 2005.

10.16　The Institution of Chemical Engineers and The International Process Safety Group, *Inherently Safer Process Design*. Rugby, England: The Institution of Chemical Engineers, 1995.

10.17　Khan F. I. and Amyotte, P. R., *How to make inherent safety practice a reality*. The Canadian Journal of Chemical Engineering, 81, 2–16, 2003.

10.18　Kletz, T. A., The constraints on inherently safer design and other innovations. Process Safety Progress, 18(1), 64, 1999.

10.19　Overton, T. A. and King G., *Inherently safer technology: An evolutionary approach*. Process Safety Progress 25(2), 116–119, 2006.

10.20　Pilz, V., *Bayer's procedure for the design and operation of safe chemical plants*. Inherently Safer Process Design, 4.54–4.65. Rugby, England: The Institution of Chemical Engineers, 1995.

10.21　Scheffler, N. E., *Inherently safer latex plants*. Process Safety Progress, 15(1), 11–17, 1996.

10.22　Turney, R. D., *Inherent safety: What can be done to increase the use of the concept?"* In Proceedings of 10th International Symposium on Loss Prevention and Safety Promotion in the Process Industries, Stockholm, Sweden, June 19–21, 2001(pp. 519–528). Amsterdam, The Netherlands: Elsevier, 2001.

10.23　Wixom, E. D., *Building inherent safety into corporate safety*, *health and environmental programs*. In CCPS Inherently Safer Process Workshop, May 17, 1995, Chicago, IL, 1995.

11 本质安全与基于风险的过程安全方案要素

本章将描述四个主要的本质安全策略(即*替代*、*最小化*、*减缓*和*简化*)与过程安全管理(PSM)/基于风险的过程安全(RBPS)方案的每个要素之间的关系,还将说明本质安全策略在执行要素活动中可能发挥的作用。Kletz、Amyotte、Hendershot 等人在文献中早已阐述了本质安全与 PSM 方案之间的相互关系(参考文献 11.16 Kletz 2010,参考文献 11.5 Amyotte),本章总结了他们的结论。Amyotte 和 Kletz 认为,本质安全无疑是 PSM/RBPS 方案的组成部分,但不是一个独立要素,而是作为这些方案设计理念的一部分,并指导项目设计的运用和实施。他们的著作和本章都有本质安全策略的运用案例(参考文献 11.16 Kletz 2010)。PSM/RBPS 方案既有与本质安全策略有直接密切联系的要素,如 PHA;也有关系不密切的要素,如审核和指标等。

这四个本质安全策略通常针对化学品及其危害和风险,如用一种危害较小的化学品取代另一种危害较大的化学品,或者尽量减少危险化学品存量。传统上,本质安全被视为工艺设计的固有属性,即工艺"硬件"方面的一部分,或者是有危害物料特性的一部分。在本章节中,本质安全的相同理念可以应用于工艺方案的各个方面,即 PSM/RBPS 方案的制度、实践和程序的设计和执行。这是本质安全理念的一个新应用。例如,*最小化*在传统意义上被认为就是减少危险物料的库存,这只是工艺物理方面的优化。然而,我们可以提出一个问题:是否可以考虑*减少*倒班人员的工作时间避免疲劳工作?这是一个可行的非物理和非工艺方面的*最小化*应用案例。另一个举例:是否可以*替代*不同类型的无损检测来增加检测特定类型腐蚀的可能性?这是一个在机械完整性方案中应用本质安全策略的例子。四种本质安全策略还可以在引导词、偏差、检查表和其他过程安全分析和评估工具中使用,尤其是HIRA/PHA、MOC 和事故调查。

虽然这种非传统方式使用四种本质安全策略是新颖的,但仅仅以程序的方式运用本质安全策略是不够的。同样,本章提出的在应用程序中使用本质安全策略的目的也不是要取代它们在工艺和物理方面的传统做法。

本质安全策略——减缓的另一个变量是分隔。这是指保持危害与现场人员的空间距离以避免过程安全事故或多米诺效应引发不良事件。在扩展的"减缓"定义中,有时也将其称为边界影响(参考文献 11.16 Kletz 2010)。另请参阅第 2 章和第 5 章中有关讨论分隔概念作为本质安全*减缓*策略的一部分。

虽然最小化不是 CCPS RBPS 模型中的一个明确要素,但是在某些化学品储存量超过指定阈值时,过程安全管理规范对其有正式要求。通过优化设施设计和储存操作与管理,确保化学品储存量始终低于阈值,以避免达到阈值而需要满足过程安全管理规范的要求。这就是*最小化*的一个例子。许多企业利用这一策略降低了化学品库存,以避免超过阈值而需要满足相应法规要求(参考文献 11.16 Kletz 2010)。这些企业同时也降低了工艺安全风险。本章的每一个小节都介绍了四种策略在 PSM/RBPS 方案要素中的应用。因为应用案例比较类似，一些要素组合在一起介绍。

11.1　过程安全文化

传统和非传统方式的本质安全策略应用取决于是否将过程安全置于与生产同样的优先位置，也取决于是否有强大的领导力和积极的过程安全文化。尽管四种本质安全策略没有直接用于评估或修改企业的过程安全文化，企业主流文化应考虑在任何 PSM/RBPS 方案的要素中应用这些本质安全策略。而且，自主应用本质安全策略也是健全的过程安全文化和有效的 PSM/RBPS 方案管理的生动体现。

在解释领导力和文化对于过程安全的重要性时，Amyotte 和 Kletz 指出：

"……对风险控制层级没有任何承诺是企业优先于人员的另一个表现。换句话说，没有对本质安全的承诺，就是把生产置于安全之上的表现。如果以积极、鼓励的方式表达这一点，采用本质安全原则改进管理，是有效过程安全管理的领导和承诺的标志。"（参考文献 11.16 Kletz 2010）。

二十五年以来，重大事故的调查报告都详细记录了过程安全文化的重要性。CCPS 全面总结并探讨了过程安全文化的问题（参考文献 11.9 CCPS 文化）。过程安全文化与本质安全的关系是密切的，本质安全理念和策略目前不是强制性的，因此在企业实施本质安全需要管理层有意识地支持本质安全理念，并有意将本质安全理念用于完善 PSM/RBPS 方案。这需要坚定和有远见的企业管理层和健全的过程安全文化，否则这些努力终将付之东流。

11.2　合规性

本质安全策略通过制定工艺参数的设计边界、确定尺寸特征的标准（如压力容器设备的最小壁厚）和设计余量，间接地写入规范、标准和其他广泛认可和普遍接受的良好工程实践（RAGAGEP）。这些设计原则就是减缓的例子。

API 751（参考文献 11.4 API 751）规定了炼油厂中氢氟酸（HF）烷基化装置的设计、操作和维护的强制性（即 Shall）和非强制性（即 Should）做法，并介绍了运用最小化和减缓本质安全策略的几个例子。这些措施包括：容器设计时将容积尽量减少到维持生产操作的 HF 库存水平（需要考虑 HF 采购和运输所需的时间和交付的次数），在容器中设置挡板分隔 HF 的库存，当容器一侧损坏时可以减少 HF 泄漏量，尽量减少管线死区和法兰等潜在泄漏点的数量，选用双机械密封或无密封机泵，并使用添加剂降低 HF 的蒸气压力。API 751 中还包括了其他详细的设计注意事项，例如将涉及高含水量 HF 的设备区域尽量缩小，最大限度地减少高含水量 HF 对设备的腐蚀，比如冷凝器设计时考虑将 HF 蒸气快速冷却，最大程度地降低列管接触露点凝液（富水共沸物）的面积。行业内有类似的标准，针对有重大工艺安全风险的作业提供类似的实践和标准，例如氨气的 ANSI K61.1（参考文献 11.1 ANSI K61.1），氯气协会的氯和盐酸管线指导手册#6（参考文献 11.12 CI #6）。

企业内部的过程安全、工程和项目的管理程序和标准强制要求或考虑使用这些广泛认可和普遍接受的良好工程实践（RAGAGEPS）。例如，许多公司和工厂对其管线规格有指定的材质和工艺条件的规范。但是，几乎所有这些管线规范都是业界广泛认可和普遍接受的良好工程实践(RAGAGEP)(ASME B31.3，即国际通用的工艺管线标准)。RAGAGEP 的规定及其包含的安全边界，为遵循这些规定的管线设计提供了最低限度的减缓方法。

11.3　员工参与

与厂内利益相关者沟通风险是过程安全方案的一个重要方面，在某些地区，让员工参与过程安全管理方案的制定和实施是政府监管的要求。与厂外利益相关者的沟通一样，其本身并不涉及直接应用四个本质安全策略。但是告诉员工本质安全的运用案例和如何运用本质安全将增加员工对过程安全管理的参与度。希望通过这些沟通能带来更积极的意义，建立更积极的员工关系。企业应通过培训和教育计划鼓励员工对本质安全的思考。员工在执行作业安全分析(JSA)和操作维护时加大了消除风险的努力，而不仅仅是降低风险，成功地做到这一点就是个好的例子。

11.4　工艺知识管理

尽管 PSM/RBPS 方案中的工艺知识管理要素(有时工艺安全信息)记录了工艺的设计、施工和操作的内容，但也可以作为运用四个本质安全策略的检查表。例如，化学品的理化性质和危害特性的要求有助于*替代*和*最小化*的运用。工艺过程的安全上下限要求有助于指导*减缓*的运用。

从不同的角度来看，过程安全信息的存档、管理和过程安全信息的识别和创建同样重要。目的是确保从工厂运行经验中获得的知识和信息，以及可能对装置未来的安全操作很重要的知识和信息，能够被充分记录和总结下来。将来人员和组织发生变化时，这些知识和信息不会被遗忘或忽视，也就是说，信息记录的文档化要形成制度。在考虑本质安全性和本质更安全设计特征时，这一点尤其重要。如果背景和目的没有明确和充分地记录下来，已经在工艺中实施的本质安全功能将来可能会面临风险，当不了解原始设计意图的人员实施工艺变更时，会导致装置的安全性受到影响。所以，这个问题也成为变更管理中的一个重要方面。本质安全功能与附加功能(如压力高报警)不同，它们是设计基础的组成部分，其特征并不明显，所以特别容易受到公司内部信息和记录遗失的影响。在过程安全信息中应清晰地记录本质安全策略的应用，以便在将来考虑变更时不会无意中忘记和否定这些策略(参考文献 11.16 Kletz 2010，参考文献 11.15 Hendershot)。

越来越广泛地使用电子数据管理系统(EDMS)创建、发布、存储和维护过程安全方案相关的工程、项目和其他技术资料，就是*简化*的另一种运用方式。虽然 EDMS 系统显著简化了资料的文档管理，但还是要确保这些电子系统简单易用，避免数据访问困难或受限，导航系统困难且不直观，难以打印、文件管理、文档安全等问题。这些问题往往会否定 EDMS 的优势。

11.5　危害识别和风险分析

PHA/HIRA 是与本质安全策略有最直接关系的 PSM/RBPS 元素，也是 PSM 中除了化学品加工设施的安保以外的元素中使用本质安全最多的元素。应该在 PHA 中考虑使用本质安全检查表，在编制和开发 PHA 引导词或偏差时使用本质安全策略。表 11.1（参考文献 11.16 Kletz 2010）就是此类检查表的举例。其他的检查表在出版的文献中（参考文献 11.7 Bollinger，参考文献 11.10 CCPS 1998）。本书附录 A 有一个更详细的版本。

表 11.1　PHA 本质安全检查表

引导词	检查表问题
最小化	• 是否最大限度地减少了所有危险气体、液体和固体的储存？
	• 在处理危险物料时，是否做到了随用随供？
	• 当在未来×天内不需要或永不需要这些危险物料时，是否清除或合理处置这些危险物料？
	• 是否最小化所有登高作业的绊倒风险？
	• 任何天气条件下，是否将绊倒危险降至最低，所有路面是否有足够摩擦力？
	• 设备采购时是否考虑低噪声设备设施？
	• 是否优化倒班方式以避免疲劳？
	• 不好的姿势和重复动作是否已经最小化？
	• 是否尝试完全消除原材料、工艺中间品或副产品？
	• 管线中的弯头、弯度和接头最小化了吗？
替代	• 是否可以用毒性较低、易燃或反应性较低的物料替代？
	• 是否有另一种搬动产品或设备的方法消除人为疲劳？
	• 水性产品是否可以替代溶剂或油性产品？
	• 如果可能的话，所有致敏性的原料、产品和设备都换成非致敏性的？
减缓	• 能否通过降低温度/压力或消除设备减少潜在的泄漏？
	• 所有有害气体、液体和固体的储存是否可以尽可能远离人群，以消除事故对人员、财产、生产和环境的影响？
	• 设备采购时，是否可选择能在较低的速度、压力、温度或体积等条件下运行的类型？
	• 工作场所的设计是否能使员工隔离最小化？
	• 工作场所提供的食品和饮料是否适合最小化负面影响和最大化正面影响？
	• 所有电动工具长时间不使用时是否都断电？
简化	• 在所有灯、喷淋器、入口/出口、通风管线、电气装置和机器周围都清除了堆积材料吗？
	• 是否能设计不可能误操作的设备和错误执行的程序？
	• 机器的控制面板是否位于既防止误操作又便于启停的位置？
	• 所有机器、设备和电气设施都易于隔离所有电源吗？
	• 工作场所的设计是否考虑人为因素（即符合人体工程学的工作场所）？

除了在 PHA/HIRA 中普遍使用本质安全检查表外，有时只是单独审查四个本质安全策略以确定是否有使用它们的情况。目前，美国两个司法管辖区（加利福尼亚州的康特拉科斯塔县和新泽西州）强制辖区内的企业进行此类单独本质安全审查（参见第 14 章）。通常，这些单独本质安全审查的格式和评估方法类似于 PHA，例如采用工作表、引导词/偏差以及类似 PHA 的技术。康特拉科斯塔县卫生服务部门在其本质安全指导文件中介绍了如何对新工艺与现有工艺进行本质安全审查（参考文献 14.13 CCHS），参见第 14 章。

　　Amyotte 和 Kletz 还指出，用于审查投资项目的 PHA 以及进行其他 PHA 中应包括以下目的：

- 辨识可能导致不良后果的危害、危险情况和具体事件。
- 检查目前可用的安全措施应对已辨识出来的危害和事件，以及
- 根据本质的，以及工程（附属措施）和程序的安全，提出降低风险的替代方案（参考文献 11.16 Kletz 2010）。

　　在本书附录 B 中，介绍了使用类似 PHA 方法进行特定本质安全评估的详细例子。

　　设施选址通常被视为 PSM PHA/HIRA 元素的一部分。在进行 PHA/HIRA 期间，通常使用检查表对设施选址进行定性检查。大多数设施需单独进行定量分析。Flixborough 的办公楼和控制室以及英国石油公司得克萨斯城炼油厂的承包商板房受到爆炸影响的易损性经常被引证为这一主题重要性的例子。此外，在风险管控层级中采用隔离设施和在设施选址中保持距离是*减缓*的例子。

　　Amyotte 和 Kletz 对在工程项目中使用本质安全策略方面提出了另一个重要建议。化学品生产和使用的公司通常将投资项目的工程服务外包，尤其是基础建设项目。在形成伙伴关系和合资企业的大型项目中，情况往往如此，但较小的项目也可能通过授予分包合同来进行。各方对风险管理实践的接受程度可能差别很大，对安全性能和风险意识可能也没有一个共同的期望。从广义上讲，本质安全方法的差异以及公司对这一理念的认可价值也可能有很大差异，导致本质安全策略在任何给定的项目上的运用不平衡。通过在项目技术规范中提出本质安全审核和使用四个主要策略的详细要求，可以部分解决这个问题。但是，工程承包商在工作中使用本质安全的文化和经验可能比业主公司少或不同（当然，情况可能正好相反，工程公司可能会给业主公司建议危害和风险降低的本质安全解决方案）（参考文献 11.16 Kletz 2010）。

　　大多数 PSM/RBPS 方案通过 PHA 制定的人为因素初始原因和解决设备和操作中的人为因素工程问题来讨论其影响。人为因素也是操作程序和操作行为要素的一个重要方面。使用人为因素检查表，特别是分析人为因素工程问题应包括四种本质安全策略，尤其是在人机界面设计中使用的*最小化*和*简化*的方法。下面这个炼油厂的事故说明了人为因素的重要性。

　　旋塞阀主要用于全开或全关以及一些限流工况。它通过圆柱形或锥形旋塞控制流量，旋塞中间有一个孔与阀门的流道对准后物料就可以流过阀门。它使用阀门扳手打开或关闭。转动阀门扳手四分之一圈会停止物料的流动。这种阀门的设计是为了阀门扳手在阀门打开时与物料流向一致，而阀门关闭时阀门扳手与物料流向垂直。在准备机泵维修工作时，操作员工依靠阀门扳手的位置确定机泵的入口阀状态。操作人员把阀门扳手扳到他认为是关闭的位置，即扳手垂直于物料流动方向，但实际上他打开了阀门（图 11.1）（参考文献 11.17 CSB，2005）。

图 11.1　旋塞阀扳手

这个事故不仅说明一个重要的人为因素问题，而且暴露了这个炼油厂的 MOC 管理方案存在的不足。允许阀门扳手不按常规位置安装造成了事故。重新安装阀门扳手时，MOC 原本可以发现这个严重和明显的错误，但是却没有。此外，在这种情况下，工厂应采购和安装这些只能按照常规阀门扳手方向设计的四分之一旋转球阀或旋塞阀(一种很常见的阀门)。企业内部的工程规范应该有这一阀门扳手的常规设计标准(请参阅本书第 11.2 节《遵守标准》)。

另一个炼油厂的火灾证明了人为因素在过程安全中的重要性。这一事故也涉及阀门扳手。在这个案例中，输送烃类机泵入口管线上的阀门齿轮箱出现了故障，无法打开阀门。为了维修发生故障的齿轮箱，按照炼油厂的维护程序对齿轮箱进行部分拆卸。然而，这个特殊阀门是一个较老的设计(炼油厂中 500 个类似阀门中有 15 个)，其中称为顶盖的部件是阀门保压边界的一部分，变速箱的支撑支架也固定了顶盖。阀门齿轮箱在较新的设计上和这个不一样。当顶盖上的螺栓松动后并使用管线扳手操作阀杆时，造成阀门泄漏大量烃类，这些物料被旁边的电焊机引燃。大火造成该区域 4 人重伤。图 11.2 显示了阀门设计以及拆卸支撑支架是如何导致事故的(参考文献 11.18 CSB，2016)。

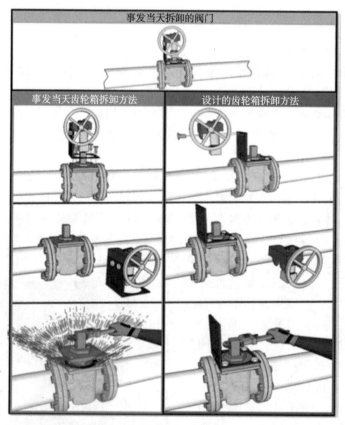

图 11.2　阀门齿轮箱设计(参考文献 11.18 CSB，2016)

过去十到十五年里，大量研究致力于开发本质安全的定量分析方法。Amyotte 和 Kletz 总结了不同企业开发本质安全定量评估工具的工作。这些工具将不同工艺路线的危害和随之而来的风险进行对比。第 12 章对这些本质安全定量分析工具有详细说明。

11.6　安全工作实践

减少点火源的方法，部分是设计问题，部分是安全工作实践的问题。下面是使用各种方法减少点火源存在的一些例子，包括广泛认可和普遍接受的良好工程实践（RAGAGEPs）的应用，其中规定了装置某些区域的电气分类，每个区域必须使用的固定、便携式和移动设备的电气设计实践（美国的 NFPA 497/499 和欧盟的 ATEX）、动火程序和许可证、禁烟政策（现在几乎在所有行业环境和大多数的工作场所中实行的普遍政策）等。此外，大多数企业对这些情况有安全工作实践方法或制度，例如对易燃物料区域的车辆进行控制、防雷电、设备可能释放的热源（如热表面、辐射热、摩擦热或火花）、易燃物料区域便携式电气设备的控制、静电和电流的存在以及控制明火设备（如火炉、熔炉、加热炉和锅炉等）。这也适用于不同物料储存位置的分隔和使用缓冲区等，有助于限制火灾蔓延（减缓）。

用于各种安全工作实践（SWP）的技术也可以受益于本质安全策略的应用，如在特定情况下用更好的工艺技术替代或尽可能地简化工艺技术。例如对于能量隔离，双隔离阀加导淋是隔离液体压力的正确方法吗？隔离阀可能会内漏。考虑到所涉及的危险，使用盲板也许是另一种更好的办法。所涉及的设备结构也将对如何实现能量隔离有影响。

与操作程序一样，可以使用*简化*策略使安全工作实践（SWP）程序和许可证更简单、容易执行和管理。如果可能的话，应尽量避免使用复杂的安全工作许可证表格。这些文件的设计，特别是许可证表格，是一个重要的人为因素。有一种倾向，试图把尽可能多的栏目放到一个单一的许可证表格。这使得表格难以使用，并增加了遗漏某些内容的可能性。将使用较少的许可证栏目放到许可证外的检查表，可能是工作开始之前检查安全措施更好的方法。此外，随着所有安全工作问题（如基本工作信息、授权和关闭；动火；密闭空间；打开设备；上锁/挂牌；个体防护装备和车辆进入装置等）合并到单一许可证的做法日益增加，一体化许可证日趋复杂。虽然这种做法可以减少某一工作所需的单独许可证数量，但它的多用途形式非常复杂，很难使用。

最后，安全工作实践（SWP）许可的流程不能演变为"打勾"行为。当使用复杂的许可证时，人员可能没有认真阅读许可证上的每个栏目，就很快草率地填写表格信息。有时这可以从每一个栏目没有单独打勾回答检查到，例如从上往下划线快速回答所有栏目问题。如果人们觉得完成许可证比认真识别确认每个栏目危险性更重要，那么许可证管理可能就会成为一种"打勾"行为。不幸的是，只有在危害未准确识别且事故或未遂事故发生时，这一问题才会突现出来。

11.7　资产完整性和可靠性

资产完整性（或称为机械完整性）包括 PSM/RBPS 方案中很大范围的技术活动，包括：

- 包含在资产完整性方案中的设备辨识。
- 书面维护程序。
- 检查、测试和执行预防性维护（ITPM）方案。

- 维修人员培训和资格认证。
- 管理资产完整性的缺陷。
- 资产完整性的质量保证（QA），涉及设备的设计、制造和安装，以及材质更换。

每个资产完整性的子要素都可能考虑四个本质安全策略。例如，在设计和制造设备时，可以在选择材质上应用*替代*、*缓和*以及*简化*策略。在 ITPM 的频率和时间表优化的建立和实施中可以应用*最小化*理念，如在管线系统中使用*最少*的管线低点和低流量管线。这将减少工艺中任何低流量区域易受电腐蚀的位置数量。此外，可以通过采用新的或不同的更有效的 ITPM 方法进行管理，如使用改进的非破坏性测试（NDT）技术来替代其他测试方法。

在设备设计时，资产完整性方案中的 QA 部分通常是使用传统本质安全策略的地方。基本的化学反应在项目初始或概念设计阶段确定，这为使用*替代*和*减缓*策略提供了最佳机会。在这个阶段，根据工艺所需的装置产能运用*最小化*策略确定基本设备尺寸。

在初步或概念设计阶段，也存在着决定设备固有的承受某些异常工况能力的机会，特别是设备承压能力的可靠性。例如，某一工艺过程的最大超压工况（如外部火灾）发生时设备可达到的最大压力为 14bar（表压），考虑无需依赖任何主动保护措施，如果设备设计为能承受 21bar（表压），这可以被视为使用*减缓*策略。有些人会认为这是一个设计选择，而不是一个本质安全选项。然而，当这些选择被有意地避免某种危险而不依赖任何其他主动或被动保护措施时，可以被视为是设备固有性质。另一个例子是在初步设计过程中有意选择某些材质。如果专门选择的材质与其他材质相比能使工艺免受某些类型的腐蚀或损坏因素的影响，也可以被视为使用*替代*策略的本质安全解决方案。还有一个例子是调整工艺的工作温度（更高或更低），以避免设备在保温层下发生腐蚀（CUI）的温度。对于某些设备材质，CUI 可在常温环境发生，因此唯一的选择是提高操作温度。这是一种新的想法，也许其在直觉上违背了降低温度的本质安全减缓策略。

遵循适当的广泛认可和普遍接受的良好工程实践（RAGAGEP）也是应用本质安全策略的例子，因为本质安全策略间接地内置于这些法规、标准和其他指南。这些规定包含了工艺参数的设计限制，建立了尺寸的特征标准（如规定压力设备的最小壁厚），并设定了工艺和设备的设计余量及确立了选择材质的允许做法。通过指定压力、温度和其他工艺条件的已知设计余量，该工艺在设计中就具有了已知的可靠性水平。因此，运用 RAGAGEP 中所包含的设计原则是*减缓*的例子。这还包括企业内部设计标准，这些标准通常为工艺设备的设计提供本质更安全的保护。请参阅第 11.2 章节的"合规性"。

11.8　承包商管理

近年来，开展过程安全管理的很多企业开始利用第三方公司帮助落实政府强制的承包商管理要求，这是本质安全*简化*策略的新应用。它不一定减少了法规监管的要求，但是它确实简化了企业的承包商管理和文档保存的各种活动。它还能够在线提供比手动记录更简单的相关承包商与企业监管要求状态的信息。这些第三方公司具备管理承包商资格的预审流程、定期审核和维护所需记录的全球在线服务（如 ISNetWorld、PICS——现为 Avetta 等），以及地区或本地的合作机构（如休斯敦地区安全委员会、特拉华谷安全委员会等），在承包商人员到达现场工作之前给业主提供人员培训、管理以及培训记录等。业主根据需要通常采用一种或两种类型的第三方服务。

11.9 培训和绩效保证/过程安全能力

培训应基于本质安全本身，应该根据不同对象采用不同的培训方法。对那些不直接参与实施本质安全策略的人员，只提供简单的理念培训；对那些需要参加正式本质安全审查的人员或采纳最先进本质安全工艺的工程设计人员应该提供更详细的本质安全培训。更详细的本质安全培训应包括如何执行和记录本质安全审查，如何在 PHA 分析中制定和使用本质安全引导词和偏差，如何评估本质安全选项的可行性以及如何始终如一地执行这些方法。

使用培训方法，特别是实用的培训是*简化过程*的一个重要组成部分。在可能的情况下，使用仿真机是一种很好的培训方法。虽然它可以被认为是现场实际工作培训的*替代*，但实际上是补充了实际现场的培训，因为它允许操作人员练习他们对异常和扰动工况的响应，同时又看到了其响应操作对实际过程参数指示和报警的改变，并通过"感觉"这些工艺条件对其响应的变化，操作人员的压力就不像真实生产条件改变那么大。这是一个非常好的培训反馈，如果以前没有在生产过程中遇到实际的扰动工况，这个效果是不可能达到的。核工业和航空企业(以及军方)已经认识到仿真培训的价值，持有反应堆操作员或飞行员许可的一个必要条件就是定期进行仿真培训。然而，仿真机培训在一般的化学和其他加工企业中并不是强制的。仿真机在这里实际上是代表了*简化*的一个间接例子，它使操作工对异常和扰动工况的实际响应更容易。

在工艺设备设计中采用最先进的技术，其实也是*替代和减缓*的例子。了解最新和最先进的技术也是工艺人员过程安全能力的一个方面，它需要积极主动获得和使用这些工艺技术的研究、开发和工程方面的最新专业知识。此外，从基本意义上讲，流程*简化*会使所需的员工培训更少，删除流程中过度复杂的工艺，需要更少的人机界面，也使所需的人机界面更简单、更易于理解和操作。

11.10 变更管理/开车准备

在过程安全管理方案中，企业通常把变更管理和开车准备(或开车前安全审查)组合在一个要素里，开车准备是放在变更管理流程中的最后一个步骤。这些要素提供了几种四个本质安全策略考虑的方法。首先，对现有设备进行本质安全变更时，必须使用变更管理方案。然而，反过来也一样，每当考虑对现有设备进行变更时，变更管理方案都应包括考虑本质安全的元素。这和在由于其他原因进行变更管理时发现本质安全的机会同样重要。本质安全策略的使用和考虑应纳入识别变更及其技术基础、变更管理安全和危害审查分析中，审核变更对过程安全、操作程序和其他程序的潜在影响，特别是对变更的安全审查时可以采用含有本质安全问题的过程危害分析或者其他危害识别和风险分析方法的检查表。四个本质安全策略也应包含在变更管理和开车前的安全审查的检查表中。整个变更管理流程以及如何使用本质安全引导词和检查表在图 11.3(参考文献 11.16 Kletz 2010)中有介绍。表 11.2 展示了在审核变更时可以使用的变更管理检查内容。与工艺知识管理一样，工艺设计中使用本质安全策略和理念必须有明确的记录，因为它们是本质改变，对于那些未参与设计的人员来说这些改变并不明显，原始设计的理由不为人所知，后期设计可能会改变为非本质安全设计，从而增加了过程安全风险。

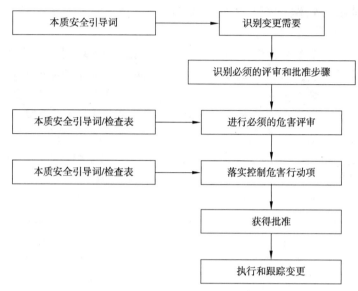

图 11.3　基于本质安全的变更管理流程

表 11.2　MOC 本质安全检查表

本质安全策略	MOC 本质安全检查表问题
最小化	– 发起变更时，危险物料和过程安全管理方案范围内的危险物料库存是否已最小化？
	– 发起变更时，管线死区和管线的低流量部分是否已经最少？实施变更时，是否可以消除管线死区和管线的低流量部分？
	– 变更工艺的危险物料能否随用随供？如果这样，是否评估风险可能会转移到运输部门？
	– 变更后的工艺是否能尽量消除或最小化点火源？
	– 对变更后的人机界面进行了评估，以减少人员疲劳？变更后现有的倒班机制是否需要修改？
	– 如果变更是出于不同原因提出的，作为变更评估的一部分，是否有机会完全消除危险原料、中间品或副产品？
	– 如果变更是出于不同原因提出的，作为变更评估的一部分，是否有机会消除或最小化点火源？
	– 即使变更是基于不同原因，所更换的设备或连接到要更换的设备的其他设施是否有机会减少过程安全管理方案范围内的危险物料库存？
替代	– 在审核变更时，是否可用毒性小、易燃性低或反应性较低的物料替代？
	– 是否可以在更换的设备上采用抗腐蚀性更高（甚至可以消除腐蚀）的替代材质？如果可以，是否可以同时扩展到工艺的其他部分？
	– 是否可以用水性材料替代溶剂或油性产品？
减缓	– 是否可以使用较低的温度、压力、速度或其他工艺参数实现变更工艺的目标反应？
	– 在审核变更时，所有危险气体、液体和固体都储存在尽可能远的地方，以消除泄漏对人员、财产、生产和环境的影响？

本质安全策略	MOC 本质安全检查表问题
简化	– 是否对变更工艺的所有程序和其他操作、维护或执行其他人机界面的书面指南进行评估，并使这些文件尽可能简单易用，尤其是生产异常/紧急响应方案，包括紧急停车方案等？
	– 设备设计是否避免其误操作？例如，在四分之一圈手动阀上配置阀杆，当阀杆与管线流动方向一致时，阀门处于打开状态。阀杆垂直于管线时，阀门关闭。
	– DCS 和其他控制面板的设计是否遵循众所周知的显示、颜色和其他显示惯例，使操作直观易懂，从而减少人为错误？
	– DCS 和其他控制面板是否根据报警管理原则和惯例进行评估？
	– 转动设备和其他机械设备是否可以现场或中央控制室停运？
	– 是否遵守其他的设计和操作惯例，以避免人为错误？
	– 即使出于不同原因提出变更，是否对与工艺有关的操作程序，特别是对紧急响应方案进行评估以简化程序？

11.11 操作行为/操作程序

操作行为（COO-Conduct of Operation）是过程安全管理/基于风险的过程安全（PSM/RBPS）的要素之一，涵盖广义范围上的过程安全方案活动。这个要素是确立操作纪律、遵守批准的书面程序、严格遵守操作原则及内容，是过程安全的一个重要方面。它还是一个过程安全方案的要素，对企业中的主流文化非常敏感。四个本质安全策略可以成为操作行为（COO）子要素之一，相关活动的一部分如下面所示（参考文献 11.8 CCPS COO）。

11.11.1 最小化

报警管理　近年来，依靠现代控制系统，特别是集散控制系统（DCS）对工艺报警的数量、范围和人为因素方面的审查日益增多。这一领域的问题是导致多起过程安全事故的原因。其他人为因素问题也受到更多的关注，包括：消除无效报警和调整报警设定值，以便工艺波动或异常工况时尽量减少或避免多个报警同时发生；选择报警画面；选择如何报警静音和报警记录等。报警管理是对控制系统进行修改以便进行改善。这些工作和活动通常称为报警管理。行业已发布专门讨论该主题的标准（参考文献 11.2 ANSI）。报警管理是本质安全最小化策略的重要应用。

疲劳管理　CCPS 编著的《基于风险的过程安全》（CCPS RBPS）和《操作行为和操作纪律》图书都把疲劳看作一个操作行为（COO）问题（参考文献 11.11 RBPS，参考文献 11.8 CCPS COO）。加班在很多企业是一个敏感话题。有时，工厂或公司管理人员为解决基本的人员配备问题而面临过度加班的压力。有时，来自同事或家庭的压力，他们赞成过度加班以获得相应报酬。无论压力来自何处，加班也是一个企业文化问题。加班也可以是企业工作准则或集体谈判协议的结果，在这种情况下，解决加班问题就需要改变企业制度和管理程序，或重新谈判劳动合同。贝克调查小组（参考文献 11.6 Baker）指出，疲劳是造成英国石油公司得克萨斯城事故的一个因素。此外，该问题并不限于小时工和承包商，因为正式员工，包括主管也会加班。

业界已认识到员工疲劳是一个重要问题，API 发布了 RP-755（参考文献 11.3 API 755），为检测和消除这些因过程安全操作的夜班、轮班、延长班或临时替班造成的疲劳提供指南。

这一行业指南建立了疲劳风险管理系统，管理这些过程安全相关职位的人员疲劳可能是一个连续和持续的过程。但是，如果员工面临过度加班的潜在压力，企业必须首先解决安全和过程安全文化问题。

胜任职责　胜任职责是指一系列可能影响员工表现的因素，例如毒品或饮酒的影响、疲劳（如上所述）、疾病、因个人问题分心和精神状况（参考文献 11.8 CCPS COO）。工厂人员不得因为外部事件对工作产生影响。这包括在工作时间饮酒或吸毒、打斗、骚扰和其他异常行为。对这些行为的容忍不仅仅局限于企业书面制度中必须禁止这种行为，并在入职培训课上必须阐明这些禁令。这意味着这些禁令必须融入企业的每一个层级，包括在同事之间和轮班班组之间进行自我管理。尽量减少外部事件对员工行为和绩效产生负面影响，制定适应职位期望的最低要求是企业的一项重要工作。

班组差异和交接班　同一家企业内不同操作班组的文化有时差异很大。在一个班里绝不能容忍的事情，但在另一个班里却可以接受。这通常代表正常工作时间（如白班）和非工作时间（如夜班、周末或假期倒班）的人员配置水平、技术人员和管理层在白班期间的存在，以及对白班和夜班关注力的差异。这种差异大部分可归因于主管和其他中层管理人员的态度和理念。非白班班组不得不以较少的人力资源来完成相同的生产水平，有时就会养成一种习惯，即为了实现这些目标，可以接受走捷径和其他进行偏离标准程序操作的行为。有时，这种情况会养成一种员工"可以做"的态度，即自己可以独立找到问题的解决方案，迅速地解决生产异常或操作问题，这些做法被认为是一种积极的行为。然而，无论一天或一周中的白天和晚上的任何时间，工艺条件和存在的潜在危害都是完全一样的。过程安全文化的定义之一是即使没有人在看你做什么，你也会做正确的事情。这类情况在许多工厂的夜班或周末轮班期间发生，但并非所有装置都存在。

一些重大过程安全事故的根本原因包括不当的班组交接（参考文献 11.6 Baker）。有些班组交接问题是程序性的，但有些是公司文化的问题。员工必须要了解班组交接的重要性，并且必须进行正式的交接。近年来，人们开始认识到班组交接的重要性，并且有了显著的改善。许多工厂现在都有了书面程序，规定了班组交接的最低要求、如何进行，以及在哪里完成并且记录归档。尽量减少班组之间的文化和操作实践差异，以及不同班组之间交接的任何差异，将有助于减少事故的发生。

紧急停车和停工权限　装置或工厂紧急停车（少见但至关重要的事件）的决定是操作纪律中一个极其重要的方面。这个决定会有争议，或者至少认为有争议，但不应该如此。其核心主要是一个公司的过程安全文化问题，而不是一个操作问题。许多造成严重事故的一个因素是装置人员没有意识到问题的严重性，他们本可以或应该阻止自己或其他人去继续从事正在变得危险或有可能变得危险的行动或任务。在大多数公司中，高水平的安全或过程安全制度鼓励员工在发现危险或其他可能发展成更糟糕的情况下做出正确的判断主动停车。然而，许多员工实际上在判断是否停车时犹豫不决，尤其是在影响他人工作的时候。尽量减少必要情况下员工启动紧急停车和行使停车权力的犹豫心态，是公司要解决的重要过程安全文化问题。

偏离标准正常化和失去危机感　预防偏离标准正常化和保持危机感是过程安全文化的重要核心原则。如果企业对不执行或偏离已批准的规定、程序、法律、标准或其他正式的指导文件的行为不闻不问，使其成为工厂日常运营方式的一部分，然后渐渐接受了这些行为或使其变成"常规化"，就会变成最终导致过程安全事故的潜在原因。企业应该持续关注其工厂和运营的危害和风险健康水平，特别是长期保持一种危机感。在长期没有事故或未遂事故发生的情况下，企业往往会沾沾自喜而减少危机感。这种情况尤其会发生在企业或公司风险评估"后果严重-低频率"事故。由于此类事故发生的频率低(包括严重的过程安全事故)，很少或没有任何企业员工经历过此类事故。因此，在很长一段时间内，他们往往"忘记"此类事故是可能发生的。这种趋势的特点还包括对这类风险持续关注意识的削弱。尽量减少这些不良安全文化是企业操作纪律的重要方面。

11.11.2　简化

操作程序　操作程序应定期审查：(1)确保它们是最新的且准确无误；(2)尽可能简单(*简化*)。以尽可能简单的样式和格式编写的操作程序将更易于使用，并且操作人员会更频繁地使用它们。操作人员很难使用那些长篇大论和晦涩难懂的操作程序。编写操作程序的另一个考虑因素是使用者的阅读理解水平，编写人员可以选择适当的词汇和语法来满足操作人员的阅读理解水平，这一点对于许多工程师编写操作程序初稿尤其重要。但是要记住不应以牺牲程序的清晰度为代价来实现程序简化。例如，"缓慢打开阀门"对于不同的员工来说可能有不同的含义，因为"缓慢"是一个通用术语。如果工艺过程对阀门位置很敏感，那么必须用更详细的表达方式，例如，"打开阀门10%，然后每30s打开10%，直到70%，然后完全打开"。考虑本质安全理念编写的操作程序往往更易于使用，并排除了操作人员走捷径的可能性。本节内容介绍的是操作程序编写。但是，相同的*简化*理念适用于任何与过程安全管理相关的程序，如维护程序、应急响应程序等。

操作边界　操作程序的操作边界和边界条件应受*减缓*的约束。发生这种情况不是因为程序被修改，而是因为工艺操作的边界条件被修改(即已减缓)，并且程序中的数值也将更改。另外，请参阅工艺知识管理/过程安全信息。

人为因素　控制系统显示设计以及其他符合人体工程学的问题，能使操作人员能够轻松完成操作程序的要求。有时必须注意到这类设计问题，以便能够完成程序所要求的目的。例如，如果紧急操作程序要求快速执行四个步骤，而现场操作人员仅有几分钟时间完成，则必须简化操作程序，以减少操作人员快速地从一个位置跑到另一个位置的时间。如果没有办法简化，相关步骤应该实现自动化来解决这个问题。简化人机界面是一个重要的考虑因素。

工作控制/安全操作流程　如上所述，工作控制/安全操作流程程序及其工作许可的控制应尽可能简单化。

旁路/移除安全或保护功能　与操作程序和工作控制/安全操作流程程序一样，管理和控制旁路或移除安全保护功能(包括报警)的程序应尽可能简单化，包括与这些功能相关的任何工作许可。

11.12　应急管理

近年来，许多企业应急响应计划的范围、复杂性和篇幅都大大增加。造成这种现象的原因很多，包括合并不同法规要求的单独应急计划，如过程安全事故、环保泄漏事故(例如油品污染、危险废物的操作)、自然事件(例如龙卷风、飓风和其他恶劣天气事件)以及火车脱轨等运输事故。此外，许多应急响应计划还增加了与安保相关的事件，如炸弹威胁，物理设施的安全和网络安全等。此外，与应急响应相关的补充程序（如危机管理、业务连续性和事件后恢复）有时也是同一计划的一部分。随着1996年公布的联邦"一个计划"指南得到广泛应用（参考文献11.14 Fed Reg），非强制性的联邦政府指南文件造成了这种增长。

与操作程序一样，尽可能降低应急响应和紧急行动计划的复杂性将使这些重要计划更易于使用，特别是在紧张程度较高的异常/紧急情况下的应用。这也是*简化*理念的一个重要应用。

审核应急响应计划的修改也是一个挑战和可能消除/尽量减少计划中涉及危险情况的机会。例如，采用本质安全最小化策略审核消防和响应程序（如工厂对火灾的响应），有可能发现消除点火源的机会，或者尽可能使用距离隔离火灾危险。这也是审查应急响应计划中需要使用固定和移动设备的机会。例如，消防水总管的材质能否从铸铁升级为更现代的材料，以抵抗腐蚀（即*替代*）；是否可以使用防爆屏障；或将办公建筑结构升级为承受更高压力（即*减缓*），或者是否可以简化响应设备或改进储罐位置以提高响应速度（*简化*）。

11.13　事故调查

与PHA和MOC一样，基于四个本质安全策略的检查表和引导词可用于事故调查、根本原因分析和制定行动项等。整个事故调查过程以及可以使用本质安全引导词和检查表的地方如图11.4（参考文献11.16 Kletz 2010）所示。

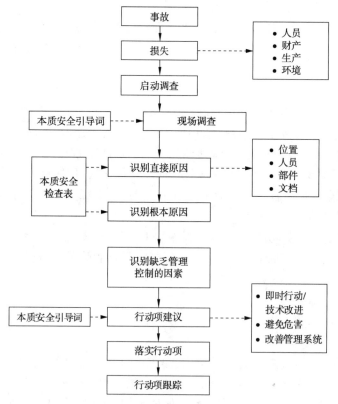

图11.4　基于本质安全的事故调查方法

对事件和未遂事件的正式调查也提供了一个机会，去挑战并可能消除引发事故的危害。这是根本原因分析的目标，也是事故或未遂事件调查的常见做法。如应急响应计划所述，通过审查消除或减少点火源以及潜在的泄漏点是使用本质安全最小化策略的一个例子。这个本质安全策略的另一个例子是：如果调查因取样操作造成的伤害，那么这就是一个可以质疑为什么需要人员采样的机会。

11.14　衡量与指标/审核/评审与持续改进

PSM/RBPS 的三个要素中，对过程安全计划进行衡量和正式评估是采用本质安全策略的机会。

首选的做法是将大量的过程安全指标进行最小化的梳理，这会易于收集和分析而且更容易管理。这样，人们就会关注影响过程安全风险的关键问题，而不是通过大量的 KPI 浪费人们的注意力和时间。此外，还可以创建一个本质安全的指标，用于衡量本质安全策略在工厂的设计运营(包括设备及其化学品)以及在修改 PSM/RBPS 方案的制度、实践和程序的使用情况(除以本质安全机会数目)。这个指标可能没必要与其他的 PSM/RBPS 方案指标有相同的报告频率，但可以让 PSM 经理跟踪这些本质安全策略的运用和机会，便于提供一些有用的数据证明工厂的 PSM/RBPS 方案最先进。

如果企业采用了本质安全策略，过程安全审核应该包括检查公司的 PSM/RBPS 方案是否纳入了四种本质安全策略的问题和衡量方法，并且应反映在用于审核的标准程序。与指标和审核一样，PSM 方案管理评估应研究如何使用本质安全策略以及对该策略应用的成功程度。这些不是直接应用四个本质安全策略，而是检查它们是否用于 PSM/RBPS 方案的其他元素。

11.15　总结

这四种本质安全策略通常适用于化学品及其存在的危害和风险，例如用一种危害小的化学品替代危害大的化学品；或尽量减少可能造成过程安全危害的化学品的库存。传统上，本质安全被认为工艺设计固有的一部分。但是，相同的本质安全理念应用思路可以应用于许多过程安全方案，即 PSM/RBPS 方案的制度、实践和程序的设计和执行。大多数 PSM/RBPS 方案要素可以以不同的方式使用*替代*、*减缓*、*最小化*或*简化*的方法。本章建议在程序化应用中使用本质安全策略，这并不是要取代其在工艺的传统和物理方面的应用。

11.16　参考文献

11.1　American National Standards institute (ANSI)/Compressed Gas Association, *Requirements for the Storage and Handling of Anhydrous Ammonia*, 6th Ed., ANSI K61.1/CGA G-2.1, 2014.

11.2　American National Standards institute(ANSI), ANSI/ISA-18.2-2009, *Management of Alarm Systems for the Process Industries*, 2009.

11.3　American Petroleum Institute(API), Fatigue Risk Management Systems for Personnel in the Refining and Petrochemical Industries, API RP-755, 2010.

11. 4   American Petroleum Institute(API), *Safe Operation of Hydrofluoric Acid Alkylation Units*, *4th Ed.*, API RP-751, 2013.

11. 5   Amyotte, P, Goraya, A, Hendershot, D, Khan, F., *Incorporation of Inherent Safety Principles in Process Safety Management*, Proceedings of 21st Annual International Conference - Process Safety Challenges in a Global Economy, Orlando, FL, April 2006.

11. 6   Baker, J. et al., The Report of BP U. S. Refineries Independent Safety Review Panel, January 2007 (Baker Panel Report).

11. 7   Bollinger, R. E., Clark, D. G., Dowell III, R. M., Ewbank, C., Hendershot, D. C., Lutz, W. K., Meszaros, S. I., Park, D. E. and Wixom, E. D., *Inherently Safer Chemical Processes: A Life Cycle Approach*, American Institute of Chemical Engineers, 1996.

11. 8   Center for Chemical Process Safety, *Conduct of Operations and Operational Discipline*, American Institute of Chemical Engineers, 2011.

11. 9   Center for Chemical Process Safety, *Essential Practices for Creating Strengthening*, *& Sustaining Process Safety Culture*, American Institute of Chemical Engineers, draft.

11. 10   Center for Chemical Process Safety, *Guidelines for Design Solutions to Process Equipment Failures* American Institute of Chemical Engineers, 1998.

11. 11   Center for Chemical Process Safety(CCPS), *Guidelines for Risk Based Process Safety*, American Institute of Chemical Engineers, 2007.

11. 12   Chlorine Institute, Pamphlet #6, -Piping Systems for Dry Chlorine, 16th Ed., 2013.

11. 13   Contra Costa Health Services(CCHS), California, *Industrial Safety Ordinance Guidance Document*, Section D, June 2011.

11. 14   Federal Register, *The National Response Team's Integrated Contingency Plan Guidance*, Vol. 61, No. 109, Fed. Reg. 28642, June 5, 1996.

11. 15   Hendershot, D. C., *Tell Me Why*, 8th Annual International Symposium, Mary Kay O'Connor Process Safety Center, Texas A&M University, October 2005.

11. 16   Kletz, T., Amyotte, P., Process Plants-A Handbook for Inherently Safer Design, 2nd Ed., CRC Press, 2010.

11. 17   U. S. Chemical Safety Board(CSB), *Oil Refinery Fire and Explosion*, Case Study 2004-08-I-NM, October 2005.

11. 18   U. S. Chemical Safety Board., Key Lessons from the ExxonMobil Baton Rouge Refinery Isobutane Release and Fire, Final Safety Bulletin, November 2016.

12 本质安全实施工具

12.1 本质安全审查方法——概述

12.1.1 三种方法

对新建装置和在役装置的本质安全(IS)审查是本质安全管理方案的基础。对新工艺或现有工艺的变更进行本质安全审查,可以对现有设计进行优化,使工艺过程在本质上更加安全。但是由于重大变更的投资和可行性等问题,对现有工艺进行本质安全优化比较困难。即便如此,只要对现有装置进行工艺变更(即便是设备的同质同类替换)就需要进行本质安全审查,以便识别出本质安全设计方案。

许多定性的危害分析工具可以纳入本质安全准则。当前,化工行业已经形成三种本质安全审查的基本方法。这些方法与以下用了多年的过程危害分析(PHA)方法相似:

- 危险与可操作性分析(HAZOP)。
- 假设分析(What-If)法。
- 检查表法。

检查表法可以和 HAZOP 和 What-If 法结合使用,下文中将对每种方法进行叙述。

由于早期设计阶段最容易做出更改,因而在危害审查阶段(如初始危害分析)考虑本质安全尤为重要。上述方法可用于这些审查。

12.1.2 正式的本质安全审查

本质安全审查的几种方法 虽然在绝大多数场景下,独立且正式的本质安全审查是提高新工艺和现有工艺本质安全水平的最佳选择,但是在工艺设计过程中也有一些其他有效的方法来提高本质安全水平。

将在本章后续小节讨论的 INSIDE 项目(参考文献 12.17 Rogers,参考文献 12.13 Mansfield),开发了本质 SHE(安全、健康、环境)评估工具(INSET),用于全生命周期识别和评估工艺过程的本质安全设计方案。

实施本质安全审查的方法参见附录 B,主要包括审查前的准备、本质安全团队培训、工艺节点的划分、本质安全审查的执行和记录。

方法选择的考虑因素 选择本质安全审查方法所考虑的因素与选择 PHA 方法考虑的因素相似。每种方法各有优缺点,方法的选用主要基于所审核的工艺的全生命周期阶段,以及研究的目的、范围和目标。影响本质安全审查方法选择的因素主要包括以下几点:

- 工艺规模。
- 工艺复杂程度。
- 全生命周期阶段。
- 工艺操作/历史事故。

- 工艺设计阶段。
- 风险等级。
- 审核团队对技术的熟悉程度。
- 风险降低的机会。

通常，对于规模越大、越复杂、越危险的工艺（团队的 IS 经验越丰富），分析就越详细，可以用 HAZOP 或 HAZOP/检查表方法。对于更小、更简单、危害更小的工艺，可以考虑使用附录 A 中的本质安全技术（IST）检查表。在设计的早期阶段，可以利用表 12.1 提供的矩阵进行高层次的 HAZOP 分析。如果本质安全审查作为 PHA 分析的一部分，就需要采用本质安全引导词对每个节点和子系统进行分析（如表 12.1 所示）。一般而言，将 HAZOP 或 What-If 法与检查表法结合使用，可以激发更加全面的头脑风暴，以保证本质安全审查内容可以包含尽量多的场景。但任何检查表都不是绝对完美的，可能会有一些本质安全优化机会在检查表中未被有效识别，而这些遗漏只能通过更加主观的审查来发现。

12.1.3 本质安全审查方法

可采用下列评审方法确保对危险工艺的本质安全考虑并形成文件：

- **本质安全审查可以独立于 PHA 分析，单独开展** 开展本质安全审查时可采用检查表（附录 A）或引导词（表 12.1）引导分析，旨在消除或减轻工艺过程危害。
- **本质安全审查也可以与 PHA 分析同时开展** 一般情况下，需要对工艺流程进行单独的本质安全审查。在此过程中仍可采用检查表（附录 A）和引导词（表 12.1）引导分析，以尽可能消除或减轻工艺过程危害，或者考虑采取其他形式的风险管控策略（被动/主动措施、程序手段）降低风险。

12.1.4 研发阶段的本质安全审查

本质安全理念和方法在研发（R&D）/实验和中试装置操作过程中有极大的益处。在工艺危害审查时和项目开发全过程，本质安全审查的要求是强制的。

- 对于每一个新的或重大变更的研发工艺（在半成品、实验等）都应进行工艺安全审查。主要内容包括危害识别与评估、设施选址、后果分析、人因失误分析以及最为重要的本质安全设计。重点放在中试项目的操作或试验的安全上。
- 新的或变更的项目从概念设计到实验再到中试阶段，直至最终的工业化生产，可采用每个阶段把关批准（gate keeping steps）的原则推进项目进程，尽可能从源头消除危害，避免将现有问题带入下一个项目阶段。因此，及时引入/考虑本质安全设计变得尤为重要。

本质安全审查应重点关注物料特性、物料存量和工艺等因素。物料特性因素，即在工艺过程中原料/产物的毒性、可燃性和反应性等；物料存量因素，即工艺过程中各种化工物料的存量；工艺因素，即与工艺相关的诸多工艺变量，如压力、温度及易操作性等。

本质安全评估应包括识别可选择的工艺技术路线以达到相同或相似的最终产品，对每一种可选的工艺技术路线，应要求研究人员评估物料存量和工艺技术路线的优缺点。并通过列表的形式显示不同工艺的本质安全实施程度和等级排序，本质安全审查还能够识别出额外的风险，如人员伤害、环境污染、财产损失和公司可能"失去经营权"。但从商业角度来看，本质安全的工艺并不一定有经济可行性。因此在审查过程中应充分认知采用本质安全工艺替代方案和相对本质上非最佳的工艺路线的优势和障碍。针对不太严格的本质安全方法，要进一步识别可采用的风险管控策略（如被动/主动措施、程序手段）来降低风险。

12.1.5　HAZOP 分析或其他 PHA 技术的本质安全审查

HAZOP　本质安全审查可使用类似 HAZOP 分析方法单独进行，或与初始 HAZOP 分析或 HAZOP 复审过程同时开展。本质安全引导词"偏差"，即表 12.1 提供的引导词矩阵。推荐使用的本质安全引导词及其描述参见表 12.2(参考文献 12.7 Goraya)。引导词是本质安全设计的四个策略，虽然简单，但应用广泛。每个引导词的描述也比较简单，主要关注物料、工艺流程、设备和程序。如表 12.1 所示，使用引导词作为"思维触发点"，对过程安全或周期性过程安全活动(如变更管理和事故调查，在后续章节描述)进行分析，有利于确认本质安全理念在流程工业活动中得到应用。这些引导词作为已有工具的补充，已经在一些具体的过程安全规范中使用。

表 12.1　引导词矩阵

最小化	替代	减缓	简化
原料			
装置储罐			
产品存量			
化工流程			
过程控制			
工艺管线			
工艺设备			
工艺条件			
检维修			
选址(位置)			
运输			
辅料(如溶剂)			

(摘自：Contra Costa County，CA，Industrial Safety Ordinance Guidance Document，Attachment D，June 15，2011。)

表 12.2　本质安全引导词(参考文献 12.1 Amyotte)

引导词	描　述
替代	用危险性小的替代物料或不涉及危险物料的替代工艺方案，采用能消除/降低危险的替代操作程序
最小化	危险物料不可避免时，应尽可能降低其用量；当涉及危害的操作程序不可避免时，应尽可能减少执行该程序的次数
减缓	尽可能在危害较低的条件下使用物料或采用工艺条件更温和的低危害工艺方案
简化	设计工艺流程、设备和操作程序时尽可能消除犯错机会，如避免不同物料(尤其不兼容物料)在某种条件下发生意外反应；提升设备的设计压力，避免可预期的超压工况

与使用 HAZOP 方法进行常规 PHA 一样，它可以用于工艺的任何细分级别，包括按节点进行。彻底的话，这也会增加分析时间。该方法需要具有本质安全理念的团队的"头脑风暴"，基于 P&ID 图和操作经验将本质安全理念应用其中。附录 C 提供了一个结合 HAZOP/检查表的本质安全审查例子，包含了具体节点及其危险物料可能的本质安全机会。

将本质安全理念引导词融入 HAZOP 分析时使用的文件应与 HAZOP 分析使用的文件保持一致。对于任何本质安全审查分析，本质安全文档都应该包含已经实施的本质安全、考虑的本质安全备选方案、已实施和未实施的备选方案以及拒绝的理由。

12.1.6 假设分析（"What-If"）方法

使用"What-If"方法进行 IS 审核与用于 PHA 具有相同的优缺点。项目团队使用"What-If"方法分析的过程中，通过头脑风暴分析工艺偏差、识别保护措施，或者采用本质安全策略减少或消除工艺的危险场景，如采用消除设备而不是增加保护措施的策略，来进行本质安全设计优化。

12.1.7 检查表（Checklist）法

检查表法是一种可以单独使用或与 What-If（或 HAZOP）结合使用的分析方法。检查表法与 What-If（或 HAZOP）分析结合，形成了具有 What-If 分析的头脑风暴创造性的特点，以及检查表法具有的系统性、严谨性特征的组合分析方法。此外，在本质安全分析评估过程中使用 HAZOP 引导词/检查表方法可以确保危害辨识和安全措施审核的准确性（参考文献 12.1 Amyotte）。

附录 A 列出的 CCPS 本质安全技术（IST）检查表（参考文献 12.3 CCPS 1998）和 Hendershot 提出的附加检查项（参考文献 12.11 Hendershot 2000）内容，作为本质安全审查的指南，已被美国加利福尼亚州《康特拉科斯塔县工业安全条例（ISO）》采纳。《康特拉科斯塔县工业安全条例（ISO）》要求对所有新建装置、在役装置以及识别出重大事故风险的工艺变更都要进行本质安全审查。该检查表与 CCPS 参考书《管理化学反应危害的基本做法》中提出的方法类似（参考文献 12.4 CCPS 2003）。

此外，CCPS 参考书籍《工艺设备故障设计解决方案指南》中列举了一系列典型化工过程单元（如储罐、反应器、传热设备和传质设备等）的检查表样版（参考文献 12.3 CCPS 1998）。这些检查表中所推荐的本质安全策略、被动措施、主动措施以及程序保护措施，对许多事故场景的风险管理具有很好的指导作用。表 12.3 列举了反应器失效场景的设计解决方案。

表 12.3 反应器失效场景的设计解决方案（参考文献 12.3 CCPS 1998）

工艺偏差	失效场景	可行的设计解决方案		
		本质安全/被动型	主动型	程序型
反应器超压（间歇、半间歇反应器、连续搅拌 CSTR 反应器）	1. 搅拌缺失引发失控反应； 2. 热表面（轴承/机封）点燃反应器气相空间的易燃气体	1. 容器按照最大压力工况设计； 2. 更换反应器类型（平推流反应器）； 3. 使用其他搅拌方式（如利用外循环消除轴封引起的点火源）	1. 搅拌器运转异常（电流等）联锁切断反应物/催化剂进料、或打开紧急冷却； 2. 为电机配备备用电源； 3. 紧急泄放设施； 4. 反应器温度/压力联锁将反应液卸含有稀释剂、灭活剂或紧急终止剂的收集罐/应急储存区域； 5. 气相空间惰化； 6. 轴承密封采用氮气隔离保护； 7. 搅拌效果差（如搅拌线速度低）、密封液不足和轴转速低时自动停搅拌器	1. 人员定期检查机封密封液； 2. 搅拌器异常运转（转速）监测 & 报警； 3. 机封的密封液罐低液位监测 & 报警； 4. 转速或振动监测 & 报警； 5. 人员手动将反应液卸至含有稀释剂、灭活剂或紧急终止剂的收集罐/应急储存区域； 6. 人员利用惰性气体鼓泡混合釜内物料

CCPS 的其他参考书(如《改进流程工业绩效的人为因素方法》等)中也列举了很多常用的检查表,在本质安全审查时可以参考(参考文献 12.5 CCPS 2006)。

12.1.8 基于后果的方法

根据潜在的事故后果,一些基于后果衡量工艺本质安全水平的方法应运而生。包括:

- 罗门哈斯重大事故预防方案(MAPP)。
- 陶氏火灾爆炸指数。
- 陶氏化学品暴露指数。
- 蒙德指数法(ICI)。
- 美国环境保护局《风险管理计划》(EPA RMP)模型。

陶氏火灾爆炸指数(参考文献 12.6 Dow)和蒙德指数法(参考文献 12.12 ICI)最初用于评定流程工业的风险等级。然而,由于陶氏化学品暴露指数和蒙德指数法依赖于大量的设计参数,所以使用这两个参数进行风险评定时应保证设计已全面完成。概念设计和最初工艺过程开发阶段的本质安全审查不宜采用这两种方法,推荐使用(参考文献 12.9 Gupta 2005)中的 Gupta 指数方法。

Shah,Fischer 和 Hungerbuhler(参考文献 12.19 Shah)提出了一种分级分析方法,将化工过程分成不同的层级(包括物料、反应、设备和安全技术),其中每个层级代表不同的分析等级。采用自动化工具对非理想工艺过程进行本质安全审查时,虽然对这些层级的分析是连续的,但也可能重复地分析评估。在非理想场景下,根据现有数据确定最坏场景,并提出可能的预防和保护措施建议。对具有单一结构的工艺装置进行物料、物料的反应性、操作条件、装置单元最坏场景和安全技术的选择等不同层级的审查,提供了一个清晰的定性和定量方法,使工艺装置设计本质安全,避免事故发生。

12.1.9 其他方法

一般来讲,后果建模被用于基于最坏场景(US EPA RMP)或其他标准来审查潜在事故的可能影响。为此,大量付费和免费软件或程序(PHAST、ALOHA、DEGADIS、CAMEO、RMP∗Comp 等)应运而生。这些方法是衡量本质安全水平最直接的方式,因为它们不考虑事件发生的可能性。工厂使用这些程序,可以评估降低存量或某些工艺条件(比如压力)变化对潜在后果的影响。

本质安全理念也可以用于职业健康方面的评估,以消除或降低人员暴露、环境污染、日常排放及"三废"排放风险。在工程设计的早期阶段,设计者更容易改变基本工艺条件,因而选用快速方便的计算工具尤为重要。近年来,已经开发了许多工具衡量工艺的本质安全、健康、环境(SHE)组合特征,同时也可借助一些比如陶氏指数法的现有工具理解本质安全、健康、环境(SHE)的适用性(参考文献 12.10 Hendershot 1997)。

一家大型化工公司特别重视强调降低小概率但后果严重的事件的风险,并制定重大事故预防方案(MAPP)。该方案系统地检查可能对员工或附近社区构成有毒或爆炸性蒸气云威胁的危险化学品的处理和加工系统。

传统上,已经使用危害分析技术研究可能发生严重后果事件的化工系统,这些技术致力于减少此类事件频率。相反,重大事故预防方案(MAPP)强调减小后果的严重度。该方法的优点是:减小后果严重度的方法本质上都是被动的,有利于形成本质安全系统。降低事件频率来降低风险的方法倾向于主动模式,操作人员需对设备进行一定的操作和维护以降低风险。MAPP 通过遵循既定协议识别危害，了解潜在后果，审核降低潜在后果的方法并适当管理风险（参考文献 12.18 Rohm and Haas）。

　　分析事故的潜在后果是一种很有用的方法，它可以用来理解替代工艺的相对本质安全。这些潜在后果分析可能会考虑火灾、爆炸或有毒物料泄漏的后果影响，与相关标准或阈值进行比较分析，从而确定后果严重程度。重大事故预防方案（MAPP）（参考文献 12.16 Renshaw）要求对高风险化工工艺潜在的工艺事故进行后果分析，从而鼓励本质安全的工艺开发。事故后果分析更利于理解本质安全策略，如最小化、减缓和影响区域限制（如围堰）带来的好处。表 12.4 说明使用后果分析作为衡量指标来理解本质安全工艺可选方案的好处（参考文献 12.10 Hendershot 1997）。

表 12.4　潜在事故后果分析作为衡量本质安全指标的示例

本质策略	描述	后果
最小化	氯气输送管线破裂—大气中浓度达到 20ppm 的距离（大气稳定度等级 D，风速 1.5m/s）	$DN50$ 管线— 5470.6m $DN25$ 管线— 1930.8m
	超压爆炸后距离反应器 30.48m 处的压力	11.36m^3 的间歇反应 — 0.76bar 0.189m^3 的连续反应 — 0.21bar
替代	储罐大量泄漏物料的扩散气体在下风向 152.4m 处浓度（大气稳定度等级 D，风速 1.5m/s）	甲醇—1000ppm 丁醇—130ppm
减缓	甲胺大量泄漏后的大气浓度达到 500ppm 的距离（大气稳定度等级 D，风速 1.5m/s）	10℃储存—1930.8m 3℃储存—1126.3m -6℃储存—643.6m
	丙烯酸甲酯储罐大量泄漏物料的扩散气体在下风向 152.4m 处的浓度（大气稳定度等级 D，风速 1.5m/s）	232.25m^2 的混凝土围堤—1100ppm 9.29m^2 的混凝土围护地坑—830ppm

　　INSIDE（INherent SHE In DEsign）项目是由欧洲经济共同体委员会赞助的一项欧洲政府/行业项目，旨在鼓励和提升化工工艺和工厂的本质安全水平（参考文献 12.17 Rogers）。INSIDE 项目将本质安全理念拓展到一些固定做法中，进而应用于化工工艺的安全、健康和环境（SHE）等方面。该项目开发了一系列工具— INSET Toolkit，用来识别和审查全生命周期内的本质安全设计方案。表 12.5 列举了 INSET 的常用工具，更多细节描述参见 INSIDE 项目（参考文献 12.17 Rogers）。

　　关于衡量化工工艺本质安全指标特别关注的工具是表 12.5 中的本质上安全、健康和环境（ISHE）绩效指标（工具 I.1~I.11）。由于 ISHE 性能指数相对简单，适用于手工或简单的计算器计算，因此可以快速审查大量的工艺方案。人们使用不同的指数对工艺的本质安全、健康和环境等方面进行审查，而非将其合并为一个统一的指数。

　　INSET 工具包推荐了一种多属性决策分析技术，以全面评估各种工艺可选方案的固有 SHE 问题。它是一种针对固有 SHE 的衡量工具，因为结合了许多公司和组织的共识和专长，并且尝试同时考虑安全、健康和环境因素（参考文献 12.10 Hendershot 1997）。

　　Gupta 和 Edwards（参考文献 12.8 Gupta 2003）也提出了一种 ISD 衡量方法，用于判断同一最终产品的两个或多个可选工艺路线的优劣。Palaniappan 等人（参考文献 12.8 Palaniappan 2002，参考文献 12.14 Palaniappan 2001）提出了本质安全指数（i-safe index），其中包含五个附加指数：危险化学指数（HCI）、危险反应指数（HRI）、总化学指数（TCI）、最坏化学指数(WCI)和最坏反应指数(WRI)。CCPS(参考文献 12.2 CCPS 1995)为工业风险分析和决策提供了大量的决策辅助工具,包括成本/效益分析、投票方法、加权评分和决策分析,以便保证关键风险决策的一致性、逻辑性和严谨性。

表 12.5   INSET 工具列表(参考文献 12.13 Mansfield)

工具	描述	工具	描述
A	详细的约束和目标分析	I.7	水溶液排放环境指数
B	工艺可选方案的制定	I.8	固废排放环境指数
C	初步化工工艺路线可选方案记录	I.9	能源消耗指数
D	初步化工工艺路线 ISHE 快速评估方法	I.10	反应危害指数
E	初步化工工艺路线 ISHE 详细评估方法	I.11	工艺复杂度指数
F	化工工艺路线框图记录	J	多属性 ISHE 比较评估
G	化学危害分类方法	K	快速 ISHE 筛选方法
H	可预见危害记录	L	化学反应性-稳定性评估
I	ISHE 绩效指标	M	工艺 ISHE 分析-工艺危害分析、分级方法
I.1	火灾、爆炸危险指数	N	设备存量功能分析法
I.2	急性毒性危害指数	O	设备简化指南
I.3	固有健康危害指数	P	气体泄漏的危害范围评估
I.4	急性环境危害指数	Q	选址和工厂布局评估
I.5	运输危险指数	R	操作运行设计
I.6	气体/大气排放环境指数		

12.2 总结

本章介绍了在本质安全实施过程中,如何发挥不同工具方法的作用。由于早期设计阶段更容易实施提高本质安全的变更,因而在危害审查阶段(如初步危害分析阶段)考虑本质安全尤为重要。定性危害分析方法(如 HAZOP、What-If、检查表等)和基于后果的分析方法(如陶氏火灾爆炸指数法)都适用于本质安全审查。另外,工程设计应该尽早考虑人机界面。第 13 章我们将讨论在本质安全设计过程中可能存在的冲突。

12.3 参考文献

12.1   Amyotte, P. R. Goraya, A. U, Hendershot, D. C., and Khan, F. I., *Incorporation of inherent safety principles in process safety management*. In Proceedings of 21st Annual International Conference-Process Safety Challenges in a Global Economy, World Dolphin Hotel, Orlando, Florida, April 23-27, 2006(pp. 175-207)New York: American Institute of Chemical Engineers, 2006.

12.2   Center for Chemical Process Safety(CCPS), *Tools for Making Acute Risk Decisions With Chemical Process Safety Applications*. New York: American Institute of Chemical Engineers, 1995.

12.3   Center for Chemical Process Safety(CCPS), *Guidelines for Design Solutions to Process Equipment*

Failures. New York: American Institute of Chemical Engineers, 1998.

12. 4   Center for Chemical Process Safety(CCPS), *Essential Practices for Managing Chemical Reactivity Hazards*. New York: American Institute of Chemical Engineers, 2003.

12. 5   Center for Chemical Process Safety(CCPS), *Human Factors Methods for Improving Performance in the Process Industries*. New York: American Institute of Chemical Engineers, 2006.

12. 6   Dow Chemical Company, *Dow's Fire and Explosion Index Hazard Classification Guide*, 7th Edition. New York: American Institute of Chemical Engineers, 1994.

12. 7   Goraya, A., Amyotte, P. R. and Khan, F. I., *An inherent safety based incident investigation methodology*. Process Safety Progress, 23(3), 197-205, 2004.

12. 8   Gupta, J. and Edwards D. W., *A simple graphical method for measuring inherent safety*. Journal of Hazardous Materials, 104, 15-30, 2003.

12. 9   Gupta, J. and Hendershot, D. C., *Inherently safer design*. In S. Mannan (Ed.) in Lees Loss Prevention in the Process Industries: Hazard Identification, Assessment & Control, 3rd Edition. London, UK: Butterworth-Heinemann, 2005.

12. 10   Hendershot, D. C., *Safety through design in the chemical process industry: Inherently safer process design*. Presented at the Benchmarks for World Class Safety Through Design Symposium, sponsored by the Institute for Safety Through Design, National Safety Council, Bloomingdale, IL, August 19 - 20, 1997.

12. 11   Hendershot, D. C., *Process minimization: Making plants safer*. Chemical Engineering Progress, 30 (1), 35-40, 2000.

12. 12   Imperial Chemical Industries (ICI), *The Mond Index*, Second Edition. Winnington, Northwich, Chesire, U. K.: Imperial Chemical Industries PLC, 1985.

12. 13   Mansfield, D., Malmen, Y. and Suokas, E., "*The Development of an Integrated Toolkit for Inherent SHE.*" International Conference and Workshop on Process Safety Management and Inherently Safer Processes, October 8 - 11, 1996, Orlando, FL(pp. 103 - 117). New York: American Institute of Chemical Engineers, 1996.

12. 14   Palaniappan, C., *Expert System for Design of Inherently Safer Chemical Processes*. Singapore: National University of Singapore, 2001.

12. 15   Palaniappan, C., Srinivisan, R., and Tan, R. B. H., *Expert System for Design of Inherently Safer Processes*, Ind. Eng. Chem. Res., 41, 6698-6722, 2002.

12. 16   Renshaw, F. M., *A major accident prevention program*. Plant/Operations Progress, 9(3), 194 - 197, 1990.

12. 17   Rogers, R. L., Mansfield, D. P., Malmen, Y., Turney, R. D., and Verwoerd, M. *The INSIDE Project: Integrating inherent safety in chemical process development and plant design*. In G. A. Melhem and H. G. Fisher(Eds.). International Symposium on Runaway Reactions and Pressure Relief Design, August 2 - 4, 1995, Boston, MA (pp. 668 - 689). New York: American Institute of Chemical Engineers, 1995.

12. 18   Rohm and Haas, 2000 *EHS and Sustainability Annual Report*, Revised December 2002.

12. 19   Shah, S., Fischer, U. and Hungerbühler, K., *A hierarchical approach for the evaluation of chemical process aspects from the perspective of inherent Safety*. Trans IChemE, 81, Part B, November 2003.

13 本质安全设计冲突

13.1 概述

某些情况下，工艺的本质安全方案较其他方案有明显优势。一种或多种危害可显著减少，而其他危害不受影响或仅略有增加。例如，尽管溶剂型涂料在采取适当保护后具有更好的性能，但普遍认为水性乳胶漆比溶剂型涂料本质安全性更高。

不幸的是，很多时候并不清楚哪一种工艺替代方案本质更安全。因为几乎所有化学反应过程都有很多危害，减少一种危害的替代方案有可能引入不同的危害。下面的例子就是要在许多可能的工艺方案中如何做出选择：工艺 A 使用易燃低毒化学品；工艺 B 使用不燃，但是易挥发和中等毒化学品；工艺 C 使用不燃和无毒化学品，但是高压操作。哪个工艺是本质更安全呢？答案是要充分考虑工艺选择的具体细节。在解答这些问题时，非常重要的就是要充分识别和理解所有危害，包括：

- 急性毒性。
- 慢性毒性。
- 易燃性。
- 反应性。
- 不稳定性。
- 极端工况(温度和压力)。
- 环境危害，包括：
  ○ 大气污染物。
  ○ 水污染物。
  ○ 地下水污染。
  ○ 危险废物处置。

必须考虑生产装置正常运行时的危害，例如高架烟囱及无组织排放，以及具体事故带来的危害，例如溢流、泄漏、火灾及爆炸。最后，选择工艺方案时也需要考虑商业及经济因素，包括：

- 资本投资。
- 产品质量。
- 总生产成本。
- 装置的可操作性。
- 拆除、未来清理及处理成本。

本质安全设计策略也会改进工艺方案的经济性。例如，通过设备尺寸最小化或取消设备简化工艺，会减少资本投资和操作维护成本。但是，工艺方案的总体经济性特别复杂，受很多因素影响。因此，工艺本质更安全不见得其经济性更好。

本质安全工艺方案通常以较低的全生命周期成本提供更大的安全保障。然而，即便选择本质安全工艺，也不能保证在实际应用过程中比其他替代方案更安全。典型的例子就是不同的运输方式。表 13.1 将航空和汽车运输的本质安全属性进行对比。汽车运输显然是本质安全，因为乘客数量较小，陆上行驶速度较低，燃料量较小，而且发生事故极少造成二次伤害。但是，对于所有可以选择飞机的旅行来讲，飞机更加安全（参考文献 13.11 Evans，参考文献 12.28 Sivak）。这是因为飞机的固有危害已通过被动、主动和程序的风险管理系统得到有效控制，包括：飞机制造的安全冗余、所有机组人员的严格培训和资格认证、复杂而有效的航空管制系统、严格的设备维保和其他系统。虽然这些系统的组织、维护和运营都需要花费大量资金，但这是值得的。因为航空运输的好处是可以短时间内将人员和货物运送到很远的地方。其他技术方面也可以做相似的选择，包括化工生产（参考文献 13.17 Hendershot 2006）。尽管如此，最近航空事故的增加可以归咎于风险管理系统故障。

表 13.1　航空和汽车运输的本质安全设计属性比较（参考文献 13.17 Hendershot 2006）

本质安全设计属性	航空运输	汽车运输
乘客数量	空客 A380 最多可容纳 800 人	少量
离地高度	万米高空	地面上
控制要求	三维（上下、左右、前后）	二维（前后、左右）
速度	900km/h	100km/h
燃料存量	几千升	几十升
乘客舱室	压力容器	与外部环境相通

另外一个例子是关于室内风险。以楼梯坠落为例，根据 Kletz 的观点，针对楼梯坠落风险，可以住在一楼，没有楼梯就是本质安全了。但是，McQuaid（参考文献 13.22 McQuaid）指出，住在一楼仅能预防楼梯坠落事故。他举了另外一个住在两层房子可能更加安全的例子。1970 年安特卫普的一个小镇，人们早上起床发现所有动物都死了。原来，昨晚附近化工厂泄漏的高浓度氯气云沿着地面扩散，导致动物死亡。但住在二楼的人们安然无恙。

对于其他危害，两层楼房可能是本质安全。例如，在一个经常发洪水的区域，随着水位上升，两层楼房可以帮助逃生。开车经过很多海滨住宅区可以看到，人们把房子建在较高地势以避免水患。一个本质安全解决方案是不在洪泛区建房子，或者把房子建在更高地势（参考文献 13.16 Hendershot 1995）。

在传统策略方面，为非本质安全工艺提供保护层是非常有效的，虽然安装和维护这些保护层的费用很大。在某些情况下，较危险技术带来的好处足以证明将其风险降到可接受水平的成本是值得的。尽管如此，我们仍需寻求本质安全工艺。随着技术的不断发展和进步，现在经济性不足的本质安全替代方案或许未来可期。新的本质安全技术发展可以更可靠、更经济地满足过程安全目标。

本质安全是对某个特定危害或是一组危害进行评估，而绝非所有危害。化学工艺是一个复杂的相互关联体系，任一个地方发生变化都可能影响到整体。必须理解和评估这种相互关系。同样，化工行业也是一个关系复杂、相互关联依赖的生态系统。有必要理解这些关系，便于技术选择冲突时找到合适的解决方案。

13.2 本质安全冲突案例

13.2.1 连续与间歇反应釜的对比

使用连续反应釜是改进化工工艺本质安全的常用策略(参考文献 13.4 CCPS 1993)。这种改进通常是可行的，因为连续反应器小得多，可以减少物料和能量储备，增加单位反应物料传热，改善混合效果。然而，间歇反应釜也可能有安全优势，某些合适的条件下也属于本质安全。

比如一个简单反应：

$$A+B \xrightarrow[\text{溶剂 S}]{\text{催化剂 C}} D+E+热量$$

该反应是放热反应，在催化剂 C 作用下，几乎立刻反应并完全转化。该工艺危害是当物料 B 过量加入或忘加催化剂 C 时反应会极不稳定。未反应的物料 B 累积量超过某一临界浓度可能会发生爆炸。对于该反应，推荐两个工艺方案，间歇反应(图 13.1)和连续反应(图 13.2)。

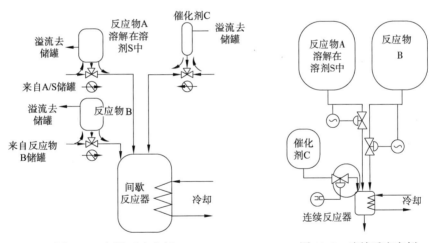

图 13.1 间歇反应实例   图 13.2 连续反应实例

在间歇反应工艺中，在一批进料的称重罐中定量的反应物 A 溶解于溶剂 S 并进入反应釜。该设备有三通阀，确保不会从储罐直接输送到反应釜，也不会有任何过量物料回流到每个罐，导致满液。再加入催化剂 C，混合后的放热可以证实已经添加催化剂。然后加入反应物 B，控制其加入速率来维持反应温度。加料罐设计为一批次反应所需物料量。即使反应物 B 加入后未反应完，其量也不会达到临界浓度，除非操作工多次装满或清空加料罐。间歇反应的安全优势在于很难达到危险状态。问题是反应釜会很大，当达到临界浓度时潜在的爆炸反应后果也会很严重。

另一方面，连续反应器的尺寸要小得多，可能只有同产能的间歇反应器尺寸的 1/10。因此，当反应物 B 达到临界浓度时，潜在的爆炸反应后果要小得多。尽管如此，为了保证工艺正常运行，连续反应的上游进料必须保证足够的反应物 A 和溶剂 S 的混合液，催化剂 C 和反应物 B。如果可能，各种进料要实现比例控制，可以在反应釜中生产各种浓度的反应物 B。连续反应要依靠仪表，例如流量计、比例控制及控制阀，确保以适当比例加入各种物料。控制仪表、逻辑控制器及其他硬件可能失效，导致反应物 B 超过临界浓度。在控制仪表要保证冗余可靠的情况下，连续反应同样需要依靠仪表来预防反应物 B 超过临界浓度，因而被认为本质不安全。除此之外，稳态的连续工艺用夹套水冷却控制反应温度，没有正反馈确认加入催化剂 C。总体来说，连续反应的安全优势是反应釜很小，缺点是依靠仪表和控制保证反应物 B 不超过临界浓度。

那么，哪种工艺本质更安全呢？这个问题没有明确答案。这取决于工艺和反应动力学的具体情况，包括超过反应物 B 的临界浓度的具体结果、各种物料的加入量以及其他具体工艺细节。该案例表明，工艺替代方案可能既有本质安全优势也有缺点。在工艺方案选择时，必须仔细考虑。此外，也需要研究可能进一步强化本质安全的潜在方法。例如，对于连续工艺，可以使用限制流量范围的计量泵——可能由单个电机和驱动轴驱动——控制进料量，而不是流量传感器、控制器和阀门(参考文献 13.15 Hendershot 1994)。

13.2.2 降低毒性和反应危害的对比

对于许多工艺，有多种反应溶剂供设计人员选择。这些溶剂的危害性有时候会有很大不同，例如毒性、易燃性和挥发性。CCPS 的《过程安全工程设计指南》(参考文献 13.4CCPS 1993)有一个例子。对于一个放热的间歇反应，其溶剂要么有毒不挥发，要么无毒挥发(可能是水)。每个溶剂均有其本质安全优势和不足，参见表 13.2 的总结(参考文献 13.15 Hendershot 1994)。

溶剂选择时还必须考虑一些额外因素，包括环境影响、经济考虑(例如资本成本与运营成本的比较)、溶剂可用性(例如由于监管环境的变化，可能难以获得的物料)和社会道德考虑(例如可能影响臭氧层的物料)。

表 13.2 不同溶剂的本质安全优势和不足

溶 剂	本质安全优势	不 足
无毒易挥发	无毒溶剂会减少正常处理以及失控反应泄漏危害。一旦发生失控反应，易挥发溶剂会限制温度上升	一旦发生失控放热反应，溶剂的高蒸气压会导致反应釜超压
有毒不易挥发	失控反应放热不会将反应混合物温度升高到沸点，不存在反应器超压风险	人员可能接触有毒溶剂；泄漏会造成环境污染

13.2.3 降低存量和运营稳定性的对比

如果某化工工艺应用最小化策略，就有可能将闲置库存最小化，减少容器破裂的潜在泄漏量。这一概念的本质安全冲突是该工艺可能不允许操作异常。例如，假设某工艺有一个缓冲罐，其库存能够向下游单元持续供料以补偿上游单元故障损失，直到系统恢复正常。从本质安全角度讲，该缓冲罐应尽可能小或消除，但这会降低工艺稳定性。如果生产异常可能导致重大灾难性后果，该本质安全措施可能会成为增加灾难性事故整体风险的一个因素。

13.2.4 风险转移与风险降低的对比

当讨论风险转移和风险降低问题时，一个人的观点对如何解决特定风险有很大影响。如果没有人考虑社会的整体风险或从"10000m"的高度考虑问题，做出的决定可能降低部分风险，但会增加社会的整体风险。

潜在受影响的群体可能对本质安全技术有不同认知。例如，使用少量氯气的工艺，某装置有两种运输方式：1t 钢瓶和 90t 铁路槽车。距离装置较远的社区可能觉得 1t 钢瓶是本质安全，因为距离较远受泄漏影响较小。但是，装置操作工不得不连接和断开钢瓶 90 次。他们会认为铁路槽车更安全，因为他们可能受到泄漏影响，进行高频率高风险作业，比如连接断开很多的含氯软管。当然，可以由程序、个人防护用品以及其他安全管理系统管理危害，但这些都不是本质安全。社区和操作人员对氯供应方案本质安全特性的认识都是对的，但他们关心不同类型的事故。设计团队的挑战是理解这个冲突要求并做出明智选择，包括整个风险管控系统(本质安全、主动、被动和程序控制)(参考文献 13.17 Hendershot 2006)。

非常重要的是要考虑本质安全是否真的降低风险或者转移风险。装置可以减少危险化学品储罐尺寸，从而降低存量和生产风险。如果使用较小的储罐，可能需要改变运输方式，采用公路槽车[通常大约 30000~40000lb(1lb = 0.45kg)]而非铁路槽车(180000~200000lb)运输。即便采用小的储罐，可能也无法容纳一个公路槽车的运输量。这样，装置会重复 10 次的卸车操作。根据特定地点，陆路运输可能更危险。即使装置现场的风险降低了，但整体的社会风险提高了(参考文献 13.17 Hendershot 2006)。

另外一个风险转移的例子是考虑在装置现场生产液氯还是槽车采购运输。如果在现场生产可能需要较大存量，一旦泄漏可能对装置周边的社区产生较大影响。槽车长距离运输液氯会经过人员密集区，有更大的运输风险。但槽车运输不需要太多的安保措施。

原料储罐尺寸最小化将降低工艺区域灾难性泄漏的影响，但太小的储罐不能一次卸完整个槽车，会增加重大泄漏事故的几率。如果接收罐比槽车罐还小，还有可能造成满液工况(参考文献 13.26 Overton)。

炼油厂的烷基化工艺通常使用氢氟酸或硫酸，尽管正在开发的其他烷基化工艺，如离子液体，被认为比氢氟酸或硫酸本质更安全。根据浓度不同，氢氟酸毒性更大，比硫酸本质更危险。如果烷基化单元发生泄漏，氢氟酸会形成毒性气体云团，硫酸泄漏后更容易形成液池。如果精制工艺从氢氟酸变为硫酸烷基化，可以减少两个数量级的工艺危害，但可能不会降低外部风险等级。硫酸的大量使用可能对安全和环境有较大负面影响：

- 氢氟酸可在烷基化装置再生，而硫酸必须用单独的废酸燃烧装置再生的废硫酸代替，该装置可能位于厂内或厂外。生产等量的烷基化产品平均分别需要 0.045kg 的氢氟酸或 19kg 的硫酸。
- 因为酸用量不同，氢氟酸烷基化工艺每年需要 12 槽车的氢氟酸，但硫酸工艺每天需要 14~15 槽车的硫酸。
- 在单独的废酸燃烧工艺单元再生硫酸，该过程会产生二氧化硫和三氧化硫。这些都受到法律监管。
- 待再生的储存废酸(再生装置位于厂外)中含有易燃烃类，属于易燃废料(参考文献 13.29 US CSB)。
- 产生更多的化工废料。

13.2.5 本质安全和安保的冲突

当评估现场的安保系统(参见第 9 章)时，如果装置没有考虑风险转移而做出决策，可能会发生本质安全冲突。例如，某化工装置可以考虑现场液氯的铁路槽车数量的最小化。但这可能把风险从装置转移到铁路站场或其他储存区域，除非这些区域的铁路槽车安保比装置区的更严格。如果化工装置有很强的安保意识，但铁路站场门洞大开，不能有效管理交通，这可能会增加整体的社区风险。这种情况下，化工公司、铁路站场应与当地的执法和应急管理部门通力合作，充分管理风险，确保不会转移或增加风险。

13.3　本质安全和环境危害

13.3.1　多氯联苯(PCBs)

20世纪30年代，多氯联苯最初用作电气变压器的非易燃冷却绝缘油。由于环保问题（参考文献13.1Boykin），1979年5月禁产多氯联苯。这是一个新数据信息改变现有材料应用的例子。新数据信息对现有材料危害有了全新认识，并对其不同危害的相对重要性重新评估（参考文献13.16 Hendershot 1995）。

13.3.2　氯氟烃

现在人们关注的是氯氟烃对环境的严重影响。需要指出的是，最初它们可是当时危害较大的制冷剂的本质安全替代品。这些制冷剂包括液氨、轻烃，例如异丁烯、氯乙烷、氯甲烷、二氯甲烷、二氧化硫（参考文献13.18 Jarabek）。这些化学品易燃，急性毒性，或者兼而有之。这些化学品的家庭泄漏可能立刻起火或引起急性毒性暴露危害。

1937年Thomas Midgley，Jr. 在美国化学学会的一次演讲中戏剧性地介绍氯氟烃。Midgley让其肺充满氯氟烃，然后呼出熄灭蜡烛。这形象地说明氯氟烃不燃且无毒（参考文献13.20 Kauffman）。经过几十年的使用，现在发现氯氟烃会消耗臭氧层，造成环境破坏，正在逐步被淘汰。我们不可能放弃制冷剂或空调，必须找到替代制冷剂。或许，氢氟烃（HFCs）和氢氯氟烃（HCFCs）是安全的和环境可接受的替代品（参考文献13.30 Wallington）。但是，某些情况下又回到制冷剂氯氟烃的最初更换情况。例如，现在欧洲可以买到异丁烯制冷剂的家用冰箱。生产商不生产无霜冰箱，因为无霜冰箱除霜所需的小加热器可能点燃制冷剂（参考文献13.24 Chemistry and Industry）。需要强调的是，当用其他材料取代氯氟烃需权衡利弊。虽然替代品不会对环境造成长期破坏，但它们在易燃性和急性毒性方面往往更危险（参考文献13.16 Hendershot 1995）。

13.4　本质安全和健康的冲突

水的消毒

在饮用水和废水处理装置使用替代氯气的漂白剂可以减少水处理风险，但会增加漂白剂生产现场的氯需求量。无论是用氯气还是漂白剂的水处理装置，其氯需求量都是根据需要处理的总水量确定，因此，所需氯元素总量是一样的。唯一不同的是，水处理装置接收氯的方式不同，从氯元素转化为漂白剂的过程是否会降低总体风险，或仅是将风险从一个地方转移到另一个地方。这种广为人知的本质安全改进突出强调特定场合实施本质安全的挑战。

从元素氯转化为漂白剂将减少物料泄漏到水处理厂周围社区的相关危险，无论是从氯/漂白剂储罐还是将氯或漂白剂输送和停供到水处理装置的过程。出于污水和供水的经济性考虑，部分水处理装置会设置在距离居民较近的地方。由于处理定量的水需要相同的氯量，同等大小漂白剂储罐的氯元素比纯氯气储罐的氯元素要少得多，这就需要更多更大的漂白剂储罐。由于频繁地连接和断开装卸管线会增加泄漏可能性，需要平衡和评估低危险物料泄漏的潜在后果。这种情况下，可能需要增加保护层降低泄漏风险。目标是确保降低装置的整体风险，即危险性较低的物料泄漏概率增加的风险比危险性较高的物料泄漏概率降低的风险更低。

另一个潜在的风险转移而非降低的例子是，氯气转化为漂白剂是否会将风险从水处理设施周围的人群转移到漂白剂的生产设施。如果漂白剂供应商也生产大量氯气，并将其重新包装在较小容器，那么供应商也许会利用重新包装的较小容器调整漂白剂生产所需的氯气量。然而，为了满足日益增长的漂白剂需求，没有重新包装氯气的漂白剂供应商可能需要增加氯气用量。如果漂白剂供应商位于人口稠密地区，其增加的氯量可能会增加新的人群风险。同样，总体风险是降低还是转移将取决于水处理厂及其供应商的具体情况（参考文献 13.26 Overton）。

13.5 本质安全和经济性的冲突

13.5.1 现有工厂——资本密集型行业中运营与再投资经济性的对比

下面例子是关于为现有装置选择本质安全设计解决方案。

设计问题是避免几个水冷器的严重泄漏。换热器工艺侧的物料能与水发生剧烈反应，生成腐蚀有毒的物料。备选解决方案包括被动的（双管板或降膜换热器）、主动的（多传感器测漏及自动隔离）和程序方面（各种无损检测/检查技术、周期性惰性气体泄漏测试以及改进的清洗程序）的策略。所有这些设计备选方案的风险级别都比原始设计的更低。但是，没有一个是可以完全接受的（参见表 13.3）。管理层对维持差强人意的风险水平所需的资源评估后决定选择兼容的换热流体设计（一种本质更安全设计）。或者，设计工程师可以选择一种设计解决方案，或者选择多个解决方案组合应用。另外，减少库存（本质更安全）和双管板结构（被动）的组合可能是最佳的风险降低替代方案。最终，根据目前风险容忍度和成本标准以及对设计的操作维护要求的理解，设计工程师需要做出决策。

表 13.3 换热器故障场景的过程安全系统设计方案

设计失效场景	
管板失效会导致不相容流体混合，引起系统超压和/或有毒物料的形成和泄漏。	
设计解决方案	**描　述**
1. 本质安全	传热流体与工艺物料兼容
2. 被动	双管板
3. 主动	压力泄放系统，泄放到安全位置 多点泄漏监测及自动隔离
4. 程序	定期采样分析低压侧流体 定期惰性气体测漏 改进清洗程序

历史经验表明，过分强调初始资本投资最小化和进度要求往往会选择主动或程序性方案，这会导致本质安全解决方案应用不足。相反，会增加对报警和 SIS 系统的依赖度，以满足可接受的风险水平。初始设计阶段的经济分析往往没有考虑维护和测试这些系统的成本，这对大型石化装置非常重要。在比较和选择本质安全设计解决方案和其他解决方案时，设计人员应分析每种备选方案的全生命周期成本。例如，Noronha 等人（参考文献 13.25 Noronha）基于全生命周期、成本和可靠性的考虑，描述优先使用爆燃压力围堵设计而不是使用爆燃抑制或其他防爆方法（参考文献 13.6 CCPS 1998）。

13.5.2　经济性不确定

图 13.3 是四种换热器失效设计解决方案的成本和功能参数的比较。本质安全/被动的解决方案（如使用特种金属）往往具有较高的初始资本支出，但其运营成本通常低于其他设计解决方案。与本质安全/被动解决方案相比，主动解决方案（如在线监控和检测等）的可靠性较低，复杂性更高，运营成本可能也最大。虽然程序性的解决方案最初成本非常低且有诱人的较低复杂性，但往往最不可靠，只有在研究探索其他解决办法之后才予以考虑（参考文献 13.6 CCPS 1998）。

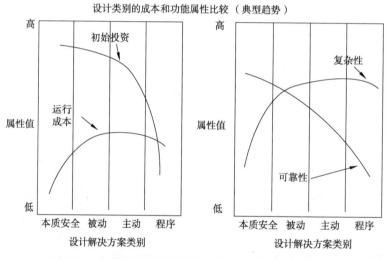

图 13.3　换热器失效模式四种工艺安全设计方案的比较

13.6　理解和解决冲突的工具

根据不同危害，选择具有本质安全优缺点的多种工艺路线是相当困难的。第一步是充分理解工艺路线的所有危害。过程危害分析和评估技术是合适的工具（参考文献 13.3 CCPS 1992）。包括：
- 过去的事故经验。
- 兼容性矩阵。
- 假设分析（What-If）。
- 检查表。
- 假设分析（What-If）和检查表。

- 危险与可操作性分析(HAZOP)方法。

危害识别步骤可能是最重要的,因为在决策过程中不会考虑任何未被识别的危害。例如,氯氟烃对大气臭氧的影响在以前使用的大部分时间里是未知的,而直到最近几年才考虑这种潜在危险。过程危害分析(PHA)工具在第 12 章介绍。任何变更都需要重新评估整个系统,以适当评估引入的任何新危险。变更应由变更管理(MOC)系统管理,评估安全和健康变更的技术基础及其影响。根据所涉及的化学品,某些监管机构法规可能要求必须使用MOC 系统管理变更。

有时,所有危害事故后果可以用单一的共同指标表示,例如财产损失的美元价值、总经济损失、火灾爆炸或有毒物料暴露造成的直接死亡风险。如果所有后果都可以用共同指标衡量,定量风险分析技术(参考文献 13.2 CCPS 1989,参考文献 13.5 CCPS 1995)可能有助于评估各种危害的相对程度和理解并分级工艺路线总风险。

许多情况下,如何将不同危害的潜在影响转化为某种共同尺度或衡量标准并非易事。例如,如何将使用氟氯烃制冷剂的长期环境损害和健康风险与许多制冷剂替代品的火灾爆炸和毒性危害造成的直接死亡风险进行比较。这个问题没有"正确"答案。这不是一个科学问题,而是一个价值观问题。个人、公司和社会必须确定如何相对评估不同类型风险,并据此做出决策。

一旦识别出危害,就可据此对工艺路线的本质安全性进行排名(参见第 13.7 节)。排名可以是定性的,根据经验和工程判断将危害分为后果和可能性两种类别(参考文献 13.3 CCPS 1992)。更多的定量系统也可用于特定危害的排名,例如陶氏火灾爆炸指数(参考文献 13.8 Dow 1994b,参考文献 13.12 Gowland)和陶氏化学品暴露指数(参考文献 13.7 Dow 1994a)。不足的是这些指数都没考虑每一种危害。

要对某种工艺路线进行整体评估,需要用不同的指数和定量工具得到综合结论。已经开发和正在开发多种评估本质安全的定量工具,包括 Khan 和 Amytte(参考文献 13.19 Khan)、Heikkila(参考文献 13.14 Heikkila 1999)以及 Edwards 等人(参考文献 13.10 1996)。

理解和解决冲突的工具

CCPS 书籍《化工过程安全应用中的急性风险决策工具》(参考文献 13.5 CCPS 1995)列出了除成本和风险外应考虑的因素:

- 降低风险或消除风险的替代方案。
- 可用资本。
- 规范标准和法规以及良好的行业实践。
- 公司及/或个人责任。
- 公司形象。
- 实施可用替代品的成本。
- 对当地社区的经济影响。
- 就业机会。
- 风险的频率级别。
- 风险和利益在社会成员之间分配方式的不平等。
- 面临风险的人数。
- 活动的预期收益及其对公众和/或股东形象的影响。

- 盈利能力。
- 社会风险的组成部分，例如受单一事件影响的最大人数。
- 对公司发展和生存的战略重要性。
- 风险类型，如人员死亡、伤害和严重环境破坏。

开发明确算法来选择决策辅助工具是不切实际的。但是，决策辅助工具可以灵活应用，大多数适用于企业需求和多数问题。然而，了解问题和决策辅助工具的关键特点是做出适当选择的基础。

选择决策辅助工具的一个关键步骤是了解问题的各个方面。这些方面包括：

- 资源可用性：解决问题的时间和分析资源。
- 问题复杂性：备选方案数量、系统复杂性以及问题的不确定性。
- 重要性/审查：决策者和利益相关者对决策的敏感性，以及审查决策的广泛程度。
- 团队参与：企业希望多个决策者参与，或将多个利益相关者的意见纳入决策。
- 量化需求：替代方案需要基于定量分析进行评估选择。

除了上述五方面，或许还有其他约束因素影响决策。约束包括关于要执行的分析类型和要处理的问题类型的企业指南。

特定标准可用于评估各种决策辅助工具对给定问题的适用性。区分决策辅助的一些关键特征包括：

- 资源要求：使用决策辅助所需的时间、预算和工作量。
- 分析深度/复杂性：重要问题的细节和明确性以及完整彻底分析的复杂性。
- 逻辑严谨：分析的数学合理性和逻辑严谨性。
- 团队焦点：整合团队意见的能力，与多个决策者处理问题的能力，以及解决相抵触目标的能力。
- 定量：为决策提供定量基础的能力，适应敏感性分析，并处理本质定量决策，如资源分配问题。
- 跟踪记录：多长时间可用决策辅助，最好通过实际风险决策确定。

每个决策辅助都可以根据这些标准进行评估，以确定它如何很好地处理这些问题。根据问题的不同方面，其中一些标准可能比其他标准更重要。选择决策辅助工具的最后一步是考虑这些特征的相对重要性，从而确定最有效的决策辅助工具。

决策过程可能没有"正确"答案。不同的人对期望和不期望的结果相对重要性有不同判断。因此，在对特定情况的"正确"答案做出决策时，需要进行谈判和统一认识。为了作出决定，还必须就如何划定系统边界达成协议。你会考虑运输吗？对上游或下游技术的影响？市场？产品的变更对整个系统其他部分的影响？

在许多情况下，正式的决策工具可能很有用，特别是当危害在后果或影响类型方面有很大差异时。许多工具在决策过程中引入额外的严谨性、一致性和逻辑性。一些可用方法包括：

- 加权评分方法，如开普纳-特雷戈（Kepner-Tregoe）决策分析和分析层次结构流程（AHP）。
- 成本效益分析。
- 回报矩阵分析。

- 决策分析。
- 多属性实用程序分析。

化工行业已开始利用这些技术进行安全、健康和环境决策。CCPS(参考文献 13.5 CCPS 1995)对这些决策辅助工具和其他内容进行回顾,特别强调如何用它们做出化工安全决策。Hendershot 使用基于开普纳–特雷戈决策分析的加权评分技术(参考文献 13.21 Kepner);参见表 13.4 的 Hendershot 技术(参考文献 13.16 Hendershot 1995)通用举例。Reid 和 Christensen (参考文献 13.27 Reid)描述了使用分析层次结构流程评估金属制造应用的三种替代技术,总体目标是尽量减少工艺废料。

下面的方法用于决策矩阵计算:

- 根据对安全、健康和环境或其他问题的相对重要性判断,为每种参数分配加权因子(1~10)。
- 对于每个选项,根据该选项相对于特定参数的性能,指定一个 1~10 的性能因子。这可以基于判断,也可以基于某种定量分析确定。
- 将每个参数和工艺选项组合的加权因子乘以性能因子。
- 将每个工艺选项的结果加和(最佳的是最高总数)。

进一步的讨论,尤其是潜在的消极后果如何影响评分矩阵,参见开普纳和特雷戈(参考文献 13.21 Kepner)或 CCPS(参考文献 13.5 CCPS 1995)。请注意,表 13.4 中的权重因子仅用于说明方法,并不代表对所列因素相对重要性的建议。

表 13.4　加权评分决策矩阵的例子

参数	加权因子	工艺方案			
		#1	#2	#3	#4
成本	性能因子	×2 =	×9 =	×10 =	×1 =
	9	18	81	90	9
安全	性能因子	×10 =	×5 =	×3 =	×1 =
	10	100	50	30	10
环保	性能因子	×3 =	×5 =	×1 =	×10 =
	7	21	35	7	70
可操作性	性能因子	×3 =	×10 =	×2 =	×1 =
	5	15	50	10	5
设计	性能因子	×1 =	×9 =	×10 =	×3 =
	3	3	27	30	9
其他	性能因子	×7 =	×5 =	×10 =	×1 =
	3	21	15	30	3
累加值		178	258	197	106

13.7　衡量本质安全特征

目前衡量工艺操作的本质安全工作仍处于发展阶段,主要侧重于基本工艺技术和路线选择。这些方法偶尔在行业中使用，但很少有这些指标在化工行业过程安全的应用数据。

13.7.1 陶氏火灾爆炸指数

陶氏火灾爆炸指数最初用于工厂运营，后来被美国化学工程师协会（AIChE）出版的一本书（参考文献 13.8 Dow 1994b）引用并传播开来。该指数量化潜在火灾和爆炸事故造成的损失，并确定可能导致事故发生或升级的设备。

陶氏指数是单位危险因子和物料因子的产物。工艺单元的物料因子是基于可能导致最坏工况的最危险物料或混合物，并量化释放的能量。每个工艺单元都有一个物料因子。工艺单元的单位危险因子是一般和特定工艺危险的产物。一般工艺危险涉及诸如放热化学反应、吸热过程、物料处理和传输、封闭或室内工艺单元、检修以及排液和溢流控制等问题。特殊工艺危害包括有毒物料、易燃范围及其附近的操作、粉尘爆炸、泄压、低温操作、腐蚀和侵蚀、接头和包装泄漏、加热炉和热油系统以及动设备等因素。

13.7.2 陶氏化学品暴露指数

与火灾爆炸指数一样，化学品暴露指数由陶氏制定，旨在帮助员工设计和运营更安全的工厂装置。1998 年，美国化学工程师协会（AIChE）将该指数（被认为是当时评估化学品泄漏对员工和周围社区的相对急性健康危害的重要工具）引进整个行业。其最新版本使用一种新的方法来估计泄漏扩散量，开展更复杂的过程分析（参考文献 13.7 Dow 1994a）。

13.7.3 蒙德（Mond）指数

基于陶氏火灾爆炸指数，英国帝国化学（ICI，阿克苏诺贝尔的一家公司）在英国 Flixborough 事故后开发出蒙德指数。修正后的陶氏指数可用于：

（1）更多的工艺流程和存储设施；

（2）具有爆炸特性的化学工艺；

（3）改进的氢气危害考量；

（4）其他特殊工艺危害；

（5）毒性评估。

蒙德指数将工厂划分为各个独立单元，并考虑工厂布局和单元间的隔离屏障。潜在危害最初是用一组火灾、爆炸和毒性指数表示。然后评估这些危险指数，确定设计变更是否降低了危害。应用预防性和保护性特征因子计算指数最终值。

13.7.4 推荐的本质安全指数

由 Khan 和 Amyotte（参考文献 13.19 Khan）编制的综合本质安全指数（Integrated Inherent Safety Index-I2SI）用于对过程全生命周期的每个备选方案进行经济评估和潜在危害识别。I2SI 由分项指数组成，这些分项包括潜在危害、潜在本质安全、附加控制要求和备选方案的经济性。两个主要分项指数是危害指数和本质安全潜力指数。危害指数衡量的是工艺的潜在危害，并考虑工艺和危害控制措施。本质安全潜力指数用于评估本质安全原则对工艺的适用性。这两个分项指数组成 I2SI 值。

本质安全原型指数（Prototype Index of Inherent Safety-PIIS）由 Edwards 和 Lawrence 开发（参考文献 13.9 Edwards，1993）。PIIS 基于化学品分数和工艺分数。化学品分数考虑库存、可燃性、爆炸性和毒性。工艺分数考虑温度和压力等参数。

使用本质安全指数时，应采取必要步骤确保了解指数基础。指数的开发者利用自身的判断和经验来决定分析哪些因素，并决定这些因素的权重——有时是透明的，有时是隐藏的——以及如何将它们组合起来。用户必须确保这些主观决策符合其企业的理念和目标。

Heikkilé（参考文献 13.13 Heikkilé，1996）开发了一个本质安全指数，对在工艺过程合成阶段的工艺替代方案进行分类。该方法将分数分配给化学因素（主副反应的反应热、可燃性、爆炸性、毒性、腐蚀性、化学相互作用等）和工艺因素（库存、工艺温度和压力、设备安全、工艺结构的安全）。最终指数是化学因素和工艺因素的总和。

13.8　总结

在几个工艺替代方案中，很难说哪一个本质更安全。几乎所有化学工艺都有许多危害，因此，减少一种危害的替代方法可能会增加其他不同的危害。在工艺选择时，也必须考虑商业和经济因素。一个本质更安全的设计策略也可能提高工艺经济性。例如，最小化设备尺寸或消除设备以简化流程通常会减少投资并降低运营成本。然而，工艺的整体经济性非常复杂，受许多因素影响。本质更安全工艺的经济性并不总是更具吸引力。

本质更安全工艺往往以较低成本提供更大的安全潜力。然而，本质更安全技术并不保证其实际效果会比其他的本质安全替代工艺更安全。如本书第 2.8 章节所述，本质更安全设计也不一定保证其实际操作更安全。

本质安全是对某个特定危害或是一组危害进行评估，而绝非所有危害。化学工艺是一个复杂的相互关联体系，任一个地方发生变化都可能影响到整体。必须理解和评估这种相互关系。同样，化工行业也是一个关系复杂、相互关联依赖的生态系统。有必要理解这些关系，便于技术选择冲突时找到合适的解决方案。

有多种衡量本质安全特性的方法，包括陶氏火灾爆炸指数、陶氏化学品暴露指数和蒙德指数。Khan、Amyotte、Heikkilä、Edwards 和 Lawrence 也开发了几种本质安全指数。

13.9　参考文献

13.1　Boykin, R. F., Kazarians, M. and Freeman, R. A.（1986）. *Comparative fire risk study of PCB transformers*, Risk Analysis, 6(4), 477−488.

13.2　Center for Chemical Process Safety（CCPS 1989）. *Guidelines for Chemical Process Quantitative Risk Analysis*. New York：American Institute of Chemical Engineers, 1989.

13.3　Center for Chemical Process Safety（CCPS 1992）. *Guidelines for Hazard Evaluation Procedures*, Second Edition With Worked Examples. New York：American Institute of Chemical Engineers, 1992.

13.4　Center for Chemical Process Safety（CCPS 1993）. *Guidelines for Engineering Design for Process Safety*. New York：American Institute of Chemical Engineers, 1993.

13.5　Center for Chemical Process Safety（CCPS 1995）. *Tools for Making Acute Risk Decisions With Chemical Process Safety Applications*. New York：American Institute of Chemical Engineers, 1995.

13.6　Center for Chemical Process Safety（CCPS 1998）. *Guidelines for Design Solutions to Process Equipment Failures*. New York：American Institute of Chemical Engineers, 1998.

13.7　Dow Chemical Company（1994a）. *Dow's Chemical Exposure Index Guide*, 1st Edition. New York：

American Institute of Chemical Engineers, 1994.

13.8　Dow Chemical Company(1994b). *Dow's Fire and Explosion Index Hazard Classification Guide*, 7th Edition. New York: American Institute of Chemical Engineers, 1994.

13.9　Edwards, D. W. & Lawrence, D., (1993)*Assessing the inherent safety of chemical process routes: Is there a relation between plant costs and inherent safety?* Trans. IChemE. 71, Part B, 252-258, 1993.

13.10　Edwards, D. W., Lawrence, D., and Rushton, A. G. (1996). *Quantifying the inherent safety of chemical process routes.* In 5th World Congress of Chemical Engineering, July 14-18, 1996, San Diego, CA(Paper 52d).

13.11　Evans, L., Frick, M. C., and Schwing, R. C. *Is it safer to fly or drive?* Risk Analysis, 10, 239‑C246, 1990.

13.12　Gowland, R. T. *Putting numbers on inherent safety.* Chemical Engineering 103(3), 82-86, 1996.

13.13　Heikkil<00E4>, A. -M., Hurme, M. & J<00E4>rvel<00E4>inen, M. (1996). *Safety considerations in process synthesis.* Computers Chem. Engng, 20(Suppl. A), S115-S120, 1996.

13.14　Heikkil<00E4>, A. -M. (1999). *Inherent safety in process plant design.* VTT Publications 384. TechnicalResearch Centre of Finland, Espoo. (D Tech Thesis for the Helsinki University of Technology), 1999.

13.15　Hendershot, D. C. (1994). *Chemistrry The Key to Inherently Safer Manufacturing Processes.* In 208th American Chemical Society National Meeting, August 21-25, 1994, Washington, DC (Paper No. ENVR-135).

13.16　Hendershot, D. C. (1995). *Conflicts and decisions in the search for inherently safer process options.* Process Safety Progress, 14(1), 52-56, 1995.

13.17　Hendershot, D. C. (2006). *An overview of inherently safer design.* Process Safety Progress, 25(2), 103-107, 2006

13.18　Jarabek, A. M., et. al., Mechanistic insights aid the search for CFC substitutes: Risk assessment of HCFC-123 as example. Risk Analysis, 14(3)231-250, 1994.

13.19　Khan, F. I. and Amyotte, P. R. *I2SI: A comprehensive quantitative tool for inherent safety and cost evaluation.* Journal of Loss Prevention in the Process Industries, 18, 310-326, 2005.

13.20　Kauffman, G. B., *CFCs, TEL and Midge.* Chemistry and Industry, 143, 21 February 1994.

13.21　Kepner, C. H., and Tregoe, B. B., *The New Rational Manager.* Princeton, NJ: Princeton Research Press, 1981.

13.22　McQuaid, J., *Know your enemy: The science of accident prevention.* Trans. IchemE, Part B. 69, 9-19, 1991.

13.23　Myers, P.; Mudan, K. and Hachmuth, H., *The risks of HF and sulfuric acid alkylation.* In International Conference on Hazard Identification and Risk Analysis, Human Factors and Human Reliability in Process Safety. New York: AIChE/CCPS, Health & Safety Executive, U. K. and European Federation of Chemical Engineering, 1992.

13.24　*New look fridges take off without HFCs*, Chemistry and Industry, 130, 21 February 1994.

13.25　Noronha, J. A., Merry, J. T., and Reid, W. C., *Deflagration pressure containment for vessel safety design*, Plant/Operations Progress, 1(1), 1-6, 1982.

13.26　Overton, T. A. and King G., *Inherently safer technology: An evolutionary approach.* Process Safety Progress 25(2), 116-119, 2006.

13.27　Reid, R. A., and Christensen, D. C., *Evaluate decision criteria systematically.* Chemical Engineering

Progress，90(7)，44-49，1994.

13.28 Sivak，M. and Flannagan，M. J.，*Flying and driving after the September* 11 *attacks*. Am Scientist 91，6·C8，2003.

13.29 U. S. Chemical Safety and Hazard Investigation Board(US CSB)，*Investigative Report*，*Refinery Incident*：*Motiva Enterprises*. Washington，DC：Report No. 2001-05-I-DE，2002.

13.30 Wallington，T. J.，et al. *The environmental impact of CFC replacements "C HFCs and HCFCs*. Environmental Science and Technology，28(7)，320-325，1994.

14   本质安全法规监管

14.1   本质安全法规的发展和挑战

过去十年中，世界各司法监管机构和立法者已经认识到本质安全降低风险的潜力，但是就强制还是鼓励实施本质安全一直存在争论。一方认为工厂可选择性地实施本质安全，另一方认为工厂要强制实施本质安全。后者赋予监管机构相应权利，可以要求工厂强制实施本质安全。

本质安全在业内推广过程中依然存在一些障碍或误解，主要体现在以下几个方面：

- 尽管本质安全已证实对现有工厂有效，然而从经济和技术实用性角度考虑，很多人认为本质安全只对新工厂有效。
- 缺少本质安全运用的基础条件，或者评估本质安全体系的框架。这包括缺乏运用本质安全的技术以及将本质安全融入科技、经济、安全和安保设计的方法。这其中就包括了对本质安全的判定矩阵缺乏共识。
- 缺乏专门的本质安全实施指南，尤其是针对现有装置和工艺。
- 缺少对本质安全原则和在新老装置中实际运用方法的理解。

这就是目前本质安全工作面临的困境。一方面，监管机构可能认为实施本质安全是一个相对简单且有效的、能够减小甚至消除工艺事故危害及概率的方法，但是实施单位在实践中会面临很多困难，因为他们必须将这些要求融入设计和操作。另一方面，尽管在立法领域围绕本质安全开展了诸多讨论，但是本质安全更多停留在理念层面，还没有建立成熟的评估和实施准则。业界和监管机构都缺少工具和方法比较本质安全的不同选择或者决定哪一个选择是可行的。因此，在政策层面，怎样更好地鼓励各单位推行本质安全依然是一个让人头疼的问题。

14.2   美国本质安全法规立法经验

与其他过程安全问题相比，本质安全法规更加难以制定。例如，当美国环境保护局（EPA）在1996年颁布《风险管理计划》（RMP）时，有人向环境保护局提议，要求工厂通过实施"技术选项分析"识别本质安全技术。美国环境保护局拒绝了该提议，理由是：

"PHA分析小组时常提出一些可行且有效的（且本质安全的）替代方案来减小风险，包括减少库存、材料替换和工艺控制变更。这些替代方案可以根据实际情况择机实施，无需按照法规要求实施或者刻意引入全新的、未经证实的工艺技术。除了那些已经证实、符合相关标准规范的替代方案外，环境保护局认为，对新的或现有工艺寻找或分析可替代加工技术，

并不会产生额外效益。"

2017 年，最终版的《风险管理计划》在联邦公报（参考文献 14.8 Revised RMP Rule）发布。2013 年，得克萨斯州威斯特镇发生硝酸铵火灾爆炸事故，同年，前总统奥巴马下达了总统行政令（参考文献 14.17 Executive Order），责令负责化工安全和安保的联邦机构对风险管理程序重新进行修订。修订版中的一项条款就是对纳入《风险管理计划》（RMP）管理的工艺开展过程风险分析时，要进行更安全的技术和替代分析（STAA）。最终版的 RMP 规范在发布后多次被延期执行，直到 2018 年，美国哥伦比亚特区巡回上诉法院撤销延期执行的上诉，并最终裁决实施该规范。

虽然修订后的 RMP 规范在未来依然有被废除的可能，但其中的 STAA 条款已在美国生效。美国环境保护局将 STAA 的实施日期定为 2021 年。《化学设施反恐标准》（参考文献 14.7 DHS）不允许国土安全部（DHS）强制企业实施诸如本质安全的安保措施，但允许企业"可以自行考虑本质安全技术（IST）降低风险和监管负担。"（参考文献 14.7 DHS）。该做法与2006 年专家在参议院环境和公共事务委员会上提供的证词以及关于这一专题的其他参考资料一致（参考文献 14.10 Mannan）。

如前所述，除了美国环境保护局的 RMP 要求外，美国还有两个司法管辖区（加利福尼亚州的康特拉科斯塔县和新泽西州）在过去十年中通过了本质安全法规。最近，加利福尼亚州通过了修订后的炼油厂过程安全法规，其中本质安全是重要的修订内容。本节探讨了本质安全的要求以及从这三个管辖范围内汲取的经验教训。以下各节详细描述这三个管辖范围的本质安全内容。

14.2.1　本质安全法律要求——加利福尼亚州康特拉科斯塔县

本节重点介绍加利福尼亚州康特拉科斯塔县的"本质安全"法规，该法规为实施单位评估本质安全选项提供了一个监管框架。首先讨论了《康特拉科斯塔县工业安全条例》（ISO）/《里士满工业安全条例》（RISO）的本质安全要求，包括了界定"可行性"本质安全研究的具体条例，结尾部分指出通过指南和法规的实施，大大减少了重大事故的发生。

旧金山和圣巴勃罗湾（位于奥克兰和旧金山的东北部）以康特拉科斯塔县为其东部边界。该县人口稠密，截至 2016 年，约有 114 万居民。由于海域广阔，该县长期以来一直是炼油厂和化工厂的化工/加工业所在地。

在一系列严重的工业事故之后，该县于 1999 年颁布了《工业安全条例》（ISO），并经多次修订，最近一次修订是在 2014 年（参考文献 14.4 CCC ISO）。该条例由加州炼油厂和化工厂的意外泄漏预防方案拓展而来，旨在成为全美乃至全世界最严格的法令。位于康特拉科斯塔县内的加州里士满市于 2001 年通过了自己的法令《里士满工业安全条例》（RISO）（参考文献 14.3 RISO）。《里士满工业安全条例》引用了该县的法令。

CCC ISO/RISO 的本质安全要求。纳入 CCC ISO 或者 RISO 管辖范围的工厂，需按以下流程开展本质安全系统分析（Inherently Safer Systems Analysis–ISSA）：

- 每五年进行一次 ISSA。
- 在分析和实施 PHA 提出的行动项时，需进行 ISSA。
- 每当提出可能导致严重化学品事故或排放后果的重大变更时，都要将 ISSA 纳入变更管理审查。
- 如果事故调查报告或根本原因分析要求进行重大变更，但此变更很可能导致重大化学品事故或泄漏，工厂应在完成事故调查或根本原因分析后，在管理可行的情况下尽快进行 ISSA。

- 在设计新工艺、工艺单元和设施时，工厂应开展 ISSA，并在 ISSA 报告完成之后，立即通知康特拉科斯塔县健康服务中心。

- 准备一份记录所有 ISSA 的书面报告，包括 ISSA 分析中识别的本质安全系统及其详细信息、用于分析本质安全系统的方法、分析结论、结论的合理性以及实施 ISSA 报告中本质安全系统的具体行动计划和时间表。

- 在现状允许的情况下，工厂应尽可能推进落实 ISSA 报告提出的每一项本质安全措施。如果工厂发现不可能落实某项措施，应当详细报告不可行的原因。*报告文件应包括充分的证据以证明本质安全措施不可行以及做出这一结论的原因，以此说服相关部门。该措施是否可行不能只考虑利润减少或成本增加。*

如本书最新版本所述，本质安全系统意味着本质安全设计策略，包括可行的替代设备、工艺、材料、布局和程序，旨在通过调整工艺而不是添加外部保护层来消除、最小化或降低化学品事故或泄漏带来的重大风险(参考文献 14.4 CCC ISO)。

在此要求之下，为了解决所有与本质安全实施相关的问题，康特拉科斯塔县健康服务中心(Contra Costa Health Services-CCHS)与相关工厂合作扩展了最初的 ISO 方案指南。CCHS 于 2002 年发布了新版本质安全指导文件，并在 2011 年的修订版中(参考文献 14.5 CCHS)为新的和现有工艺提供了更明晰的指导。对于新工艺，指南明确了在项目实施的如下阶段应进行审核以确认本质安全是否适用(参考文献 14.5 CCHS)：

- 产品/工艺研发阶段，聚焦于化学反应工艺路线。
- 工艺包设计阶段(设施设计范围和过程开发)，重点关注设备和配置。
- 基础设计阶段。

该指南详细描述了项目每个阶段会遇到的问题和相关审查项。该指南也强调了本质安全可能并不会对所有设施和工程项目有完全相同的适用性。因此，尽早开展本质安全审查可以把对项目的影响降到最低。

指南指出，现有工艺的本质安全考量仅限于可能发生重大化学品事故或泄漏(MCAR)的情况。CCHS 界定 MCAR 的范围为：在危险物料事故报告制度中定义的达到 2 级或 3 级社区预警的事件，或导致受管制物料的泄漏，并且符合下列一项或多项特征的事件：(1)导致一人或多人死亡；(2)导致至少三人住院超过 24h；(3)初步估计至少造成 50 万美元的厂内和/或厂外财产损失(包括清洁费用和修复费用)，厂内财产估算应由工厂完成，厂外财产估算由指定机构完成；或(4)导致产生超过 2270kg 的易燃和/或可燃物的蒸气云(参考文献 14.4 CCC ISO)。PHA 可用于确定事故后果可能达到 MCAR 级别的事故场景(无需考虑任何主动保护措施)。作为 PSM 方案的一部分，大部分化工行业的 PHA 都被记录在 PHA 工作表，通过描述其后果，明确重大泄漏所造成的厂外和厂内影响。PHA 分析还经常通过定性或定量评估，对 MCAR 的后果或严重程度进行分级。

为了确保相关工艺考虑并记录本质安全系统(Inherently Safer Systems-ISS)，工厂可以采取以下方法：

- 除了 PHA，还应独立开展 ISS 分析。ISS 指导文档中的检查表和引导词可以帮助完成此分析。

- 将 ISS 分析纳入现有 PHA 审查流程。由于周期性 PHA 分析只评估部分工艺，如果没有开展初始 PHA 分析，评估结果就达不到整个工艺系统 PHA 分析的要求，就需要重新对整个工艺进行评估。ISS 指导文档中的检查表和引导词可以帮助完成此分析。

无论工厂最终实施何种类型的 ISS 分析，CCHS 都明确了应该从以下方面开展分析并记录：

- 工厂将记录团队主持人/组长的资质和团队组成，包括职位、姓名以及相关经验或培训。
- 工厂将记录所考虑的 ISS 以及已执行的 ISS。
- 如果工厂选择进行独立的 ISS 分析，则应记录分析方法、所有考虑到的 ISS 以及每种考虑的结果。如果使用 ISS 检查表，文件中应指出部分检查项目未被采纳的原因，即不适用或已在先前考虑过。
- 工厂将记录已考虑但未执行的 ISS 及用于确定可行性的理由。具体请参阅下文中 CCHS 的可行性定义。
- 将 ISS 引导词纳入 HAZOP 分析的文档时，应保持与任何其他 HAZOP 分析使用的文档一致。
- 对于其他 ISS 分析，工厂应记录所考虑的 ISS、实施的 ISS 和未执行的 ISS。
- ISS 分析应至少每五年复审一次。复审应该包括自上次评审以来在方法上的改进，或选择一种新的方法进行 ISS 分析；ISS 回顾应包括上次 ISS 分析后所做的所有变更；审查所有发生的或潜在的重大化学品事故或泄漏；审查以前没有审查过但现在可以纳入的新技术和现有技术，这将提高工艺的本质安全水平(参考文献 14.5 CCHS)。

CCHS 条例或指导文件中没有明确规定 ISSA 报告的特定格式，但明确了本质安全检查表和引导词，以帮助执行 ISSA。

关于 CCHS ISO/RISO"可行性"的定义。 CCHS 将"可行性"定义为在考虑到经济、环境、法律、社会和技术因素的同时，能够在合理的时间段内成功实现目标。但是，财务上的不可行性的定性不能仅仅根据利润减少或成本增加，而应提供证据证明落实措施的成本高到不现实。如果工厂断定本质安全不可行，则需要详细记录得出这一结论的原因。记录应包括：(1)能够让监管机构信服的该本质安全不能实施的证据；(2)得出这一结论的原因。该指南进一步明确了 CCHS 不可行性是否被接受的判定标准。其中许多标准与美国环境保护局及美国职业安全与健康管理局制定的标准类似。除此之外，CCHS 还提供一个明确的判断标准，即那些用于证明 ISS 不能实施的文件、计算和理由是可接受的(参考文献14.5 CCHS)。

本质安全法规推行成果。 CCHS 在 2017 年的报告中指明，ISO 的实施情况有所改善，且在大多数情况下正在按照法令的要求推进。由于实施了 ISO 的工厂必须每年在其安全计划中更新以往的事故信息，其中包括它们在过去一年中如何使用本质安全流程和解决方案，因此，康特拉科斯塔县掌握了通过 ISO 来实施本质安全的重要信息。表 14.1 总结了自 2002 年以来实施 ISO 的工厂开展本质安全和风险削减措施的情况。

在 2007 年的 ISO 年度报告中，CCHS 报道了自 ISO 实施以来，重大化学品事故或化学品泄漏(MCARs)的数量和严重程度持续下降。然而，较少数量的 MACRs(自 1999 年来，任何一年的事故总数都少于 12 起)使得在 ISS 和/或 ISO 的实施和 MACRs 数量之间建立直接的因果关系或证明他们的线性趋势变得困难。图 14.1～图 14.3 摘自 2017 年的 ISO 年度报告(参考文献 14.6 CCHS 2017)，分别显示了自 1999 年以来实施 ISO/RISO 和 CalARP 的 8 个工厂中 MCARs 的数量和严重程度。

在 2007 年的工业安全条例(ISO)年度报告中，康特拉科斯塔县健康服务中心(CCHS)报道了自工业安全条例(ISO)实施以来，重大化学品事故或泄漏(MCARs)的数量和严重程度持续下降。然而，自 1999 年以来，每年的重大化学品事故或泄漏(MCARs)数量都少于 12 起，由于事故数量较少，难以在 ISO/ISS 的实施和重大化学品事故或泄漏(MCARs)数量下降之间建立直接的因果关系或线性趋势。图 14.1～图 14.3 摘自 2017 年的工业安全条例(ISO)年度报告(参考文献 14.6 CCHS 2017)，分别显示了自 1999 年以来实施工业安全条例(ISO)/里士满工业安全条例(RISO)和加州意外泄漏预防法规(California Accidental Release Prevention Regulation-CalARP)的 8 个工厂中重大化学品事故或泄漏(MCARs)的数量和严重程度。

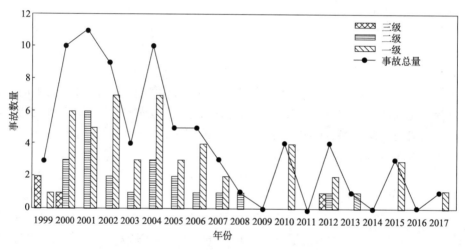

图 14.1　重大化学品事故或泄漏(MCAR)

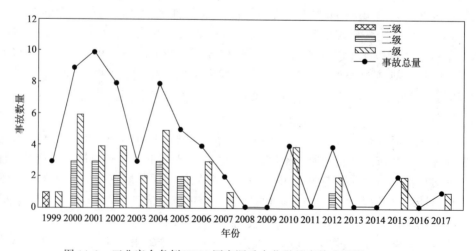

图 14.2　工业安全条例(ISO)固定源重大化学品事故或泄漏(MCARs)

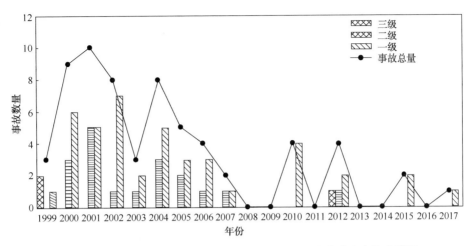

图 14.3　康特拉科斯塔县和里士满的工业安全条例(ISO)重大化学品事故或泄漏(MCARs)

表 14.1　康特拉科斯塔县从 2002 年至今的本质安全技术(IST)措施实施汇总表

		2002~2006 年	2007~2012 年	2013~2018 年
本质安全	最小化	减少存量(36)	减少存量(9)	消除工艺设备、管线或排空工艺设备、管线减少化学品存量(14)
		消除单元数量和受法律监管的物料(1)	淘汰落后的洗涤器以减少存量(1)	组合或移除工艺设备减少化学品存量(13)
		将相关联设备整合到一个新的单元以减少管线数量(1)	移除工艺生产中的管线/设备，减少存量(19)	减少危险化学品储罐或厂外运输(6)
		消除危害(2)	移除工艺储罐(15)	改造或移除设备消除有害物料泄漏点(8)
		重新设计减少塔的数量(1)		消除管线死区以减少存量(3)
		减少潜在库存		
		消除储罐(减少存量)		
		消除氨水的储存		
		移除多余的管线		
		安装管式反应器减少氨存量		
		消除储罐或减少管线降低存量		
		消除工艺炉		
	替代	工艺变更，使用危害较小的化学品(1)	使用危害较小的化学品(3)	更改化学品和设备设计以减少潜在的危害
	减缓	用危害较小的化学品代替危害较大的化学品	消除直排大气的安全阀(1)	更改操作条件降低潜在危险(3)
		无水二甲基胺转换为60%的二甲基胺水溶液	消除设备/泄漏源降低暴露的可能性(1)	更换化学品减少潜在危险(1)
		使用危险性较小的化学品		
		消除工艺炉		
		降低浓度(1)		
		选用危害较小的工艺条件或路线(7)		

		2002~2006 年	2007~2012 年	2013~2018 年
本质安全	简化	消除可能引起危险的储罐	更改设备设计以消除潜在的死区(2)	整合化学品使用减少化学品的数量(1)
		将工艺条件改为危害较小的工艺条件	移除已停用或不必要的设备或管线(11)	改造设备，简化单元设计和减少化学品存量(10)
		消除多余管线	消除玻璃液位计，以消除暴露的危险(1)	更改设备设计消除暴露的可能性(2)
		消除工艺炉	消除工艺装置中的采样点(1)	
		移除停用的设备或盲管段(8)	消除设备(3)	
		简化工艺流程或消除设备(13)		
		修改设备设计特征(5)		
		消除交叉污染连接(3)		
被动措施	最小化	修改设备设计特征(1)	改进设备金属材料设计特征(42)	使用少量化学品降低危险工况的可能性(5)
	替代		使用耐氯离子应力腐蚀合金材料的设备和管线(2)	更换材质减少潜在危害(21)
			改变能量源和设计特征减少暴露的可能性(2)	
	减缓	消除危害或移至其他位置减少潜在危险(2)	转移到其他位置减少潜在危险(12)	升级设备材质或设计，以减少潜在危险(117)
			通过增加传感器减少危害影响(1)	使用腐蚀性小的化学品减少潜在危险(1)
			修改设备材质，配件、控制功能或人员位置(39)	通过设备设计或布局减少人员暴露影响的危险工况(28)
			设备设计减少危险工况(7)	重新布置设备减少潜在的危险(2)
	简化	简化工艺流程或管线(4)	消除死区减少存量(7)	更改设备配置或设计以减少潜在危险(9)
		更改设计参数、加热介质和设备位置降低潜在的危险(25)	更改设计，设备的温度/压力设计等级/设备的安装减少潜在的危险或频率(43)	更改设备设计降低暴露的频率(3)
		改进设备耐压或耐温设计等级(19)	升级管线和设备材质，以减少潜在的危险或频率(3)	简化设计降低潜在危险工况(1)
		消除系统内的污染物消除对没有主动保护设施的下游装置的影响(1)		更改设备/路线简化单元设计和化学品存量(2)
		消除设备降低潜在的超压危险(8)		
		消除积液点或振动降低潜在危险(5)		
		降低危险的频率(5)		

		2002~2006 年	2007~2012 年	2013~2018 年
被动措施	简化	使用管线输送氢氟酸来代替移动拖车		
		安装能承受最大压力工况的容器		
		改造管线来限制流量，而不是采用主动保护设施来控制		
主动措施	减缓		增加报警以降低暴露的可能性(2)	增加设备或控制以降低潜在危险(16)
			增加控制以降低暴露的可能性(3)	
程序措施	简化		用标准化程序来降低出错的可能性(2)	用标准化程序来降低出错的可能性(10)
	减缓			制定程序来减少潜在的灾难性泄漏发生(1)

注：表14.1中括号里的数字表示相应本质安全措施应用的案例数量。

工业安全条例(ISO)中汲取的经验

适用范围：工业安全条例(ISO)的实施经验表明：第一和第二级本质安全策略更多适用于新建和改扩建的设施和工艺，而其他额外的保护层已经在现有工艺中广泛应用，例如通过PHA识别出的保护层。然而，在过程风险管理的四个层级中广泛应用本质安全会更具实用性，而且有助于提出有建设性的风险削减建议。将本质安全所有策略强制纳入风险管理评估过程，不仅有利于寻找削减危害和风险的新方法，并且对削减工厂整体的风险有积极意义。

指南：行业内需要一个在什么时候和如何应用本质安全措施的指南。起初，工业安全条例(ISO)涉及的8个工厂发现很难将本质安全技术应用于现有工艺。2002年发布并于2011年更新的指南，为在什么时候和怎样应用本质安全技术提供了更多必要的细节指导，同时也大大提高了监管部门和工厂对法规要求的理解。在指南发布前，多数PHA行动项中的整改建议并未涉及本质安全技术应用，同时也存在本质安全技术和风险削减措施的区别辨识不清的情况。然而，指南并没有解决在实施本质安全中遇到的所有问题，例如康特拉科斯塔县健康服务中心(CCHS)和工厂双方在合理性和可行性的理解上一直无法达成共识。尽管如此，指南发布后，会发现并应用更多的本质安全机会。接受过专业培训并具备能力的人员能更好地应用本质安全工具。通过为PHA分析人员及本质安全评审人员持续提供工作指南及培训，可以让工作团队更加了解如何有效地开展本质安全工作。

期望：在某些情况下，本质安全对风险削减的效果并未达到公众和监管部门的预期。公众和监管部门也希望通过切实应用第一和第二级本质安全策略来实现大幅降低风险的目标。然而，在现有生产工艺中只考虑第一和第二级的本质安全策略却可能和其他实用性和性价比高的风险削减方案相悖。公众和业界对风险认知的差异，以及对部分本质安全改进效果的误解或低认可度，导致公众和业界难于达成共同期望，双方对"可行性"的定义也难以达成共识。任何本质安全相关的尝试都可能有助于削减风险，应当得到鼓励。

14.2.2　新泽西《毒性物品灾害预防法》和化工厂安保的法规要求

这部分是关于美国新泽西州本质安全研究的法规，该法规提供了另一个法规体系，可以帮助公司评估他们的本质安全选择。这部分主要讨论的内容如下：新泽西州《毒性物品灾害预防法》（Toxic Catastrophe Prevention Act，TCPA）关于本质安全的要求；化工厂安保的条款；定义"可行性"本质安全研究的具体法规；实施化工厂安保法规条款的结果以及从法规中汲取的经验教训。

新泽西州是美国人口密度最大的州，拥有大量的化工和石油化工厂，也是医药、生物科技和其他生命科学工业的聚集地。生产或者使用有毒化学品的工厂主要分布在特拉华河及帕塞伊克河河谷，且周围被高度发达的交通走廊所环绕，联通了纽约和费城都市圈。

重要的化工基础设施加上高度毗邻的人口聚集区，这两者的结合促使新泽西州实施特别严格的法规程序降低此类工厂的意外或故意泄漏风险。博帕尔事故发生以后，新泽西州在1987年颁布实施了《毒性物品灾害预防法》（参考文献 14.11 TCPA），该法案旨在保护公众免于极度危害化学品的灾难性泄漏造成的伤害，也是美国历史上第一部综合性的过程安全法案。《毒性物品灾害预防法》（TCPA）的成功推行影响了1990年《清洁空气法》中两项内容的颁布，即美国职业安全与健康管理局的过程安全管理标准和美国环境保护局的《风险管理计划》（RMP）。

新泽西州《毒性物品灾害预防法》：新泽西州在1985年颁布了《毒性物品灾害预防法》法案（参考文献 14.16 NJSA）并在1987年采纳了实施该法案的法规（参考文献 14.11 TCPA）。《毒性物品灾害预防法》（TCPA）法规每五年通过法令修订一次（法令有效期到期，必须重新授权），并在修订版的法规中增加了一些包含本质安全的条款。虽然《毒性物品灾害预防法》（TCPA）法规的目的是降低有害物料灾难性泄漏到环境的风险，但是立法机关总结发现相关方响应和减缓泄漏的能力至关重要，但却严重不足：

"…能采取的唯一有效的方式就是通过预测导致事故发生的情景，并采取预警或预防措施防止环境事故的发生。"

在没有引入"本质安全"时，法令要求在编制降低高危物料风险工作计划文件时，应明确如下内容：

"能够降低高危物料泄漏风险的替代工艺、程序、设备及未被采纳的具体原因。"

新泽西州立法机关希望工厂负责人认真考虑通过工艺设备变更甚至化学品替换降低意外泄漏风险。最初的 TCPA 法规也包括了类似本质安全要求的条款，该条款要求工厂负责人每五年重新开展 PHA 和风险评估时，如果 PHA 或风险评估危害场景会造成厂外影响（如超过厂内的毒理学阈值），且该后果出现的频次超过 $1 \times 10^{-4}/a$ 时，就要开展"技术先进性"（state-of-the-art–SOA）评估。

《毒性物品灾害预防法》（TCPA）法规在2003年进行了重大修订，增加了本质安全技术的明确定义及应予考虑的具体要求。纳入《毒性物品灾害预防法》（TCPA）法规监管的新设计或建造工艺，工厂负责人应组织开展本质安全技术评估，记录评估中的建议措施，包括未被采纳的措施。法规中采纳了本书第一版中本质安全技术的定义：

"本质安全技术"*指的是法规要求的在新设计和建造过程中需要考虑的原则或技术，以此减少或消除发生极度危险物料（EHS–Extraordinarily Hazardous Substance）事故的可能性，包括但不限于如下原则或技术：*

1. 减少存在泄漏可能的极度危险物料(EHS)数量；

2. 用低危化学品取代高危化学品；

3. 在最低危害工艺条件下使用极度危险物料(EHS)；

4. 优化设备或工艺设计减少设备失效和人为失误的可能性。

在解读 2003 版法规时，新泽西州环保部(NJDEP - New Jersey Department of Environment Protection)要求全面考虑所有本质安全选择，法规中提到：

"本质安全技术不是在任何情况下都适用，是否适用于新设计或建造的工艺，还需要工厂或设施负责人进行评估。"

新泽西州环保部(NJDEP)也对本质安全的应用做了如下限定：

"针对新设计和建造的工艺，设施负责人或操作人员在工艺设计阶段开展本质安全技术评估是最合理有效的。"

这些政策立场(包括：基于原则或技术来描述本质安全技术、所有本质安全技术均可选择以及只在新设计或建造阶段应用)是至关重要的。同时表明：直到 2003 年，新泽西州才认识到本质安全是设计过程中就要考虑的一种理念，而不是最终的目的。

2008 年 5 月，新泽西州环保部(NJDEP)提出了对《毒性物品灾害预防法》(TCPA)的修订建议，建议通过两种方式拓展法规内容：(1)无论是否存在造成厂外后果的可能性，《毒性物品灾害预防法》涉及的所有工厂必须对极度危险物料(EHS)达到或超过法规阈值的生产工艺开展本质安全技术评估。(2)本质安全技术评估的范围应包括已有和新的生产工艺，而不是只针对新设计和建造的工艺。新法案也将《毒性物品灾害预防法》的适用范围进行了拓展，在只关注事故后果的基础上新增了产生泄漏的场景。新法案顺应了在泽西州综合应用本质安全的趋势，同时 2008 版修订后的方案也删除了早期法案中规定的开展技术先进性(SOA)评估的要求，取而代之的是开展新的、更加综合的本质安全技术评估。

化工厂安保法案。2001 年根据《新泽西州安保防备法》，设立了新泽西州安保防备工作组，作为内阁一级的机构，负责制定州国土安保和防备政策。作为新成立的反恐办公室(现在是新泽西州国土安保和防备办公室)的一部分，该工作组随后通过了 16 个关键基础设施部门的安保标准、指南和议定书，其中就包括化学品部门。

2005 年，新泽西州颁布了一项关于化工厂的安保法案，要求 157 个工厂遵守该州安保防备工作组(参考文献 14.15 NJPO)先前通过的《化学集团安保评估和最佳实践报告》。具体而言，即要求化工厂进行安保易损性评估并制定安保预防、防备和响应计划。明确要求受《毒性物品灾害预防法》(TCPA)管制的化工厂：

"……将实施本质安全技术的可行性和可能性评估作为评估和计划的一部分"，并将本质安全技术评估报告提交州政府进行审查。

法案采纳了《毒性物品灾害预防法》(TCPA)中本质安全技术(IST)的定义，并做了进一步延伸。

"……评估应包括分析采用本质安全技术(IST)替代方案的可行性，以及本质安全技术(IST)替代方案不可行的证据。"

2006 年，新泽西州环保部(NJDEP)发布了本质安全技术(IST)评估实施指南，该指南经多次修订，最新版本发布于 2017 年(参考文献 14.13 NJ IST)。指南中写道：

"……本质安全技术(IST)分析贯穿工厂的全生命周期，包括概念阶段、设计阶段和运行

阶段。然而，考虑到实用性和经济性问题，运行工厂可选用的本质安全技术有限。对于现有工厂设施，应用多重工程防护措施，加上切实可行和成本经济的技术或设计变更，可能使工艺实现相同程度的本质安全。"指南接着指出，"无论泄漏的可能性大小，都可以应用本质安全技术降低极度危险物料（EHS）的危险性"。

指南要求针对本质安全技术（IST）定义中的四个策略（最小化、替代、减缓、简化），以下每一个问题都应给予确认：

- 目前工艺有哪些本质安全技术替代方案？
- 这些替代方案是否可行？
- 如果不可行，是基于什么原因？
- 现有工艺应用了哪些本质安全技术和风险降低措施？

指南还包含了对本质安全技术评估人员资质、评估记录文件的要求和可行性的定义。指南规定，本质安全技术应用成本应与预期危害降低程度相匹配，而非不计成本的进行新技术研究或重大技改（参考文献 14.13 NJ IST）。

新泽西《毒性物品灾害预防法》（TCPA）中"可行性"的定义。 现行《毒性物品灾害预防法案》实施指南（2017 版）中给出了确定本质安全措施可行性或者不可行更详细的标准。这些标准并未涵盖所有内容，而是提供了是否需开展定性或定量评价的判定标准。迄今为止，在所有立法机构或组织已发布标准中，该指南提供的可行性判定标准最为详细。

环境与公共卫生和安全方面的可行性

- 可能产生显著的环境影响（包括水资源、水污染、空气污染、固体危险废物、噪声等）。
- 本质安全技术（IST）可能降低局部危害，但会增加整体风险。
- 风险可能被转移到其他风险相同甚至更高的地方（如果因此而得出不可行的结论，则应当记录本质安全技术运用前后危害发生的频率/后果差异）。
- 上述内容均需要定性和定量的依据。

法律可行性

- 本质安全技术可能与现行联邦、州或地方法规冲突。
- 本质安全技术可能违背许可协议，而许可协议要保持有效，内容不能修改。
- 两者都需要定性依据。

技术可行性

- 与业内认可和普遍接受的良好工程实践相冲突。
- 不能满足产品质量指标要求（定性和定量）。
- 材料可用性（定性和定量）。
- 空间限制（定性和定量）。
- 产率影响（定性和定量）。
- 是否商业化（定性）。

经济可行性

如果从经济上认定本质安全技术不可行，那么必须提供以下证据：

- 全生命周期分析。
- 包含设计和运行在内的资金投入。

- 净运行成本。
- 包含运输和处置相关费用在内的物料成本变化。
- 能耗变化。
- 操作员数量、培训费用等的人力成本变化。
- 其他直接生产成本。
- 净合规成本，花费变化。
- 拆除和后续清理、处置成本。
- 上述内容均需提供定量分析证据(成本/收益分析)。

一般来讲，除非设施有特殊工况，如果本质安全措施已成功应用在设施的类似工艺或类似情形，那么该措施就认为是可行的。论证中必须突出这些特殊工况以及它们与可行性因素的相关性(参考文献 14.13 NJ IST)。

必须指出的是，虽然《化工厂安保法案》及其本质安全技术(IST)评估要求是基于安保问题和潜在的有意泄漏而制定的，但对降低意外泄漏的可能性也一样有效。换言之，本质安全技术评估覆盖了所有的本质安全技术(IST)策略，而不仅仅是替代、最小化和减缓这几项降低安保风险最有效的策略。

按《化工厂安保法案》要求实施本质安全技术(IST)的结果。 根据新泽西州环保部(NJDEP)公布的结果，法案规定的157个工厂设施中，超过98%的工厂在法案规定的120天期限内完成了相应的本质安全技术评估。其中，32%的工厂提供了实施本质安全技术和其他风险降低措施的行动计划；19%的工厂明确了本质安全技术和风险管控的相关措施；其余49%的工厂没有提出整改建议，其中80%的工厂认为评估给出的一些本质安全技术和风险降低措施不可行。

基于法案要求的本质安全技术评估结果，新泽西州认为评估本质安全技术并不会给企业带来太大的负担，并且可以降低工厂风险。

此外，新泽西州环保部(NJDEP)认为，从经济、员工安全和合规监管的角度来说，对于储存或使用高危物料的工厂，本质安全分析是一项优秀的业务实践(参考文献 14.12 Sondermeyer)。本质安全成功应用的经验把本质安全方案有效推广到所有《毒性物品灾害预防法》(TCPA)适用的工厂设施。

2010年，新泽西州环保部(NJDEP)发布了《毒性物品灾害预防法》(TCPA)的适用单位所完成的2008年和2009年的本质安全评审报告，本次评审是在本质安全要求写入《毒性物品灾害预防法》(TCPA)之后完成的。上述本质安全评估的结果参见表 14.2(参考文献 14.14 NJ IS Summary)。

新泽西州经验。 新泽西州已经将本质安全作为安保和过程安全管控的重要手段，他们相信危害化学品存量较少的工厂对恐怖分子的吸引力较小，如果受到袭击，发生严重的意外泄漏的可能性会降低，且事故后果也会减轻。

《毒性物品灾害预防法》(TCPA)推动本质安全理念的一种方式就是鼓励企业想方设法将高危化学品(即法案涉及的化学品)的数量控制在法规要求的阈值内。在《毒性物品灾害预防法》(TCPA)发布实施以来的近30年中，受监管的设施数量以及该州注册的极度危险物料(EHS)数量显著下降。这样做的好处既降低了风险，也不再受法规约束。但值得一提的是，在新泽西州推行本质安全法规之前，就已经有许多适用《毒性物品灾害预防法》(TCPA)的工厂自愿减少了极度危险物料(EHS)存量。

表 14.2　按行业类别实施或计划实施的 IST 措施总结

行业类别	提交 IST 报告的工厂数量	实施或计划实施的 IST 措施总数	已经执行 1 个或者多个措施的工厂数量	执行本质安全措施的工厂占比/%	单个工厂中执行最多 IST 措施数量	通过执行 IST 不再使用极度危险物料(EHS)的工厂数量
化工	41	77	18	44	11	0
水/废水	13	15	7	54	4	2
炼油	4	10	2	50	3	0
食品	14	35	9	64	7	0
电力	6	1	1	17	1	0
其他	7	9	4	57	4	0
总计	85	143	41	48	11	2

14.2.3　本质安全体系要求——加州意外泄漏预防法规(CalARP)

本节重点介绍美国加利福尼亚州本质安全研究领域的一个法规，它提供了另一种帮助企业评估本质安全选项的法规体系。2012 年由于加利福尼亚州里士满的雪佛龙炼油厂的一套原油装置发生火灾，加利福尼亚州政府修订了两项过程安全法规：加州意外泄漏预防法规(CalARP)(参考文献 14.1 CalARP)和加州职业安全与健康管理局的过程安全管理(PSM)法规(参考文献 14.2 CalOSHA)。这些修订后的法规于 2017 年生效，目前仅适用于加利福尼亚州的炼油厂。

这些修订代表了加州过程安全法规要求的重大变动，并且要求通过以下方式将本质安全作为风险管控层级分析(Hierarchy of Control Analysis-HCA)的一部分：

- 反复识别、分析和记录所有本质安全措施和保护措施(或酌情将两者结合)，以尽可能地减少每种危害。
- 识别、分析和记录可公开获得的本质安全措施和保护措施的相关信息。这些措施包括(A)在炼油和相关行业的实践中已经实现的措施或(B)由联邦/州/加州地方机构在法规、报告中要求或推荐炼油和相关行业使用的措施。

对于风险管控层级分析(HCA)中确定的每个过程安全危害，分析小组需制定书面建议，应用第一级本质安全措施，尽可能消除危害。分析小组还应尽可能运用第二级本质安全措施，最大限度降低剩余风险。如有必要，分析小组还应制定书面建议，按以下优先级顺序降低剩余风险：

- 使用被动保护措施。
- 使用主动保护措施。
- 使用程序性保护措施。

风险管控层级分析(HCA)报告识别出了针对每个过程安全危害的本质安全措施和安全保护措施。此外，如果工厂负责人可以书面证明，另外一种措施可以提供同级别或者更高级别的本质安全，那么工厂负责人允许以此取代原有的本质安全措施建议。风险管控层级分析(HCA)计划在 2018~2020 年期间在加利福尼亚州的炼油行业施行(参考文献 14.1 CalARP)。

由于 CalARP 和 CalOSHA PSM 法规特别明确地要求实施第一级和第二级本质安全措施，其修订内容超出了以往本质安全法规范畴。康特拉科斯塔县和新泽西州现行的过程安全法规要求，对建议实施但未实施的本质安全措施要开展不可行性评估和论证。风险管控层级分析（HCA）没有明确要求对适用的本质安全措施进行可行性评估，但要求必须确保所使用的本质安全措施可最大程度降低风险。这是迄今为止本质安全监管方式的一个重要变化。

14.2.4 本质安全与替代方案分析——修订的 EPA《风险管理计划（RMP）规定》

本章的最后一部分聚焦于 2018 年美国华盛顿特区巡回上诉法庭的一项决议，该决议决定不再延迟执行 2017 年在联邦公报上公布的最终版的《风险管理计划（RMP）规定》。新修订的法规要求《风险管理计划（RMP）》涉及的工艺在开展 PHA 时，也应开展本质更安全的技术和替代分析（Safer Technology & Alternativs Analysis-STAA）。

美国环境保护局修改了《风险管理计划（RMP）规定》中的 PHA 条款，增加了某些特定行业执行 STAA 的要求，并评估识别出来的本质安全技术的实用性。实用性研究用来确定施行成本和评估技术替代方案的合理性。美国环境保护局将这一要求限制在《风险管理计划（RMP）》**方案 3** 监管工艺的工厂负责人，这些工艺分别是北美产业分类体系（NAICS）代码 322（造纸）、324（石油和煤炭）及 325（化学品制造）。在立法方面，美国环境保护局规定，STAA 将按照以下优先级顺序考虑：

- 本质安全技术或本质安全设计（ISD）。
- 被动保护措施。
- 主动保护措施。
- 程序保护措施。

美国环境保护局进一步表示，工厂负责人能够评估这些风险管理措施的组合，从而降低生产过程中的风险。美国环境保护局没有强制要求采用 IST 原因之一是他们认识到 STAA 层级上的被动保护措施或其他方法也可能有效降低风险，因此，允许工厂负责人自主选择适当的事故预防方法。

美国环境保护局还增加了几个与 STAA 相关的定义。"主动保护措施"是指基于机械或其他能量输入，来检测和响应工艺偏差的风险管理措施或工程控制措施。例如，报警、安全仪表系统和检测设施（如烃类传感器）。"被动保护措施"是指基于设计特点，在不需要人力、机械或其他能源投入的情况下降低危害的风险管理措施，如压力容器设计、堤坝、护堤和防爆墙。"程序措施"是指通过如制度、操作程序、培训、行政控制和应急反应行动等，防止或减少事故发生的风险管理措施。

美国环境保护局定义的程序保护措施是指基于风险的管理措施，以防止或减少事故的发生。美国环境保护局将"可行性"一词替换为"实用性"，并对其进行了重新定义，即在考虑经济、环境、法律、社会和技术等因素情况下，在合理的时间段内能够成功实施。这一最终定义是和美国环境保护局《风险管理计划》法规中对"可行性"一词的解释是一样的。美国环境保护局并没有明确定义"经济、环境、法律、社会和技术因素"是什么，但是在他们的本质安全技术指导文件中提到了新泽西州对这些术语的定义，以此作为参考。然而，在《风险管理计划》（RMP）规则下本质安全技术和替代分析（STTA）的实施过程中，新泽西州的定义不是强制性的。美国环境保护局认为，"实用性"一词的定义能够为工厂负责人或操作人员判定一项本质安全技术或设计是否能够有效采纳提供了足够的灵活度，以及是否能用相同的工具和方法对现有装置开展 PHA 分析，以此来识别和衡量安全替代方案带来的危害和风险。同时，美国环境保护局对定义里的环境因素做了进一步阐述，认为环境因素还应考虑因采取新的风险降低措施所带来的潜在的风险转移。

所谓本质安全技术或设计，从其定义来看包括以下四个方面的风险管理措施：

- 最小化：尽量减少使用受管制物料。
- 替代：替换使用危险性较低的物料。
- 减缓：在温和的条件使用受管制的物料。
- 简化：简化工艺流程，以降低意外泄漏发生的可能性或发生后的严重性。

14.3 本质安全监管问题

行业和政策制定者在制定有效的本质安全推广计划时面临着很多机遇和挑战。推进这一方案的方式可以是行业自愿实施，也可以是政府立法强制实施。首先，行业和政策制定者都需要对本质安全有一个全面和统一的理解——它是什么，以及如何应用它。其次，需要开发用于本质安全评估和衡量项目进展的分析工具，以及相应的评估标准(参见第 12 章)。

虽然人们普遍认为，本质安全技术可以有效减少意外和蓄意导致的过程安全危害，但本质安全技术的实施，特别是监管，通常并不简单。康特拉科斯塔县和新泽西州的经验表明，由于成本以及风险转移等其他因素，在现有装置中实施本质安全的可行性是十分有限的。行业认识到本质安全技术并不是消除安保和意外风险的"良方"，包括对折中方案的认知，它只能改变(或增加)风险，而不会降低风险。其中一个例子是使用较小的海运集装箱，这可能降低集装箱泄漏的后果，但由于更频繁的装运和人工操作，例如频繁地将集装箱与系统连接和断开，可能增加运输环节的风险。成本是另一个重要影响因素。相比于替代或者工艺过程的重新设计而言，安全保护屏障(主动、被动和程序)的应用和管理既可以提供足够的保护水平，又可以有效地控制成本。本质安全的理念作为工程设计指南具有十分重要的意义，它可以作为一种理念，广泛应用在化工装置管理的各个阶段，如设计、施工、维护和操作。

而让业界一直关注的是，一旦本质安全替代方案确定下来，无论其可行性如何都会被强制执行，而这可能会给装置或运输系统带来成本甚至安全方面的问题。与其他过程安全和风险管理要求一样，本质安全成为需求选项的原因和执行的方式是其得以成功实施的关键。然而，根据新泽西州的经验，开展本质安全评估和"在可行的情况下"实施这种技术的要求，不太可能使安全相关的风险显著降低。

14.3.1 本质安全的统一认识

对于本质安全的误解主要体现在四个方面，即：目标、适用性、范围和经济可行性。

安全和安保方案的目标应该是降低风险。本质安全就是一种降低和管理风险的方法，它本身不是目的。最有效的本质安全政策和规定是能够清晰地阐述可以降低的风险和管理的目标，并认识到这些风险是某些关键产品的生产过程和服务中固有的，而且这些风险能够被控制在可接受的范围。

本质安全可适用于现有和新的装置和工艺。而有一种观点认为本质安全只适用于新的装置，却不适用于已有的运行工艺。然而，在工艺开发就考虑本质安全，对于提升系统安全性的效果却是最好的。本书中也提到，将本质安全应用于工艺全生命周期的各个阶段，能够有效地减少其至消除危害。同时，通过有效的变更管理能够避免新的隐患。本质安全应用大多数是针对已安装或运行的工业设施，但这会大大降低本质安全应用的可行性。这就导致了很多采用新工艺(尤其新技术)的公司很少去践行本质安全。

本质安全的范畴不仅限于减少危害，也可以针对残留危害建立保护层。少部分人认为，本质安全只适用于危害程度的重大改变，而大部分人认为，本质安全策略适用于提升整个系统的安全性。这包括过程安全管理方案的程序方面(参见第 11 章)。

装置和工艺变更应确保经济可行。因此，在考虑对现有装置进行改造时，成本是首要考虑的因素。本质安全和被动保护措施是战略层面的，通常必须在装置设计开发的早期阶段实施，这会对工艺设计产生广泛而深远的影响。而战术层面，包括风险控制层级的主动保护和程序保护，可以在设计工艺的后期实现，其特点是具有重复性和较高的维护成本(参考文献 14.9 Hendershot)。成本必须从全生命周期全过程进行评估，而事实表明，实施本质安全措施后，全生命周期的成本和风险都会降低。康特拉科斯塔县和新泽西州方案都明确将经济可行性作为本质安全评估的一部分。

14.3.2　评估工具

第 12 章讨论了几种评估不同的本质安全选项和措施的工具和方法。除此之外，支持本质安全法规方案的开展还需要其他工具和方法，包括系统性的本质安全评估、经济可行性评估和绩效评估。

系统的评估方法。为了在工厂内或工厂间进行一致的、可对比的本质安全评估，需要一种系统的本质安全评估方法。当在不同的工厂间开展本质安全评估时，这种方法能够更好地保证评估标准的一致性，从而使得最终的评估结果更容易被监管人员和公众接受和认可。

经济性评估方法。由于经济可行性是识别本质安全应用的一个关键因素，无论是强制还是自愿实施的本质安全方案，都需要更好的方法评估其经济性。目前，还没有准确评估本质安全价值的适用方法，也没有量化评估某一工艺是否"足够本质安全"的方法。虽然越来越多的例子出现在相关文献中，但本质安全项目经济效益的案例研究还没有在行业内广泛的开展。

绩效评估方法。本质安全法规要求的一个重要问题是尚未建立统一的本质安全衡量指标。如果法规要求是基于结果而不是规则，那么就需要相关的衡量指标来确保管理的一致性。仅从事故发生的概率或严重程度来衡量本质安全法规要求的有效性是很难的。

改善本质安全的监管面临若干困难。目前尚无衡量本质安全的方法。工厂工艺的复杂性从根本上阻碍了规范性规则的广泛适用。立法似乎可以明确要求工厂把评估本质安全设计可选方案作为过程危害分析的一部分。但是，由于不可避免的技术和经济问题，除了评估外，几乎不可能强制执行本质安全措施(参考文献 14.10 Mannan)。

本质安全与其他安全、健康或环境的方针目标相冲突尤其让人头疼。而本质安全绩效指标可以为此类冲突的评估提供帮助。

14.4　总结

通过实施本质安全策略和方法有可能改善工艺的安全、安保甚至经济绩效。但是，不应该把本质安全本身当作目的，甚至不应被视为降低风险的强制性策略。相反，它应被看成为达到降低风险目标而采用的一种策略。

康特拉科斯塔县，以及加利福尼亚州和新泽西州，都要求将本质安全作为化工安保（新泽西州）和过程安全（加利福尼亚州、新泽西州和康特拉科斯塔县）方案的一部分。这些行政区域内的工厂都实施了本质安全措施，但由于缺乏一致的本质安全指标，就很难评估这些措施对安全和安保的贡献。到2021年3月，北美产业分类体系（NAICS）法规明确要求实施风险管理项目的企业，将采用新的《风险管理计划》规定。该规定要求企业开展本质安全技术和替代分析，并考虑STAA识别出来的本质安全技术变更的实用性。

政策制定者一直将立法作为推进本质安全在某些高风险行业应用的重要手段。而行业和政策制定者都将受益于对本质安全的更深入理解——目标、适用性、范围和经济可行性。最重要的是开发新的和持续优化的工具和方法，来评估本质安全对降低风险和经济可行性的影响。

14.5 参考文献

14.1 California Code of Regulations, California Office of Emergency Services, *Accidental Release Prevention (CalARP) Regulations*, Title 19, Division 2, Chapter 4.5.

14.2 California Code of Regulations, *Process Safety Management for Petroleum Refineries*, Title 8, Section 5189.

14.3 City of Richmond, CA, *Richmond Industrial Safety Ordinance (RISO)*, Municipal Code, Chapter 6.43.

14.4 Contra Costa County(CCC), California, *Industrial Safety Ordinance(ISO)*, County Ordinance Chapter 450-8.

14.5 Contra Costa Health Services(CCHS), California, *Industrial Safety Ordinance Guidance Document*, Section D, June 2011.

14.6 Contra Costa County, California, *Industrial Safety Ordinance Annual Performance Review & Evaluation Report*, Contra Costa Community Health Hazardous Materials Programs, 2017.

14.7 Department of Homeland Security, Interim final rule implementing the ChemicalFacility Anti-Terrorism Standard, April 9, 2007, 72 Fed. Reg. 17718.

14.8 Environmental Protection Agency, Final Risk Management Rule, 40 CFR 68, January 13, 2017, 82 Fed. Reg. 4594.

14.9 Hendershot, D. C., Safety through design in the chemical process industry: Inherently safer process design Presented at the Benchmarks for World Class Safety Through Design Symposium, Institute for Safety Through Design, National Safety Council, 1997.

14.10 Mannan, S. White Paper-Challenges in Implementing Inherent Safety Principles in New and Existing Chemical Processes, Texas A&M University, 2002.

14.11 New Jersey Administrative Code, *Toxic Catastrophe Prevention Act(TCPA) Regulations*, N. J. A. C. 7:31.

14.12 Sondermeyer, G. Testimony of NJDEP Director of Operations Gary Sondermeyer, before the US House of Representatives Committee on Homeland Security, December 12, 2007.

14.13 State of New Jersey Department of Environmental Protection, Bureau of Release Prevention, *Guidance on Inherently Safer Technology*, September 25, 2017.

14. 14   State of New Jersey Department of Environmental Protection, Bureau of Release Prevention, *Inherently Safer Technology(IST)Implementation Summary*, January 10, 2010.

14. 15   State of New Jersey, Domestic Security Preparedness Task Force, Domestic Security Preparedness Best Practices Standards at TCPA/DPCC Chemical Sector Facilities(New Jersey Prescriptive Order-NJPO), November 21, 2005.

14. 16   State of New Jersey, *Toxic Catastrophe Prevention Act(TCPA)* NJSA 13:1K-19 et. seq.

14. 17   White House, Executive Order 13650:Improving Chemical Facility Safety and Security, August 1, 2013.

15 实例及案例研究

15.1 概述

本章说明了本质安全原则和理念在理想化和实际情况下的应用例子。这里还包括事后对适用于博帕尔悲剧的本质安全机会的考虑，生动说明了确定和实施本质安全机会对设施和周围社区的潜在好处。

15.2 本质安全策略的工艺应用

如第 8 章所述，本质安全理念贯穿于工艺的全生命周期。下面举例说明在第 2 章中所提及的理念(参见图 2.3)在工艺全生命周期的应用。

假设一家涂料工业供应商正计划建造一个新的聚合装置生产中间产物 C 和最终产物 Z。最终产物将广泛应用于涂料工业。行业希望这类聚合物采用低溶剂配方。以下为生产工艺说明：

中间产品：A+B ═C

目前的生产工艺是一开始就把包括催化剂在内的所有原料投入间歇反应器反应，原料 A 与原料 B 反应生成中间品 C。

原料 A 易燃(闪点<38℃)、有毒、散装供料和储存。原料 B 为可燃活性单体(闪点>38℃)，有腐蚀性(对人体组织)，一般通过对苯二酚(HQ)或甲氧基对苯二酚(MEHQ)抑制其反应性。和原料 A 一样，它也是散装供料和储存。三氟化硼(BF_3)为有毒气体，储存在钢瓶中，作为催化剂用于中间品生产。整个反应在 93℃和微正压下进行。

在全真空下对中间产物 C 进行间歇精馏，收集提纯后的 C 使用 MEHQ 重新抑制其活性，在大气环境中储存。C 是闪点高于 93℃的活性单体。蒸馏塔底产物作为反应废物进行装桶处理。

最终产品：C+D ═Z

在一个间歇反应器中，中间品 C 与原料 D 间歇聚合反应生成最终产物 Z，并在溶剂 E 中稀释。所有的原料，包括引发剂、溶剂都在开始时加入。反应在常压下进行，通过溶剂回流和反应器夹套循环水冷却。

原料 D 是一种反应性高且有腐蚀性(对人体组织)的单体；溶剂 E 易燃、有毒。这两种原料都是散装供料和储存。引发剂为过氧化物，需冷藏储存。

最终产品 Z 是一种聚合物，本身无毒性且反应性低。然而，在目前的溶剂中，该产品易燃且有毒(参见图 15.1)。

表 15.1 演示了如何应用不同级别(第一级和第二级)的本质安全措施，以及如何将本质安全理念贯穿到工艺的整个全生命周期中，具体改进的工艺如图 15.2 所示。

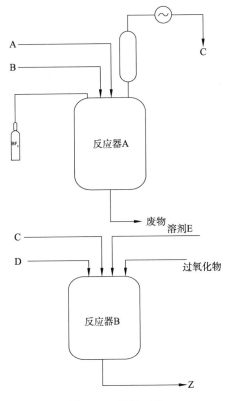

图 15.1 原始工艺　　　　　　图 15.2 改进的工艺

表 15.1 反应器全生命周期实例

本质安全优先级实例	生命周期各阶段						
	工艺研发阶段	基础设计阶段	详细工程设计阶段	施工试车阶段	正常操作阶段	工厂及工艺变更阶段	退役阶段
优先级为1的本质安全实例	将易燃聚合物溶剂替换成无毒的低挥发性的溶剂和水	用刮板式薄膜蒸发器替代中间品C的间歇蒸馏	消除设计时电气未分级区域允许使用的易燃溶剂	开车时的清洗剂采用水或表面活性剂替代易燃溶剂，清洗废液送到专业处理工序	产品转换时采用水或表面活性剂而非易燃溶剂进行清洗，清洗废液送到专业处理工序	重新设计聚合催化剂/阻聚剂工艺包，消除使用过氧化物的风险	用水或表面活性剂清洗，彻底消除危险物质和残余物
优先级为2的本质安全实例	● 最初的反应阻聚剂替换为吩噻嗪（PTZ），因为PTZ允许反应在氮气环境中进行（降低燃烧性），降低反应失控的可能性 ● 二级反应改为半批次反应，以控制反应失控的可能性	向单体B罐添加PTZ降低储存物料反应失控的可能性	● 批次尺寸按BF₃全容器的量来计算，以降低错误添加或意外泄漏BF₃的可能性 ● 单体储罐设计成间接直接加热（罐内有一个加热室），防止过热导致失控	最小化开车时的工艺存量，尽量降低其影响	改善BF₃催化剂的储存管理系统，最小化工厂存量（如原材料的随用随供）	● 将离心泵换成磁力泵，降低泄漏和聚合反应的可能性 ● 将压滤机换成滤袋，减少废物处置	在装置拆除或退役时，采用识别技术固化危险材料，以最小化其带来的安全、健康及环保的长期危害

本质安全优先级实例	生命周期各阶段						
	工艺研发阶段	基础设计阶段	详细工程设计阶段	施工试车阶段	正常操作阶段	工厂及工艺变更阶段	退役阶段
保护层实例			• 聚合罐按反应失控的最恶劣工况设计（P&T 与绝热温升相一致） • DCS 及 SIS 系统，所有储罐的二次围堵，超压泄放及缓解系统 • 详设阶段完成人为因素分析，有助于完善设备设施的可接近性、可维护性和可读性	充分考虑人为因素特点（如可接近性、可维护性和可读性）	• 变更取样程序和方法，降低人员的工艺或产品采样的暴露时间 • 优化 BF₃ 加料系统，降低钢瓶连接和断开的暴露时间	• 在 BF₃ 区域安装泄漏检测和缓解系统 • 充分考虑人为因素特点（如可接近性、可维护性和可读性） • 增加联锁、报警、控制系统、二次围堵、超压泄放、缓解系统，待后续的 PHA 再确认	采用机械隔离（如盲板等）尽可能降低危险物料泄漏的可能性

15.3 来自 Carrithers 的案例分析

以下章节中的案例分析和例子来自 G. W. Carrithers，A. M. Dowell 和 D. C. Hendershot 三人（参考文献 15.2 Carrithers）题为《本质安全永远不会太迟》的主题演讲。

15.3.1 间歇放热反应

一个现有的半间歇工艺发生如下放热反应：

$$A+B \xrightarrow[\text{溶剂 S}]{\text{催化剂 C}} D+\text{热量}$$

这种反应除了会大量放热，还有另外一个危害。如果反应物 B 严重过量添加（两倍甚至更多），可能导致副反应发生，并产生一些受热不稳定的副产物，从而导致反应失控。同理，如果反应器超温，也会导致不期望的副反应发生，因而有潜在导致反应热失控的风险。

简化的工艺设备图如图 15.3 所示。

在称重罐 A 中，反应物 A 溶解于溶剂 S，先进入反应器，再将催化剂 C 加入反应器，然后投用反应器冷却盘管。而此时称重罐 B 已预先加入适量的反应物 B 和抑制剂，接下来反应物 B 靠重力逐渐从称重罐 B 加入反应器，添加量已经预先设定好。反应物 B 的进料速率通过间歇反应的温度控制。该工艺设有 SIS 系统，当检测到异常状况时，可以将反应带到安全状态。如果反应器搅拌失效、冷却水盘管失效、反应器温度或压力高时，SIS 系统将自动触发联锁，所有的安全仪表功能（SIFs）关闭反应物 B 和抑制剂进料的流量控制阀及相应的切断阀。

根据 PHA 分析结果，对该系统进行了如图 15.4 所示优化，增加了一些本质安全措施。这些措施能够在现有装置上实施而且投资相对较小。

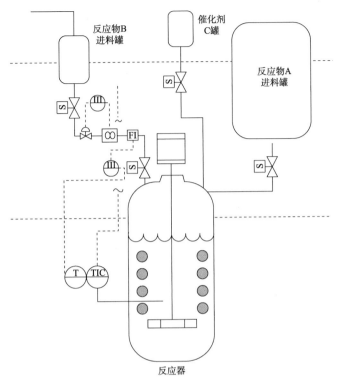

图 15.3　原先的间歇反应系统

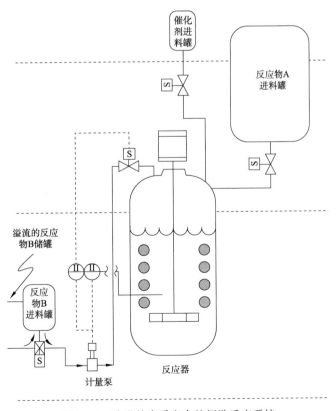

图 15.4　改进的本质安全的间歇反应系统

（1）原设计靠重力输送，反应物 B 进料的动力源一直存在。现将反应物 B 进料罐移至反应器以下，通过一个计量泵控制进料。一旦反应温度过高，将触发反应器高温 SIS 联锁，停进料计量泵和关闭切断阀。与原来重力进料相比，采用计量泵大大降低发生严重泄漏的可能性。

（2）在计量泵最大流量情况下，反应器产生的反应热也不会超出反应器的冷却能力。因此从本质安全上避免了当反应物 B 加入过快，超出反应器冷却能力，导致反应器超温情况。

（3）反应物 B 进料罐最大的储量减少到正好够一次反应的进料量。在这个案例中，重新投用一个同样的反应物 B 进料罐，安装在更低的楼层。在进料罐一定高度上增设一根溢流管线回到反应物 B 的储罐，目的就是为减少进料罐 B 的最大存量。

（4）在改进后的反应系统中，反应物 B 通过进料罐底部的三通阀进料。三通阀可以实现反应物 B 从储罐进入到进料罐，或者从进料罐进入反应器，而无法将反应物 B 从储罐直接用泵送至反应器。该反应系统的设计更不可能发生反应物 B 过量添加的情况。

这些改造对现有装置的本质安全有着极大的提升。反应器系统 PHA 分析完成后，又进行了 QRA 分析。QRA 分析结果显示，改造后比原系统总的风险降低了 1000 倍。

15.3.2　冷冻甲胺

冷冻可以最小化低沸点物料泄漏所造成的影响（参考文献 15.3 CCPS），冷冻通过以下几种方式降低甲胺泄漏的潜在风险：

- 冷冻可以降低储存压力，最好使其更接近常压，从而当系统一旦发生泄漏可以减小泄漏速率。
- 冷冻可以极大地减小或消除泄漏情况下化学品的初期闪蒸，因为此时储存的物料不再是常压沸点以上的过热液体。
- 冷冻可以极大地减小或消除非闪蒸液体的雾化，形成的小液滴也不会像雨一样落下，而是形成蒸气云随风漂移，同时吸收周围环境的热量，最终蒸发掉。

甲胺（H_2NCH_3）是一种有强烈氨味的易燃性气体，储存在常温压力容器。在 20℃ 时，甲胺的蒸气压是 3.9atm（绝压）。在风险分析时，建议将甲胺冷冻作为降低潜在泄漏影响的建议措施。通过 PHAST® 软件（参考文献 15.5 DNV）评估该建议措施对其潜在影响的变化。以一根从液态甲胺储罐到工艺进料机泵之间的 2in（5.1cm）管线发生破裂的泄漏场景为例，其后果分析建模的结果如表 15.2 所示。以 ERPG-3（参考文献 15.1 AIHA）500ppm 作为特征浓度，表征随着冷冻温度的下降其影响范围的减小情况。

甲胺的冷冻对危害的影响范围有非常重要的影响。改进后的系统提升了本质安全，因为该储罐设计就是满足常温下甲胺的储存，即使人员错误操作导致冷冻系统失效，也能确保蒸气压不会超过储罐的设计压力。

表 15.2　在 ERPG-3 浓度下，2in 的甲胺管线破裂，冷冻对危害距离的影响

甲胺存储温度/℃	ERPG-3（500 ppm）浓度的影响范围/km
10	1.9
3	1.1
-6	0.6

15.3.3 消除水处理系统的氯气

氯气往往被用在化工生产的水处理设施。由于氯气处理设施往往在工厂的公用工程区域，因此可能不被视作存在重大潜在危害的区域。

化工生产设施使用含一吨液氯的钢瓶进行水的消毒。液氯通过 1/2in(1.3cm) 的管线输送到一个注入管嘴，与需要处理的水混合。通过对 1/2in(1.3cm) 液氯管线破裂场景建模发现，在一定天气条件下，20 ppm(参考文献 15.1 AIHA)ERPG-3 的氯气浓度，最大影响距离约为 1 英里(1.6km)。因此考虑使用紧邻钢瓶的液氯汽化器，以气态氯气来代替液氯输送。在该系统中，从液氯钢瓶储存区域到水处理区的室外输气管线内为氯气，而非液氯，这样可以大大减少输气管线中氯的存量。通过该替代方案，氯气输送管线破裂场景在 20ppm 的 ERPG-3 的浓度影响距离减少至约 0.5 英里(0.8km)。

对于该装置，通过对其他水消毒系统的研究，发现可以采用次氯酸钠替代氯气用作水处理，这样就几乎可以完全消除氯气蒸气云的危害。

15.3.4 减小液氯输送管线尺寸

在一个使用液氯的氯化生产工艺中，原设计采用 2in(5.1cm) 管线将液氯从氯储存区域输送到生产装置。在一次过程危害审查时对输送管线的尺寸提出了质疑，在不影响生产工艺的情况下，决定将管线尺寸缩小至 1in(2.5cm)。表 15.3 显示管线尺寸缩小后，输送管线发生潜在破裂时，在几种典型的天气条件下对其影响范围的减小情况。在这个案例中，以氯的 ERPG-3 浓度 20 ppm 的影响距离为危害区域，在所有天气条件下，ERPG-3 浓度的影响距离都减少了 2~3 倍。

表 15.3　减小液氯输送管线尺寸对管线破裂危害区域的影响

液氯输送管线尺寸	管线完全破裂的事故场景中氯气浓度 ERPG-3(20ppm) 的影响范围(单位：km)		
气象条件	D 稳定度(5.5km/h)风速	D 稳定度(18.0km/h)风速	F 稳定度(5.5km/h)风速
2in(5.1cm)	5.5	2.1	6.8
1in(2.5cm)	1.9	0.65	2.7

15.3.5 用氨水代替无水氨

稀释有害物料是提高化工工艺或储存设施本质安全的重要策略。它可以降低危险物料的储存或蒸气压，并降低泄漏时有害气体在大气中的浓度。

大约 227000kg 无水氨储存在一个大的压力储罐中，储罐的设计压力为 6.2bar(绝压)，装有整定压力为 6.0bar(绝压) 的安全阀，在 16℃ 下无水氨的蒸气压为 6.4bar(绝压)。在这里氨是冷冻储存，氨储罐压力维持在储罐设计压力和安全阀整定压力以下。一旦制冷系统故障，随着氨温度的升高，储罐压力会缓慢升高。如果制冷系统在达到安全阀整定压力之前无法恢复使用，则安全阀有起跳的可能。

对该系统进行审查评估后，针对目前使用无水氨的所有工艺和产品情况，评估小组决定使用 28% 的氨水来替代无水氨，这样对生产工艺影响最小，也最经济。

为了说明用氨水代替无水氨的好处，使用 PHAST® 软件模拟了两种泄漏后果：

- 第一种场景，氨储罐内全部物料在 10min 内泄漏完。该场景相当于美国环境保护局《风险管理计划》(RMP)规定(参考文献 15.14 US EPA)中的"最糟糕的场景"。

- 第二种场景，储罐和氨输送泵之间直径为 2in(5.1cm) 的氨输送管线破裂。根据美国环境保护局《风险管理计划》规定（参考文献 15.14 US EPA）的要求，该方案可被视为合适的"其他的泄漏场景"。

图 15.5 总结了这两种潜在泄漏场景的分析结果。氨水的使用大大降低了泄漏产生的蒸气云中氨浓度。

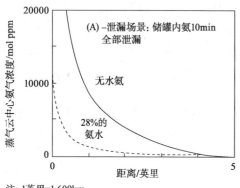 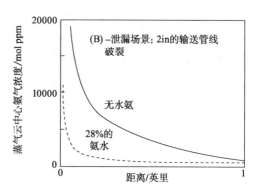

注：1英里=1.609km。

图 15.5　蒸气云中心浓度对比

氨水系统不需要制冷系统，这大大简化了储罐设施。储罐现在能够在所有环境温度条件下储存氨水，消除了对制冷系统正常运行的依赖，从而使储罐压力保持在低于安全阀设定压力的水平。

本案例的研究还说明了定期审查所有设施的重要性，包括寻找本质更安全的设计方案。过去在现场一直都有使用无水氨的需求，使用单一的氨储存设施储存无水氨，而不是两个独立的系统，这样更合乎逻辑也更安全。然而，现在需要无水氨的工艺已经关闭，所以就可以将其他工艺都转换为使用氨水，从而形成一个本质更安全的系统。

15.3.6　氨水的偏差幅度限制

通过限制可能的工艺偏差程度，可以降低物料的危害。通过设计容错率更高（或更坚固）的设备，可以降低泄漏的频率（参考文献 15.3 CCPS）。

由于上面例子的一些原因，安装一个氨水系统为工艺反应提供氨水，该工艺反应能在水溶液中进行。该系统最初采用的是一个剩余的储罐，该储罐的设计压力是 1.7bar（绝压，1bar=10^5Pa），并配备整定压力 1.7bar（绝压）的安全阀。该系统是通过无水氨和水以一定的比例混合，通过引射泵注入循环冷却器的循环管路中（图 15.6）。在本案例中，氨水所需浓度约为 30%（质量），正常工作温度约为 38℃ 或更低。

表 15.4 给出了设计点附近条件下氨水的总蒸气压。如右侧阴影区数据所示，如果储罐温度升高或氨浓度增加，即使是小幅度增加，也会超过储罐设计压力，安全阀将会起跳。

造成压力波动并导致泄漏的初始原因包括：

- 循环回路中无流量。
- 热交换器中冷却液缺失。
- 热交换器冷却液温度高。
- 比例控制不稳定。

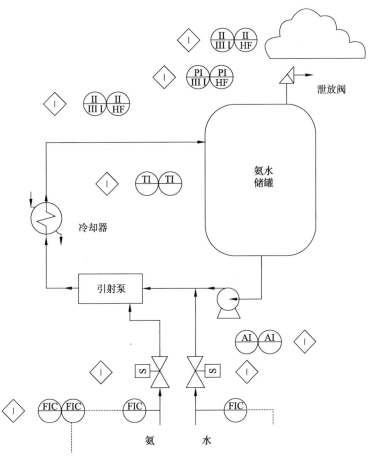

图 15.6 氨水偏差等级限制

表 15.4 氨水的总蒸气压[bar(绝压)]](参考文献 15.12 Perry)

温度/℃	氨水浓度/%(质量)			
	19	24	29	34
32	0.5	0.8	1.2	1.7
38	0.6	1.0	1.4	2.1
43	0.8	1.2	1.8	2.6
49	1.0	1.5	2.2	3.1
54	1.2	1.8	2.6	3.7
60	1.5	2.1	3.1	4.5
			↑	↑
			1.7bar 储罐泄放阈值	4.4bar 储罐泄放阈值

　　在装置正常操作中，由于以上这些原因导致压力多次波动，出现安全阀起跳的情况。由此产生的蒸气云，需要疏散相邻的工艺装置人员。应急响应启动消防水幕来防止氨气蒸气云的扩散，同时装置通过调整控制或传热问题来等待储罐压力下降使安全阀回座。为防止泄漏，当出现高温、高压、进料比不当、高液位或循环泵失效时，SIS 将启动来切断液氨进

料。在这种状况下，SIS 设计必须有非常快的响应时间，因为此时温度和压力会上升非常迅速。

因此，重新安装了一个设计压力为 4.4bar（绝压）的新罐，以降低装置对工艺波动的敏感性。如表 15.4 右下角的黑色边框所示，只有温度达到 60℃ 和浓度达到 34% 左右的工况才会引起安全阀起跳，新储罐基本上消除了安全阀起跳的问题。SIS 系统也不需要非常快的响应时间，而且也可以消除之前可能引发装置停车的因素。

这个例子说明：最便宜的设备，即使是免费的，也未必总是最合算的选择，特别是必须考虑发生泄漏时的损失和 SIS 的成本问题。

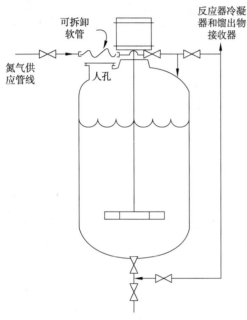

图 15.7　氮气管线位于容器人孔正上方，打开人孔前必须断开氮气连接

15.3.7　受限空间作业案例

由于工艺原因，氮气往往会配管到工艺容器，用于惰化处理可燃性气体。当需要进入此类容器进行检查或维护操作时，大家比较关心如何确保氮气与容器断开或以其他方式进行隔离。图 15.7 展示了一种本质更安全的方法，以确保氮气在人员进入容器之前已经断开。所有与容器相连接氮气管线均由一条主管线供应，通过软管或可拆卸的管线直接穿过容器人孔。在未拆除氮气软管或可拆卸管段的情况下，不可能打开容器的人孔。图 15.8 展示了如何在两个容器上实施这个安全措施。

当然，这种设计并不能确保容器内的气体满足进入受限空间的安全要求，因此仍然需要有作业许可证和受限空间许可证的程序。在很多情况下容器内还是可能存在有害气体。例如，容器内可能含有有害物料，但是在作业人员进入之前没有进行有效的吹扫置换，同时其他工艺管线连接也可能不那么可靠。然而，通过这种方式，在人孔开启时基本能确保容器的氮气断开，这种设计确实提供了一种本质更可靠的机制，消除了参与受限空间作业人员氮气窒息的风险。

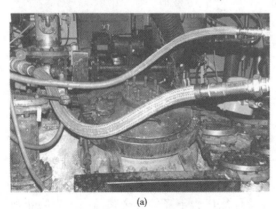
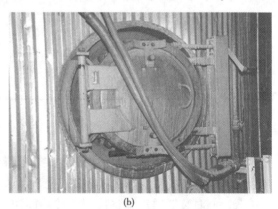

(a)　　　　　　　　　　　　　　　　(b)

图 15.8　氮气管线穿过人孔上方的两个例子，在氮气管线拆除前人孔无法打开

15.4 工艺路线选择——早期研发案例

本质安全已经在程序中制度化，研发人员在开发化学工艺和工艺设计时必须执行该程序。他们需要对风险进行评估，对每个实验装置的建立及会发生的重大变更，编写 PHA 报告。检查表就是 PHA 分析的必要组成部分，在完成检查表时，需要对表中关于本质安全的问题进行说明。

产品、化学品和工艺开发的技术报告模板都应包含本质安全内容的章节，同样在专利许可申请的报告格式中也须包含本质安全内容的章节。模板上针对本质安全的主要说明可参考以下内容：

"当提出了新的生产工艺或反应原理或者要在现有工艺基础上进行提升改造，那么就需要讨论在工业化生产过程中可能的危害或风险等级。从本质安全的角度出发，并考虑其中涉及的危害化学品量的问题。通常会使用一个标准"指数"表，而表中本质安全是必须考虑的"。

指数表（参考文献 15.9 Hikkka）对毒性、易燃性和反应性（即化学品物料因子）、数量（即存量因子）和反应严重程度、压力、温度、腐蚀或侵蚀的潜在性、粉尘含量、可操作性以及经验（即过程因子）从低到高分为五个不同等级。研发人员要对每个因子的"严重度等级"分配一个分数，并对其进行加和。

从本质安全的角度来看，分数越高，就代表该工艺或反应机理就越危险。需要提出其他可替代的工艺或反应机理，并同样采用"指数"表对它们进行评估。如果相比其他工艺或反应机理，严重度等级越低，则研究人员就有义务去选择"严重度等级"总和低的工艺或反应机理。基本上没有哪个工艺或反应机理，评估出来的"严重度"因子在所有危害分类中都是可接受的。

15.5 蒸汽发生器本质安全研究案例

以下案例内容来源于 2005 年由 Mary Kay O'Connor 过程安全中心在得克萨斯州大学城主办的安全会议上，由 Karen Study 撰写和演讲的论文（参考文献 15.13 Study）。

选择一个本质更安全的替代品似乎很简单，然而，有时最初看起来是本质安全的选择，但实际上并不能提供最佳的总体风险降低。在这个案例研究中，一开始选择了一个"本质安全"方案，后来由于在详细设计阶段发现了问题而被否定了，最终选择的方案比原设计和替代的"本质安全"设计更安全。

15.5.1 设施描述

该装置以天然气和低热值的尾气为燃料，采用多火嘴燃烧锅炉，生产大量蒸汽。锅炉废气（烟气）送至高架烟囱排放，烟气主要含有氮和水、氧和二氧化碳。与所有锅炉一样，烟气中也含有氮氧化物。为了减少氮氧化物排放，专门成立了一个评估小组，对几种方案进行评估。在评估了能够减少氮氧化物排放的几种方案后，最终选择安装选择性催化反应器（SCR）脱除氮氧化物。

15.5.2 最初设计方案（液体无水氨）

为了给 SCR 供应氨，设计小组选择了一个现有的可由附近装置供应的无水氨来源。将管线尽可能地缩短到大约183m长和直径2in，并在锅炉附近安装了一个汽化器，使液氨通过蒸汽加热汽化后进入SCR，简化的工艺流程参见图15.9。

选择该方案后，经咨询过程安全小组人员的意见，考虑到当前的无水氨管线系统会增加较大风险，安全小组建议使用附近可以供应氨水的装置，这似乎是最直接的替代方案（无水氨/氨水方案比较，参见图15.9和图15.10）。

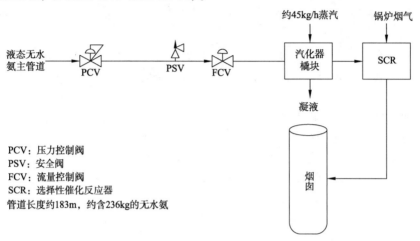

PCV：压力控制阀
PSV：安全阀
FCV：流量控制阀
SCR：选择性催化反应器
管道长度约183m，约含236kg的无水氨

图 15.9　最初的无水氨供应设计方案（参考文献 15.13 Study）

15.5.3　氨水设计方案

工厂的氨水可以通过下游储罐将氨水输送到锅炉设施，由于该氨水储罐距离离锅炉更远，所需的管线更长，而且氨水罐还需要新的加压泵供应氨水。由于氨水储罐需要定期停用会导致供氨中断，因此设计中必须考虑增加临时供应氨水的替代方案，为了满足临时供氨的需要，还需增加额外的工艺设施，有关氨水方案的工艺流程参见图15.10。

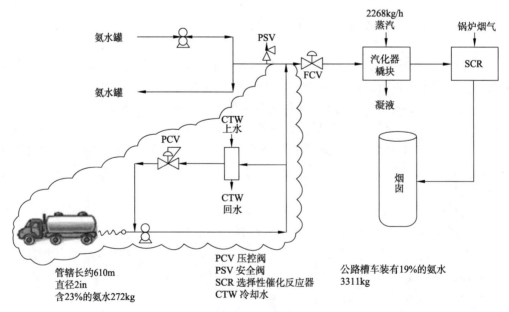

PCV 压控阀
PSV 安全阀
SCR 选择性催化反应器
CTW 冷却水

管辖长约610m
直径2in
含23%的氨水272kg

公路槽车装有19%的氨水
3311kg

图 15.10　氨水供应设计方案

设计团队进行了危险和可操作性分析，提出了有关氨水槽车运输系统和相关操作的几个问题：

- 氨水槽车装卸站的泄漏和操作人员人为错误的风险比一个无水氨系统的操作风险更高。
- 较高的投资、操作和维护成本。
- 氨水供应系统中新增泵的可靠性问题。

因此，项目又回到了方案选择阶段。

15.5.4 最终方案选择

在新一轮的方案选择中，对采用无水气氨供应至 SCR 的方案进行评估。这个方案以前没有进行过完全评估是基于下列的早期假设：

- 供给 SCR 可用的无水气氨供量不足。
- 氨水是更安全的选择。
- 气相量比液相量更难以控制。

使用气氨方案前，对附近一个具备供应气相无水氨条件的生产装置进行了评估，考虑了这个供应装置的停车时间，确定了无水氨蒸气可以满足供应量要求，且不需要增加额外的辅助供应系统。

气氨的流量控制问题可以通过使用过去类似条件下具有较好使用性能的冗余仪表来解决。为了防止气氨在输送管线中冷凝，可以采用将分支管处的管线压力降至 172kPa 的供料方案，这样使得低压无水气氨的供应风险小于高压气氨的供应风险。控制阀和减压调节器的冗余仪表减少了系统的停车时间。在氨气注入 SCR 之前，在氨气中加入少量低压蒸汽作为稀释剂，使催化剂床层中的氨气分散更均匀。无水氨蒸气供料方案如图 15.11 所示(图中没有标示冗余的仪表)。

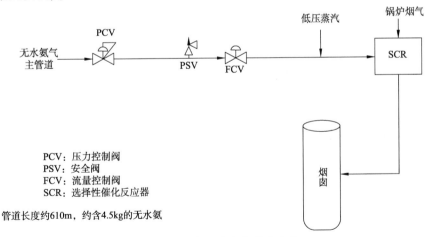

PCV：压力控制阀
PSV：安全阀
FCV：流量控制阀
SCR：选择性催化反应器

管道长度约610m，约含4.5kg的无水氨

图 15.11　选择无水氨气供应方案

15.5.5 后果分析

为了比较不同方案的运行风险，设计人员模拟了供应 SCR 的氨管线完全断裂，导致整个管线内物料快速泄漏的风险场景。对于无水氨方案的结果分析，在最坏的天气条件下(F 大气稳定性，1.5m/s 风速)，估计达到 IDLH 浓度(立即危及生命阈值)的最大距离为 1170 英尺(350m)。相同泄漏场景和天气条件下，如果采用氨水管线系统方案，达到 IDLH 浓度

的影响距离为 930 英尺（280m），采用气氨方案达到 IDLH 浓度的影响距离是 125 英尺（38m）。

采用氨水供应方案时还需要另外考虑，当氨水储罐不可用时，需要使用临时的槽车，氨水槽车的软管和卸车操作将增加新的泄漏风险，其中包括在接近生产操作人员的地方泄漏少量的氨等。此外，大型槽车的库存大大增加了灾难性失效的风险。撇开建模不谈，这三种选择之间的一个重要区别就是输送管线和相关设备内部的物料量。无水氨蒸气系统内的氨元素质量比其他两个管线系统内质量低一个数量级，比氨水槽车低两个数量级。基于供料系统内物料质量差别的比较，参见表 15.5。

表 15.5　不同形式的氨（NH_3）输送方案对比

选项	管线长度/m	体积/m^3	NH_3质量/kg *
液氨	183	0.39	236
氨水（23% NH_3）	610	1.33	272
氨水槽车（19% NH_3）	N/A	18.50	3110
无水氨气	610	1.33	4.5

* 在 27℃ 下氨和水的密度分别为 593kg/m^3 和 993kg/m^3。

15.5.6　结论和行动项

设计团队最终选择使用无水气氨为 SCR 供料。以无水气氨的形式供应氨是经济可行的，安全评估也表明，无水气氨比液氨或氨水的设计方案更安全。

将无水气氨、氨水以及无水氨水进行比较时，使用气氨可降低管线运行的风险，也不会给系统带来新的风险。根据管线运行的建模分析，与液氨系统相比，氨水选项的风险确实略低。然而，氨水系统由于需要一个临时装卸站而带来了额外的风险。因为使用软管进行拆装操作，这种槽车装卸站会增加操作人员的风险。无水气氨不仅不需要这种二次供应，而且管线系统内的氨含量比其他方案少一个数量级。

从经济角度评估氨水和无水气氨，气氨系统的投资成本更低，因为在注入 SCR 之前，只需要很少蒸汽混入气氨，所以预计运营成本也更低。气氨系统具有较低的维护成本，因为不需要机泵输送，并且由于设计简单而且部件少，预计其可靠性会更高。

15.5.7　结论

该项目说明了一个原则，即本质安全设计之间的决策需要评估几种不同的指标，包括危险物料的量、受泄漏释放影响的距离、泄漏频率（例如，拆装氨水的卸车软管）、风险（包括后果严重性和频率）和全生命周期的成本等。所选的方案取决于决策使用的指标以及这些指标之间的权重因素。不能仅凭一个指标就可以判断一个方案比另外一个方案更加本质安全，而是需要进行综合的权衡。

15.6　案例研究：博帕尔事故

以下案例分析，经许可后，由 *Faisal I. Khan* 和 *Paul R. Amyotte* 在 *2003 年 2 月出版的《加拿大化学工程杂志》*（*Canadian Journal of Chemical Engineering*，*Volume 81，pp. 2-16*）上发表的题为《如何使本质安全实践成为现实》的文章改编。

在联碳(印度)有限公司农药厂，发生了一起数千千克富含异氰酸甲酯(MIC)的有毒气体泄漏到大气的事故。MIC 是西维因(一种农药)生产的中间产物，储存在三个卧式不锈钢容器中。MIC 通常是在冷藏条件下储存，但在事发前几天，冷却装置停止了运转。水进入了MIC 储罐，反应放出的热量将 MIC 加热到沸点以上。储罐上方的混凝土土堆受压破裂，通过安全阀泄漏 MIC 蒸气到大气中，在事发当天为除去和焚烧 MIC 而设计的洗涤器和火炬系统没有运行。博帕尔工厂依赖于工程和程序的措施保障其安全。Khan 和 Amyotte 分析了这一事件，并指出如果考虑了本质安全措施可能会避免或减轻这场悲剧。

15.6.1 最小化

MIC 是合成西维因的中间体。该工厂本可以减少储存量，事实证明，在事故发生前一年内，MIC 库存量已经减少了75%。此外，在存量减少的前提下，将泄放口径(一个反映化学品库存的参数)由标准的 50mm 喉径改为30mm。口径缩小后，用《陶氏火灾爆炸危险分类指南》(参考文献 15.7 Dow 1994b)和《陶氏化学品暴露指数指南》(参考文献 15.6 Dow 1994a)计算得出的 CEI(化学品暴露指数)危害距离减少了28%。如果 MIC 库存(或泄漏释放率)已降至最低，则事故后果将减轻(第二级本质安全策略)。

15.6.2 替代

利用光气和甲胺反应制备 MIC，再与萘酚反应生产西维因。另外一种替代的工艺路线没有产生危害的 MIC 中间体：光气与萘酚反应，生成一种危害较小的中间体——氯甲酸盐，再与甲胺反应(图15.12)生产西维因。在选择工艺路线时应用替代原则可以防止事故发生(第一级本质安全策略)。

含甲基异氰酸反应路径：

$$CH_3NH_2 + COCl_2 \longrightarrow CH_3CNO + 2HCl$$
甲胺 光气 异氰酸甲酯 盐酸

$$CH_3CNO + C_{10}H_8O \longrightarrow C_{12}H_{11}NO_2$$
异氰酸甲酯 萘酚 西维因

不含异氰酸甲酯反应路径：

$$C_{10}H_8O + COCl_2 \longrightarrow C_{11}H_7ClO_2 + HCl$$
萘酚 光气 氯甲酸萘酯 盐酸

$$C_{11}H_7ClO_2 + CH_3NH_2 \longrightarrow C_{12}H_{11}NO_2 + HCl$$
氯甲酸萘酯 甲胺 西维因 盐酸

图 15.12　西维因生产反应路线选择
(参考文献 15.4 Crowl)

15.6.3 减缓

如果制冷系统持续运行，则可以使 MIC 维持在适当的储存条件(温度)下。该事故中 MIC 并没有按照标准程序要求储存在 0℃ 或更低的温度下，而是在更接近其沸点(39.1℃)的环境温度下。由于污染物会导致剧烈放热反应，助推 MIC 温度和蒸气压快速升高，目前尚不清楚该如何有效缓解压力升高。然而，如果操作压力降低 90%，CEI 危险距离就能降低 60%。

15.6.4 简化

博帕尔工厂依赖于安装在设备管线末端的监测和控制系统，该系统要运行良好以确保其可靠性。依赖于这样的系统可能会产生两个问题：当需要时，这些安全设施可能不可用，并且这些控制措施有可能使工艺操作人员麻痹大意，操作员可能会忽略初始报警指示，比如压力上升等。很多这样的问题，当采用简化原则分析这个系统时，都会被重点关注。

15.7　举例：生产三烷基磷酸酯工艺的本质安全

传统制备烷基磷酸酯的途径为：将磷与氯反应生成三氯化磷，再将三氯化磷氧化成三氯氧化磷，然后使之与过量的烷醇反应，同时真空消除生成的氯化氢气体，然后洗涤/中和，并真空蒸馏得到最终磷酸酯产品。该工艺可在一个工厂中进行，更常见的是三氯氧化磷由一个公司/工厂生产，然后运送到另一个公司/工厂生产磷酸酯。

这个工艺需要处理几种高度危险的物料——白磷、氯、三氯化磷、三氯氧化磷和无水氯化氢气体。三氯化磷和中间产物三氯氧化磷具有高危险性、水反应性和腐蚀性。该工艺仅使用氯的化学潜能，而在反应结束时，基本上被作为稀盐酸（水洗后）丢弃。即使这种酸被收集起来再用于中和，最终还是会在某处变成盐水。

一家公司开发了一种更直接、更安全的三烷基磷酸酯生产工艺，并在实验室进行了演示。在这个工艺中，磷在空气中燃烧，产生的五氧化二磷（P_2O_5）在一个循环洗涤器中"洗涤"，其中烷醇作为"洗涤"介质。通过控制整个工艺压力、再循环速率，使用过量烷醇，可以充分消除反应生成的水，以避免过多偏酯的形成及由此产生的收率损失。据报道，这种"直接酯化法"的产率在商业上是可行的。

这一新工艺消除了氯的使用及其处理的危害，消除了三氯化磷和三氯氧化磷的形成和相关的处理危害，从而消除了废盐酸的产生、处理和废弃。

15.8 小结：本质安全策略应用案例

化工行业越来越多地在工艺全生命周期内实施本质安全设计策略。Khan 和 Amyotte（以下简称 KA）在《如何使本质安全实践成为现实》（参考文献 15.10 Khan）一文中描述了大量案例；Overton 和 King（以下简称 OK），在《本质安全技术：一个持续改进的事物》中描述了陶氏（参考文献 15.11 Overton）的本质安全应用。本节将展示一些本书讨论的原则和理念实际应用的例子和案例研究，这些案例说明了公司为实现本质安全生产而可能采取的众多方法。

15.8.1 最小化
使用更少量的危险物料。

- 虽然硝酸和甘油的反应相当剧烈，但早期工业使用的是大型间歇反应器。目前的技术已经能够有效地混合反应物料，使得整个实际反应过程连续而迅速。这些连续反应器比旧技术的间歇反应器小一个数量级，从而大大降低了这种潜在危害极大的反应风险（KA）。

- 目前已经开发出了一种满足需求的制造光气的连续生产工艺，因此生产过程中不再需要储存液态光气。通过对化学反应机理的深入了解，成功地解决了各种重要问题，如质量控制、动态反应器操作的认识和过程控制。这使得系统设计能以本质安全的方式满足用户的所有要求（KA）。

- 众所周知，反应物料的混合和气液传质是控制氯化反应速度和效率的关键。用环管反应器取代搅拌釜式反应器，这种特殊设计使得物料混合和气液传质更优化，并可显著减小反应器尺寸、停留时间和氯的存量（KA）。

- 在聚合工艺中，50L 的环管反应器取代了 5000L 的间歇反应器（KA）。

- 陶氏位于得克萨斯州拉波特的 MDI 工厂于 1986 年开始专项技改，通过改进过程控制和原来的生产配套设施减少光气库存。图 15.13 所示在十年间，通过实施一系列重大技改，在提升 MDI 产量的同时，该工厂的光气存量减少了 50%。这恰恰是一个持续应用本质安全技术的实例（OK）。

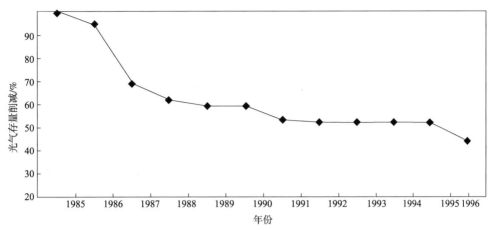

图 15.13 陶氏拉波特工厂的光气存量削减

- 20 世纪 80 年代中期，陶氏的联碳子公司重新设计了位于路易斯安那州塔夫特的丙烯醛衍生物装置，以大幅减少丙烯醛库存。此外，通过与一个重要客户合作，陶氏增加了另一套操作装置，在产品从陶氏运送到客户之前，可以将丙烯醛转换为危害性较低的衍生物，从而降低了运输风险(OK)。

- 陶氏还采用连续反应工艺代替间歇反应工艺生产某些类型的聚乙烯和聚丙烯塑料树脂。该技术减少了连续反应工艺使用的易燃物料的库存(OK)。

- 直接采用来自氯气装置的 95% 的氯气而非纯液氯，用作氯化反应，从而消除了液氯的储存(图 15.14)(OK)。

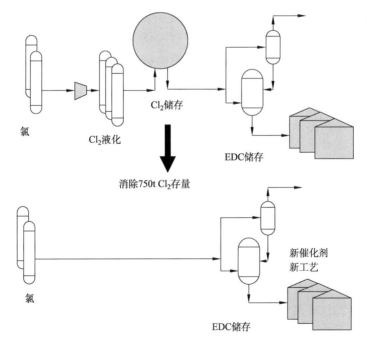

图 15.14 使用氯气代替液氯

- 陶氏环氧乙烷 METEOR™专利技术，显著减少使用浓缩环氧乙烷的工艺流程。(图 15.15)。

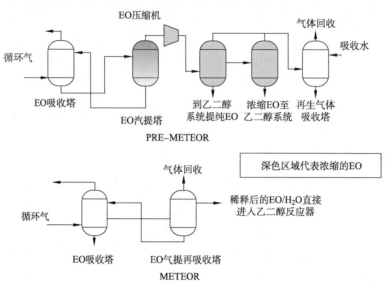

图 15.15 简化的 METEOR™环氧乙烷回收系统

15.8.2 替代

使用更小危害的物料。

- 通过丙烯氧化生产丙烯酸，然后通过酯化制造各种酯和丙烯酸酯，与使用乙炔、一氧化碳和羰基镍的老式羰基合成法（Reppe）工艺相比，前者本质更安全（KA）。

- 亚氨基二乙酸二钠（DSIDA）是一种农用化学品的中间体，传统生产工艺需要使用氨、甲醛、氢氰酸和氯化氢。孟山都公司开发了亚氨基二乙酸二钠的新工艺，不再使用氢氰酸和甲醛，产量更高、工艺更简单，并且无需提纯（参考文献 15.8 Franczyk）就能生产出足够高纯度的产品。因该工艺孟山都公司荣获 1996 年总统绿色化学挑战奖（KA）。

- 很多清洗和脱脂操作环节不再使用有机溶剂，改为用水基系统替代。

- 为确保系统黏度足够低，使物料进行有效的混合和传热，采用逐步滴加的间歇聚合工艺需要大量有机溶剂。在失控（飞温）聚合的情况下，大量易燃和有毒物料会通过反应器爆破片排出。与其依靠昂贵和精心设计的紧急泄放系统控制潜在的危险，还不如重新考虑基础的生产工艺。研究发现，悬浮聚合工艺可以在水中完成。由于新工艺所需的溶剂含量明显较低，失控反应泄漏的大部分物料是水，只有少量的溶剂和未反应的单体。由于水的热容较高可以吸收更多的反应热量，因此在生产波动期间，反应失控的可能性也更小（KA）。

- 陶氏在一个氧化衍生物装置曾一直使用苯作为共沸物，现在已经使用了一种低危害的物料替代了苯（OK）。

- 陶氏在选定的没有氯气生产能力的现场用次氯酸钠（漂白剂）取代氯气作为净水化学品，并在工艺中用另一种危害较低的溶剂代替烃类溶剂（OK）。

15.8.3 减缓

使用危害性更低的操作条件以及更低危害的物料形态或设施，使危险化学品泄漏或能量释放的影响最小。

- 在 20 世纪 30 年代，合成氨工厂通常运行压力高达 600bar。多年来，随着对化学性质认识的提高，合成氨工厂的运行压力呈下降趋势；在 20 世纪 80 年代，工厂通常运行在 100~150bar 的范围内。新建的低压运行的工厂，与那些高压运行的工厂相比，更加具有本质安全、经济性和高效性(KA)。

- 陶氏最新的二苯醚生产工艺，使用催化剂后，其温度与压力与原先工艺相比显著降低(OK)。

- 将剧毒或易燃化学品(例如氯、液化天然气)以冷冻液体方式常压储存，而不是常温带压储存，这样可以降低意外泄漏的潜在危害(OK)。

- 在特定工艺中使用氯化氢(HCl)水溶液，而不是无水 HCl 气体，可降低泄漏的潜在危害(OK)。

- 陶氏有一个临近人口密集区的工厂，用 17% 的盐酸代替 36% 的盐酸溶液。虽然这一变更使运输量增加了一倍，增加了运输风险和运输过程中连接/断开装卸管线的风险，但是因为危险物料的蒸气分压影响因子降低了 1000 倍(如在泄漏时减少毒性危害)，因此在总体上提升了本质安全(OK)。

- 陶氏在多种工艺中采用了小尺寸管线或限流孔板，一旦发生意外泄漏或人员误操作，将限制泄漏流速和防止反应速率过快(OK)。

- 在某些案例中，陶氏使用生产过程中可预见的最大压力作为工艺设备的设计压力，以消除对安全泄压装置的依赖(OK)。

- 如图 15.16 所示，使用高墙围堰和其他类型的二次收集设施，来严格控制有毒液体溢出后的蒸发表面积，将影响降至最低(OK)。

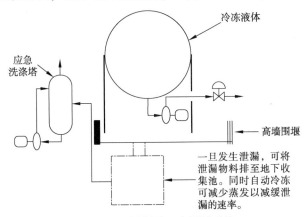

图 15.16　围堰及二次围堵系统

15.8.4　简化

装置设计时需要消除不必要的工艺复杂性、降低人员误操作的可能性，增加容错能力。

- 通过对一个基础化工工艺的了解，工艺人员和研发工程师可以设计出满足工艺要求的、更简单的反应系统和设施。设计完成的工艺过程和操作条件应尽量在一个容器或反应器中进行，如果有必要的话，允许反应生成有害的中间产物，但要尽可能地减少危险物料的存储，或者采用管线从周边输送危险物料。而且，危险物料的存量最多为一个批次产生量。该案例说明了在本质安全策略中可以将简化和最小化结合考虑。

- 简化策略有时需要权衡全厂的复杂性和特定设备的复杂性。例如，用于生产乙酸甲酯的反应精馏新工艺只需要三个塔和附属设备。老工艺则需要一个反应器、一个萃取塔和其他八个塔以及相关附属设备。新工艺更简单、更安全、更经济，然而反应蒸馏部分操作起来也变得更加复杂并具有更强的技术性(KA)。
- 对乳胶反应器清洁设备重新进行设计，消除了设备因错误安装而导致的副反应或交叉污染的潜在后果(OK)。
- 陶氏在几个高危害的工况中消除了软管使用，转而采用硬管连接(OK)。

15.9　其他本质安全操作案例文献

- Amyotte, P. R., Goraya, A. U., Hendershot, D. C., and Khan, F. I. (2007). Incorporation of Inherent Safety principles in process safety management. Process Safety Progress, 26(4), 333-346.
- CCPS(1993). "Inherently Safer Plants." *Guidelines for Engineering Design for Process Safety*(Chapter 2). New York：American Institute of Chemical Engineers.
- Commission of the European Community(1997). INSIDE Project and INSET Toolkit. Available for download at www.aeat-safetyand-risk.com/html/inset.html.
- Kletz, T. A. (1998). Process Plants-A Handbook for Inherently Safer Design, London, UK：Taylor and Francis.
- "Layer of Protection Analysis and Inherently Safer Processes." Process Safety Progress, 18, (4), 214-220, Winter 1999.
- "Inherently Safer Approaches to Plant Design", DP Mansfield.
- Mansfield, D. P. and Cassidy, K. (1994). Inherently safer approaches to plant design：The benefits of an inherently safer approach and how this can be built into the design process. Presentation at IChemE Hazards XII—European Advances in Process Safety, April 19 - 21, 1994, UMIST, Manchester, UK. AEA/CS/HSE/R1016, HSE Books/HMSO, August 1994, ISBN 0853564159.
- Sanders, R. E. (2003). "Designs that lacked inherent safety：case histories." Journal of Hazardous Materials, 104, 1-3, 149-161.

15.10　参考文献

15.1　American Industrial Hygiene Association, *Emergency Response Planning Guidelines：Chlorine.* Akron, OH：American Industrial Hygiene Association, April 20, 1988.

15.2　Carrithers, G. W., Dowell, A. M., and Hendershot, D. C., It's never too late for inherent safety. In International Conference and Workshop on Process Safety Management and Inherently Safer Processes, October 8 - 11, 1996, Orlando, FL (pp. 227 - 241). New York：American Institute of Chemical Engineers, 1996.

15.3　Center for Chemical Process Safety(CCPS), *Guidelines for Engineering Design for Process Safety.* New York：American Institute of Chemical Engineers, 1993.

15. 4　Crowl, D. A., and Louvar, J. F., *Chemical Process Safety Fundamentals With Applications* (pp. 14 – 15). Englewood Cliffs, NJ: Prentice Hall, 1990 and 2002.

15. 5　Det Norske Veritas (DNV) – PHAST ® (Process Hazard Analysis Software Tool) is a comprehensive hazard analysis software tool broadly used in the chemical and petroleum industries developed and marketed by DNV Software, the commercial software house of DNV.

15. 6　Dow Chemical Company, *Dow's Chemical Exposure Index Guide*, 1st Edition. New York: American Institute of Chemical Engineers, 1994a.

15. 7　Dow Chemical Company, *Dow's Fire and Explosion Index Hazard Classification Guide*, 7th Edition. New York: American Institute of Chemical Engineers, 1994b.

15. 8　Franczyk, T. S., *The Catalytic Dehydrogenation of Diethanolamine.* In Paper Preprints from the 213th ACS National Meeting, April 13 – 17, 1997, San Francisco, CA. (342). Washington, DC: American Chemical Society Division of Environmental Chemistry, 1997.

15. 9　Heikkila, A. M., *Inherent Safety in Process Plant Design An Index – Based Approach.* Technical Research Centre of Finland, VTT Publications 384. 129 p, 1999.

15. 10　Khan F. I. and Amyotte, P. R., *How to make inherent safety practice a reality.* The Canadian Journal of Chemical Engineering, 81, 216, 2003.

15. 11　Overton, T. A. and King G., *Inherently safer technology: An evolutionary approach.* Process Safety Progress 25(2), 116–119, 2006.

15. 12　Perry, R. H. and Green, D., *Perry's Chemical Engineer's Handbook*, 6th Edition. New York: McGraw-Hill, 1984.

15. 13　Study, Karen, *In Search of an Inherently Safer Process Option. In Beyond Regulatory Compliance*, Making Safety Second Nature. Mary Kay O'Connor Process Safety Center 2005 Annual Symposium. College Station, TX: Texas A&M University, 2005.

15. 14　United Stated Environmental Protection Agency (US EPA) (January 22, 1996). *Off–site Consequence Analysis Guidance (Draft)*. Washington, D. C.: U. S., codified at Title 40 CFR Part 68. 22, 1996.

16　未来的发展趋势

新的和现有工艺采用本质更安全的设计原则将提高化工行业的整体安全性。本质安全主要得益于新化学和新的工艺技术的发明，这些技术消除对危险物料的需求和操作。推动本质安全未来创新的关键是，在每个公司内部以及包括学术界在内的整个研究和化学工程界对它的潜在利益建立清晰而广泛的认识。这种认识对工程师、化学家和其他从事工艺化学早期研发的人员尤为重要。下面这些倡议将有助于加速该理念的应用。

16.1　本质安全设计融入过程安全管理

每个企业的本质安全设计应纳入过程安全管理方案，使其应用成为"一种工作方式"。将本质安全理念无缝地融入过程安全的所有方面，可以鼓励开发本质安全工艺和程序。为此，企业必须确定这些理念无缝融入的最佳方式。例如，是否采用单独明确的方法评估本质安全，还是将其作为过程危害分析评估方案的一部分？每种方法的优缺点是什么？

事故调查是过程安全管理的一部分。通过调查，可以得出的经验教训之一是如果实施本质安全设计将如何防止或减缓事故后果。如何分享这些事故经验教训避免类似事故再次发生？

应用本质安全设计会有一些阻碍。如何更好地识别和克服它们呢？

16.2　鼓励化学和化工界发明

在过程安全领域以及化学和化学工程领域宣传本质安全的优点，对于激发创新至关重要。本书作者鼓励读者在与更广泛的人员交流时，抓住每一个为本质安全"敲鼓"的机会，通过多种方式提高这种意识。Trevor Kletz 的著作（参考文献 16.12 Kletz 1984，参考文献 16.13 Kletz 1991），CCPS（参考文献 16.1 CCPS 1993），和 Englund（参考文献 16.7 Englund）已经证明本质安全设计是行之有效的。英国化学工程师协会（IChemE）和国际过程安全小组（IPSG）的本质安全工艺培训课程（参考文献 16.10 IChemE）是推广本质安全的一个成功范例。其他方法也需要进一步探索。

16.3　本质安全理念融入化学和化工课程

在化学、化学工程及相关专业开设本质安全设计理念相关课程，将对学生毕业后进入工业领域大有裨益。

16.4 开发本质安全设计的数据信息库

行业，特别是企业本身，需要开发本质安全设计的数据库。这些数据库可以进行编目、交叉引用、索引和共享，可以随时跨公司使用。信息库形式的例子如下：

- 本质安全设计成功和失败的案例描述和分类的数据库，并不断更新。
- 化学品和官能团数据库。按反应性、稳定性、毒性和可燃性类别分类。这对于帮助评估可替代的更安全的化学品有潜在的好处。
- 不同类型的设备和单元操作相关危害的数据库。包括每个设备和单元操作本质安全设计的适用性。随着对设备和工艺操作危害的创新解决方案的发现，这些解决方案可以通过数据库在企业中共享，从而降低类似设备和工艺过程操作风险。CCPS（参考文献 16.2 CCPS 1998）发表了一些常见类型的化学加工设备的设计方法。

16.5 开发本质安全设计应用工具

本质安全仍然是过程风险评估和决策中一个新兴且不断发展的领域。过程风险评估人员和决策者需要使用新的工具和分析方法识别本质安全应用机会，并与其他的风险和机会进行比较和评估。

16.5.1 概览替代方案及其全生命周期成本

成功应用本质安全设计的公认障碍之一是缺乏工艺实施本质安全获益的宏观认识。采用从摇篮到坟墓和原料到产品的观点将会开发出尽可能本质安全的工艺。缺乏远见的设计例子如下：

- 研发人员可能只考虑优化合成路线避免失控反应，但没考虑副产品的安全性和设计隐患。
- 设计人员未识别出装置全生命周期末期的报废拆除对环境及土地的影响。
- 某个时期，人们可能更关心某特定单元操作，或全生命周期的特定阶段。

然而，按照更广泛的考虑，需要分析下列过程的影响：

- 上下游操作。
- 辅助操作，如"三废"管理和副产物处理。
- 装置全生命周期的后期。

更广泛应用本质安全工具的工艺会带来回报。一个工具可能包括如何计算替代解决方案的全生命周期成本的说明。在可持续发展方面投入巨资的企业已经拥有了这些核心工具。这些工具可以定制，以说明本质安全设计的优势，例如用于确定"环境足迹"和"能量影响"等方面。但这些工具在公共领域还未得到充分开发及应用。还需要估算全生命周期成本的培训。

16.5.2 可靠性分析的好处

可靠性依赖于高质量的硬件、正确的安装和调试、认真的检查以及测试方案。故障频率和持续时间的最小化，降低了此类系统失效的可能性。可靠性评估的指南可以简化 SIS 系统（参考文献 16.3 CCPS 2007，参考文献 16.8 Green 1995，参考文献 16.9 Green 1996）。

需要对整个工艺及每个单元操作进行可靠性分析。工艺流程的高可靠性可以最大限度地减少中间存储设施或"不合格"产品的存储设施。它还可以最大限度地提高"按需"生产产品的能力，从而减少产品储存。另外，它可以降低高风险设备及仪表的失效。高可靠性的原材料采购和运输管理系统可以减少对工厂内原材料存储的需求。

16.5.3 潜在能量

很明显，在所有其他条件相同的情况下，高温高压的放热反应及存储大量放热反应物料的装置比常温常压反应且存储少量稳定物料的装置本质上更不安全。衡量这种安全等级的方法是装置潜在能量的差异。通过比较替代工艺策略的潜在能量，可以确定最低的替代能量。需要开发相应的方法和指南评估不同工艺和不同场景的潜在能量。

16.5.4 距离和基于后果/风险的选址表

给装置的单元操作留出合适间距和距离是本质安全设计方法，如从一个装置到另一个装置，从临时人员工作场所到装置操作人员的办公场所，以及从装置到社区的距离等。"适当间距"有助于装置位置的选择。一种方法是采取以危害类型、库存数量和其他因素为函数的距离表格形式。另一种业内应用广泛的方法是基于后果和风险的建模确定适当间距。CCPS在最近的出版物中提供了关于间距的指导（参考文献 16.16 CCPS 2018）。

16.5.5 本质安全量化指标

几个常用的量化风险指标用于评价本质安全应用程度。这些指标包括陶氏化学品暴露指数（参考文献 16.4 Dow 1994a）、陶氏火灾爆炸指数（参考文献 16.5 Dow 1994b）、蒙德指数（参考文献 16.11 ICI，参考文献 16.15 Tyler）和 Edwards 等人的本质安全原型指数（参考文献 16.6 Edwards）。细化这些定量衡量技术并汇总成一组公认的指标是有益的。也应考虑其他评估方法，如副产物可能带来的危害评估。可接受的指标将有助于替代方案对比，有助于量化本质安全设计的工艺优化度。

16.5.6 其他建议

- 企业、大学和继续教育对实习工程师和研发人员强调本质安全的好处。
- 开发工具帮助工程师在装置全生命周期进行本质安全审查。
- 使广大工程师能使用本质安全工具，如 INSET Toolkit（参考文献 16.14 Mansfield）进行过程开发和设计。
- 因为在工艺全生命周期的早期最容易减少或消除危害，过程开发工程师这期间要在本质安全方面多下功夫。
- 由于本质安全理念可能不太广为人知和不被接受，并且在装置全生命周期的实施中仍具有挑战，因此需要向小规模的公司组织推广。
- 进行全生命周期成本核算，以更好地了解本质安全设计的潜在经济优势。
- 继续对工艺集成化新技术进行工艺研究。行业需要开发新的方法提高本质安全技术，或许可以通过多公司共同合作，如减废技术中心和美国化学工程师协会（AIChE）的 RAPID（Rapid Advancement in Process Intensification Deployment）研究所。
- 通过专题讨论会和文献文章宣传本质安全应用的成功案例。法规要求，如美国环境保护局 RMP 规定、新泽西州的 TCPA（《毒性物品灾害预防法》）和《康特拉科斯塔县工业安全条例（ISO）》以及全球其他法律，可能为企业提供额外激励，以表彰它们致力于减少工厂的潜在危害所付出的努力。
- 开发衡量本质安全工艺的方法是本质安全设计广泛实施的关键一步。
- 目前正在研究开发一种使用"模糊逻辑"（一个"真值范围"而不是离散的真值或假值的概念）的数学方法来衡量本质安全。

- 政府计划支持概念研发，如绿色化学、溶剂替代、减少废物和可持续发展等，这些都与本质安全有关。涉及行业、政府和学术界的类似方法可以对本质安全化学工艺的发现、开发和实施起到促进作用。

16.6 参考文献

16.1　Center for Chemical Process Safety(CCPS 1993). *Guidelines for Engineering Design for Process Safety.* New York：American Institute of Chemical Engineers，1993.

16.2　Center for Chemical Process Safety(CCPS 1998). *Guidelines for Design Solutions to Process Equipment Failures.* New York：American Institute of Chemical Engineers，1998.

16.3　Center for Chemical Process Safety (CCPS 2007). *Guidelines for Safe and Reliable Instrumented Protective Systems.* New York：American Institute of Chemical Engineers，2007.

16.4　Dow Chemical Company(1994a). *Dow's Chemical Exposure Index Guide*，1st Edition. New York：American Institute of Chemical Engineers，1994.

16.5　Dow Chemical Company(1994b). *Dow's Fire and Explosion Index Hazard Classification Guide*，7th Edition. New York：American Institute of Chemical Engineers，1994.

16.6　Edwards，D. W.，Lawrence，D.，and Rushton，A. G.，*Quantifying the inherent safety of chemical process routes.* In 5th World Congress of Chemical Engineering，July 14-18，1996，San Diego，CA (Paper 52d). New York：American Institute of Chemical Engineers，1996.

16.7　Englund，S. M.，*Process and design options for inherently safer plants.* In V. M. Fthenakis (ed.). Prevention and Control of Accidental Releases of Hazardous Gases(9-62). New York：Van Nostrand Reinhold，1993.

16.8　Green，D. L.，and Dowell，A. M.，*How to design，verify，and validate emergency shutdown systems.* ISA Transactions 34，261-272，1995.

16.9　Green，D. L.，and Dowell，A. M.，*Cookbook safety shutdown system design.* In H. Cullingford(Ed.). 1996 Process Plant Safety Symposium，Volume 1，April 1-2，1996，Houston，TX(pp.552-565). Houston，TX：South Texas Section of the American Institute of Chemical Engineers，1996.

16.10　The Institution of Chemical Engineers and The International Process Safety Group，*Inherently Safer Process Design.* Rugby，England：The Institution of Chemical Engineers，1995.

16.11　Imperial Chemical Industries(ICI)，*The Mond Index*，*Second Edition.* Winnington，Northwich，Chesire，U. K.：Imperial Chemical Industries PLC，1985.

16.12　Kletz，T. A.，(1984)*Cheaper，Safer Plants，or Wealth and Safety at Work.* Rugby，Warwickshire，England：The Institution of Chemical Engineers，1984.

16.13　Kletz，T. A. (1991). *Plant Design for Safety.* Rugby，Warwickshire，England：The Institution of Chemical Engineers，1991.

16.14　Mansfield，D.，Malmen，Y. and Suokas，E.，*The Development of an Integrated Toolkit for Inherent SHE.* International Conference and Workshop on Process Safety Management and Inherently Safer Processes，October 8-11，1996，Orlando，FL(pp. 103-117). New York：American Institute of Chemical Engineers，1996.

16.15　Tyler，B. J.，*Using the Mond Index to measure inherent hazards.* Plant/Operations Progress 4(3)，172-75，1985.

16.16　Center for Chemical Process Safety(CCPS 2018). *Guidelines for Siting and Layout of Facilities*，*Second Edition.* New York：American Institute of Chemical Engineers，2018.

附录 A 本质安全技术(IST)检查表

A.1 IST 检查表程序

下面内容可以回答 A.2 检查表问题中列出的每一个 IST 问题:

1. 确定该条目对所审查工艺的适用性。在适当的列中注明 Y(适用)或 N(不适用)以表示适用性。

2. 如果条目适用于所审查的工艺,确定是否有 IST 机会可以潜在地降低意外或故意泄漏的风险(后果和/或可能性)。如果确定了 IST 机会,应该在"机会/应用"栏中描述。如果没有发现新的 IST 机会,在"机会/应用"栏中注明,并提供支持信息,包括对现有保护措施和已实施的 IST 的参考文献(如适用)。

3. 如果发现 IST 机会,审查小组应对备选方案进行筛选评估,并将结果汇总在"可行性"栏。如果 ISD 备选方案不可行(由于成本、技术限制、保密性、可操作性、安全性或其他因素),则应将该决定与支持信息一并注明,包括现有保护措施和已实施的 IST 的参考文献(如适用)。机会的当前状态(如待进一步评估、正在评估、正在实施等)记录在当前状态栏。

4. 如果一个 IST 机会是潜在可行的,小组将提出进一步评估或实施的建议,并记入"建议"栏。

在使用 IST 检查表时,对每一个不可行的 IST 备选方案进行现有的安全措施审查。在某些情况下,检查表建议的保护措施可以是主动的、被动的或程序的。设计的可靠安全措施应能预防、检测或减轻危害,与实施 IST 替代方案一样有效。对于安全问题,对策可以是检测、阻止、延缓或响应。审查的保护措施的定义和例子包括:

- *主动的* 使用控制、报警、安全仪表功能(SIFs)和减缓系统检测和响应正常操作的工艺偏离。例如:高液位、温度和流量 SIFs、具有自动切断功能的大气传感器,以及压力泄放系统。主动保护需要外部输入才能工作,例如电力。
- *被动的* 通过工艺和设备的设计特性,在没有任何设备处于主动工作状态的情况下,减少危害的频率或后果,从而使危害最小化。例如:围堰、围堵建筑。被动保护措施不需要外部输入即可发挥作用。
- *程序的* 以操作程序、管理检查和紧急响应的形式让人员去响应。例如:紧急关闭或紧急响应程序,操作员检查和纠正措施。

一般而言,拒绝本质安全设计备选方案的支持信息应包括:现有的保护措施及其充分性,并结合成本、可操作性,或其他降低本质安全设计备选方案可行性的问题。

可以根据 CCPS 网站上的这些问题访问 IST 检查表:www. aiche. org/InherentlySafer/ISTChecklist。

A.2　IST 检查表问题

表 A.1　IST 检查表替代问题

1	替代问题
1.1	这个(危险的)工艺/产品是必要的吗？
1.2	是否可以使用替代工艺或化学方法完全消除危险原材料、中间品或副产品？
1.3	是否可以改变工艺或工艺条件完全消除溶剂和易燃传热介质？
1.4	是否有替代工艺生产该产品，以消除或大幅度减少危险原料使用或中间品生成？
1.5	是否可以使用危险性较小的替代原材料？ ● 不易燃的物质 ● 挥发性较小的物质 ● 较低的反应活性 ● 稳定性更好 ● 毒性较小 ● 尽量使用低压蒸汽，而非可燃的传热介质(如尽量避免操作温度高于其闪点)
1.6	是否可以使用危险性较小的最终产品溶剂进行替代？
1.7	是否可以使用不易燃的制冷剂代替易燃的(或减少其库存)？
1.8	该工艺是否有其他替代或消除所用危险物料的方法？

表 A.2　IST 检查表最小化问题

2	最小化问题
2.1	减少存量
2.1.1	是否可以减少危险原料的存量？ ● 根据生产需要随用随供 ● 供应商管理包括战略合作伙伴 ● 用危险较小的原料现场生产危险物料 ● 基于生产预测的危险原材料存量管理系统
2.1.2	能减少(危险的)化学品的中间存量吗？ ● 工艺设备设施直接相连(避免存储) ● 消除或减少中间储罐的尺寸 ● 设计盛装危险物料的工艺设备有最小存量(见 2.2)
2.1.3	危险成品存量是否可以减少？ ● 改进生产计划/销售预测 ● 改进与运输/物料处理商的沟通 ● 基于销售预测的危险成品库存管理系统
2.2	工艺简化考虑

2	最小化问题
2.2.1	是否可以替换为危险物质存量较小的设备？ • 离心萃取机替代萃取塔 • 闪蒸干燥机替代盘式干燥机 • 连续反应器替代间歇反应器 • 平推流反应器或环管反应器替代连续搅拌釜式反应器 • 连续管道混合器(如静态混合器)替代混合器或反应器 • 强化混合效果，最小化反应混合器尺寸 • 高传热反应器(如微型反应器、HEX 反应器) • 转盘反应器(特别适用于高热通量或高黏度液体) • 紧凑型热交换器(单位体积内较高的热交换器面积，如螺旋板式、板框式、板翅式)、替代管壳式换热器 • 管壳式换热器中危险性高的物料走管程 • 使用水或其他不易燃的传热介质、气相介质或工作温度在沸点以下的介质 • 刮膜蒸发器替代连续蒸馏器(精馏塔) • 合并单元操作(例如用反应精馏或萃取替代多个单独的反应器、安装有再沸器或换热器的多塔分馏或萃取塔)，以减少整个系统容积 • 使用加速度场(如气/液或液/液接触的旋转填料床，用于吸收、汽提、蒸馏、萃取等。) • 用替代能源(如激光、紫外光、微波或超声波)来控制反应或对单元操作直接加热
2.2.2	危险物料管道的长度是否已经最小化？
2.2.3	危险物料管道是否按最小管径设计？
2.2.4	可以使用气态而不是液态的危险物料，以减少管线存量吗？
2.2.5	是否可以改变工艺条件以减少危险废物或副产品的产生？
2.3	该工艺是否有其他方法减少危险物料的存量？

表 A.3 IST 检查表减缓问题

3	减缓问题
3.1	是否可以限制危险原料的供应压力，使其低于接收容器的最大允许工作压力？
3.2	是否有可能使用催化剂或者选择性更高的催化剂(如结构化催化剂或整体式催化剂而非固定床催化剂)降低反应条件(危险反应物或产物)(温度，压力)的苛刻度？
3.3	工艺是否可以考虑以下操作实现在较温和条件下(危险的反应物或产物)运行？ • 改进热力学或动力学以降低操作温度或压力 • 改变反应相态(如液/液，气/液，或气/气) • 改变原料加入顺序 • 原料回收以补偿降低的产量或转化率 • 在较低压力下操作，限制可能的泄漏速率 • 在较低温度下操作，防止失控反应或材料失效

3	减缓问题
3.4	是否有可能使用低浓度的危险原料减小潜在危险？ • 氨水和/或稀盐酸替代无水氨或无水氯化氢 • 用稀硫酸代替发烟硫酸 • 稀硝酸替代浓发烟硝酸 • 湿过氧化苯甲酰替代干过氧化苯甲酰
3.5	是否有可能使用更大粒径/减少粉尘形成的固体，以降低粉尘爆炸可能性？
3.6	一旦意外污染（如由于盘管或换热管束失效），所有工艺介质（如加热/冷却介质）与工艺物料是否兼容？
3.7	是否可能在挥发性有害物质中添加一种成分来降低其蒸气压？
3.8	对于盛有高温不稳定或低温冻凝物料的设备，是否可使用加热/冷却介质来限制其所能达到的最高和最低温度（如自限电伴热或常压热水）？
3.9	是否可以改变工艺条件，避免在易燃液体的闪点之上操作？
3.10	设计的设备能否完全容纳环境温度或可能达到的最高工艺温度下的物料（如提高其最大允许工作温度，以适应冷却失效，减少依赖外部系统如制冷来控制温度，使物料的蒸汽压小于设备设计压力）？
3.11	对于处理易燃物料的设施，是否可以通过设备布置以尽量减少密闭区域的数量和面积，当泄漏物料被点燃时，降低发生严重超压的可能性
3.12	是否可以在设计处理危险物料的工艺单元时，限制其工艺波动的幅度？ • 泵的最大能力低于物料加入的安全速率 • 对于重力流加料系统，设计管道尺寸或安装孔板将最大加料速率限制在安全范围内 • 利用泵/压缩机的最小流量线（通过孔板控制流量）确保出口阀关闭时的最小流量
3.13	是否可以防止危险液体泄漏进入排水系统/下水道（如果发生火灾或危险反应，例如禁水性物质）？
3.14	对于易燃物料，发生火灾时是否可以将泄漏物料引走，以减少沸腾液体扩展蒸气爆炸（BLEVE）的风险？
3.15	可以采用如下的被动设计措施吗？ • 二次围堵（如堤坝、围堰、建筑物、围墙） • 设计合适的收集罐处理失控反应泄放物料 • 为工艺设备、罐、容器设置永久性跨接和接地系统 • 使用气体惰化系统处理易燃物料和易爆粉尘（如氮气、二氧化碳） • 对于易燃液体储罐进料，使用带有防虹吸开口的进料管 • 使用防火隔热，而不是固定的/便携的消防设施
3.16	气体是否能以大容积的设施在常压或低压下运输和储存，而非使用气体钢瓶？
3.17	该工艺是否还有其他使用危险物料的减缓方法？

表 A.4　IST 检查表简化问题

4	简化
4.1	设备是否可以设计成很难或不可能由于操作或维护错误而造成潜在危险？ • 阀门的易用性和可操作性，防止不必要的错误 • 消除所有不必要的交叉连接 • 对于使用软管连接的反应物，使用专用的软管和卡扣接头 • 设计限制温度的传热设备，以防止超过最高工艺或设备设计温度 • 工艺设备、管道和部件使用耐腐蚀材料 • 在较高温度下操作，以避免低温影响，如脆化失效 • 使用其他搅拌方法（如采用无密封泵建立外循环，消除了由于搅拌器密封故障而产生的潜在泄漏） • 使用混合进料喷嘴替代在容器内混合的搅拌器 • 使用地下罐或屏蔽罐 • 明确公用工程故障（如停空气、停电）时的故障安全操作 • 将冗余输入和输出分配给可编程电子系统的各个模块，以减少共因失效 • 为燃烧器管理系统提供连续的长明灯（独立可靠的燃料气来源） • 使用冷冻储存而不是加压储存 • 对冗余设备分别使用独立的电源母线，以减少部分电源故障的后果 • 减小设备的表面积，以减少腐蚀/火灾暴露 • 使用危险物料时尽量减小连接、通路和法兰数量 • 避免在危险工况下使用螺纹连接 • 使用套管 • 尽量减少管道的弯头数量（潜在的冲刷腐蚀点） • 在管道中使用膨胀弯，而不是热膨胀波纹管 • 制定设备检维修的隔离方案 • 限制人工操作，如过滤器清洗、人工取样、装卸作业的软管操作等 • 设计全真空容器，以消除瘪罐风险 • 设计换热器的管程和壳程能承受最大压力，不需要压力泄放设施（可能仍然需要满足火灾安全要求） • 设计/选择不可能出现装配错误的设备 • 使用能够清楚识别状态的设备： • 易于辨识流向的单向阀 • 带上升阀杆的闸阀，清楚地指示开启或关闭位置 • 用8字盲板代替插板 • 手柄清晰显示位置的手动直角回转阀 • 对于自动阀，除阀门输出外，还显示阀门的实际位置 • 设备的最大允许工作压力（MAWP）能承受产生的最大压力，而不依赖压力泄放系统，即便是"最糟糕的可信事件"发生 • 使用开放式排放或溢流管到二次围堵容器，用于超压、溢流和真空保护 • 消除高于容器压力等级的公用工程连接 • 在几个单独的容器中执行几个工艺步骤，而不是在一个多用途容器中执行所有步骤（减少与特定容器连接的原材料、公用工程和辅助设备的复杂性和数量）

4	简化
4.2	被动的限制泄漏技术能用于限制潜在的泄漏吗？ • 防爆裂垫片（如缠绕垫） • 增加管道和设备的壁强度 • 最大限度地使用全焊接管 • 使用较少的管线接头 • 提供额外的腐蚀/侵蚀余量（如 Schedule 80 而不是 Schedule 40） • 减少或消除振动（如通过减振或设备平衡） • 尽量减少使用末端对空（排液或排气）的快开阀门（如直角回转球阀；或旋塞阀） • 在危险工况杜绝使用末端对空（排液或排气）的快开阀门（如直角回转阀；或旋塞阀） • 使用不同连接方式的软管以防止连接错误（如空气/氮、原材料） • 对于末端对空的直角回转阀门，使用圆形阀门手柄可以最大限度减少碰撞可能性 • 提高阀门阀座的可靠性（如尽可能使用系统压力密封阀座，使用阀座几何形状、阀门操作和流量消除或减少阀座损坏。） • 去除不必要的膨胀节、软管和爆破片 • 使用鹤管替代软管装卸危险物料 • 消除不必要的视镜/玻璃转子流量计，按需要使用耐高压的或者铠装视镜 • 工艺设备材质尽量不使用玻璃、塑料或其他脆性材料 • 使用无泄漏泵（如屏蔽泵、磁力泵） • 尽量减少不同垫片、螺母、螺栓等数量，以减少潜在错误
4.3	通过以下措施关注控制系统人为因素： • 简化控制显示器 • 限制仪表复杂性 • 清楚显示正常和异常工艺条件的信息 • 符合操作人员期望的控制和显示逻辑 • 以统一方式独立显示相似信息 • 安全报警与工艺报警易于区分 • 尽快更正无效报警和消除不必要报警，防止对报警的麻痹 • 控制系统显示能为所有操作行动提供足够的反馈 • 控制系统显示布局合理、统一、有效 • 控制系统易区分、可访问和易于使用 • 控制系统满足标准期望（颜色，移动方向） • 控制系统的安排逻辑上遵循正常的操作顺序 • 操作程序的格式和语言便于操作人员遵守和理解，并包含必要信息
4.4	该工艺是否还有其他方法可以简化涉及危险物质的操作？

表 A.5　IST 检查表位置/选址/运输问题

5	位置/选址/运输
5.1	工厂选址是否能尽量减少危险物料运输？（比如与供应商/客户合作，现场生产危险原料）
5.2	危险工艺装置的选址是否能消除或减少？ • 来自邻近危险设施的不良影响 • 厂外影响 • 对厂内员工和其他工厂设施的影响，包括控制室、消防系统、应急响应和通信设施、以及维护和行政管理设施
5.3	一个需要在不同工厂才能完成的多步生产工艺，是否可以重新调整方案，以消除有害物质的运输需要？
5.4	物料可以运输吗？ • 以危险较低的形式（如冷冻液体而不是加压） • 以更安全方式运输（如通过管道、顶部或底部卸料、铁路运输或卡车运输） • 沿着更安全路线（如避开人口密集地区、隧道或道路交通事故多发区等高风险地区）

附录 B　本质安全分析方法

本质安全可以用很多方法进行分析，但在所有情况下，其目的都是规范化本质安全应用，而不是视情况而定。通过直接或间接的正式的本质安全活动，装置可以充分实现本质安全的潜在好处。另外，所有的本质安全注意事项都将被完整地记录下来。

可以使用三种分析方法评估本质安全的实施情况：

（1）本质安全分析：检查表引导的过程危害分析（PHA）；

（2）本质安全分析：独立的过程危害分析（PHA）；

（3）本质安全分析：作为过程危害分析（PHA）不可分割的部分进行分析。

方法 1 采用专门的检查表，其中包含了一些实际的本质安全考虑，这些考虑围绕着最小化、替代、减缓和简化这四种策略。这种方法的优点是非常直接，并且提出了有针对性的问题，这些问题已被证明在减少危害方面很有价值。缺点是，与任何检查表一样，如果要求团队在给定安全目标的情况下，应用更有创造性的本质安全策略时，则其他想法可能会受限制。（请注意，此处的检查表只是说明有代表性的部分。完整清单请参阅附录 A。）

方法 2 要求团队在工艺的指定部分避免特定危害。在这种情况下，团队会审查一个问题，确定哪些本质安全策略可能适用，然后就减少或消除危害的方式集思广益。

方法 3 将本质安全设计（ISD）融入到设施开展的每一次 PHA 分析，包括 What-If（假设分析）、HAZOP、FMEA 或其他类似的方法。这个概念既包括将 ISD 引入讨论的问题（用于 What-If），也包括引导词（用于 HAZOP），然后使用上面提到的四种策略作为一种可能的方法降低所确定的危害。最后一起评估这些讨论的输入和可能的其他保护层。

下面解释每种方法。在每种情况下，分析人员都要审查在工艺流程层面或节点层面应用本质安全策略的可能性。节点的定义方式与过程危害分析研究或现有研究相同。如果工艺相对简单，而且 ISD 机会有限，则有可能需要做更完善的 PHA 分析。如果过程危害分析是基于详细的节点，则可能会需要考虑较小但重要的细节。例如，在宏观一级，不能替代工艺的危险化学品，但在微观一级，在给定领域、工艺步骤或某些类型的设备可能有机会这样做。

在所有情况下，建议评估风险等级，以表 B.1~表 B.3 定义可能性和后果级别。本质安全应该与其他风险管理策略一样，基于风险进行评估。

表 B.1　风险矩阵（R）

很高（4）	中 2	高 3	很高 4	很高 4
高（3）	低 2	中 3	高 4	很高 4
中（2）	低 2	中 3	中 3	高 4
低（1）	低 1	低 2	低 3	中 3
可能性	低（1）	中（2）	高（3）	很高（4）
	严重度			

表 B.2　严重度（S）评级

分类	低（1）	中（2）	高（3）	非常高（4）
健康 & 安全	轻微伤害或健康影响	中度伤害或健康影响	重度伤害或健康影响；厂外公众影响	厂外单人死亡，厂内多人重伤或死亡
财产损失（更换成本）	低	中	中等的	高
业务中断（停车天数或损失金额）	低	中	中等的	高
环境影响（损害赔偿）	低	中	中等的	高

表 B.3　可能性（L）描述

可能性	简述	描述
1	低	设施生命周期内不太可能发生
2	中	设施生命周期内可能发生
3	高	可能1~10年发生一次
4	很高	可能至少1年发生一次

B.1　本质安全分析——检查表引导的过程危害分析（PHA）

表 B.4 提供了一个检查表引导的方法示例。分析人员从检查表（潜在的机会）中提出问题，对适用于所检查的工艺或节点的问题，分析团队记录这些问题的潜在后果。考虑到四种 ISD 策略，小组按照以下顺序列出了可能解决问题的建议：
- 第一级 ISD。
- 第二级 ISD。
- 保护层。

表 B.4 本质安全分析——PHA 检查表

位置：Orange，新泽西州					风险等级			装置：氢氟酸烷基化装置	分析日期：2008.4.1
PFD No.1234-5678									
节点：异丁烯储罐									
设计条件/参数：装置附近的 5 个异丁烯储罐和 2 个压力容器									

项目	问题	潜在机会	可行性	后果	现有保护措施	S	L	R	建议	备注/状态
1	减少有害原料存量	减小储罐容量或者取消部分储罐	储罐容积无法减小。1 个储罐可以去掉	储罐可能泄漏形成蒸气云爆炸，对储罐南部装置造成影响	5 个储罐的装填量有限制要求	4	1	3	1. 建议取消其中 1 个储罐，以减少泄漏风险[1]	审核中
2	减少中间品存量	减少中间储罐存量	需要工程评估	潜在的泄漏、火灾和爆炸	1. 高液位报警 2. 可燃气体检测仪	4	1	3	2. 建议取消中间储罐，采用连续操作[2]	审核中
3	减少产品存量	不适用[3]								
4	使用替代设备减少有害物料		无法替代或不可行[4]							
5	最小化有害物料管道长度	很多管道不再使用可以考虑拆除	需要工程和操作评估	潜在的较大泄漏		4	1	3	3. 将原储罐移至 250~1500 英尺范围内的位置[5]	
6	管径最小化	进料管道尺寸过大，存量增多	工程评估后减小直径	潜在的较大泄漏		3	2	3	4. 进料管道由 6in 改为 4in[6]	
7	通过使用替代工艺或化学方法消除有害原料、工艺中间体或副产品		没有可以替代的化学品或工艺[7]							
8	消除溶剂或可燃加热介质	取代可燃溶剂	非可燃溶剂可以使用	可能的可燃物泄漏	现有的灭火和火灾抑制系统	3	3	4	5. 考虑使用非可燃溶剂取代可燃溶剂[8]	

(1) 使用最小化避免危害。起初，5 个储罐都可以进料，但是 3 个储罐就可以满足要求。避免危险工况就是第一级本质安全改变。

(2) 此处也使用了最小化。装置内的很多储罐可以取消，也就减少了危害。这是第一级本质安全改变。

(3) 一些问题和特定的过程是不相关的。

(4) 对一些问题没有本质安全方案。

(5) 见注释(3)。

(6) 见注释(3)。

(7) 见注释(4)。

(8) 使用替代避免危害，用不可燃溶剂代替可燃溶剂。避免危险工况就是第一级本质安全改变。

B.2 本质安全分析——独立的过程危害分析(PHA)

表 B.5 是本质安全分析方法的一个例子，它类似于通常的 PHA，但只关注本质安全。

分析人员考虑一个危险因素，如反应器中与水反应引起的失控反应，并设定一个安全目标，如"将反应器由于进料发生失控反应的可能性降到最低"。然后，小组记录下正在评估的每一个潜在危害原因，审查其后果、现有的保障措施，以及通过 ISD 策略消除或降低其风险的潜在方法。

考虑到四种 ISD 策略，团队记录了潜在的建议，这些建议可能会使用一级 ISD、二级 ISD 以及随后的保护层解决问题。每种策略都要考虑。产生的想法是可行的、实用的，并且更好地阐明了识别到的危害。该方法承认除了 ISD 之外的其他风险管理策略可能更有效。

表 B.5　本质安全分析——独立的 PHA

节点：1. 反应器进料系统

Objective：1. 最小化潜在的失控反应

原因	后果	现有保护措施	S	L	R	机会	可行性	建议	备注/状态
1. 由于沉降或上游进料带水造成原料储罐中水含量过高	员工操作错误导致水阀忘关或未完全关闭或阀门失效，水进入进料管线。反应器内过量的水会造成催化剂结垢，缩短运行寿命；更多的开停车操作会增加安全隐患。最糟糕的情况：过量的水可能导致反应失控	1. 进料控制和操作人员对工艺条件的监控	4	4	4	评估消除水进入反应器的本质安全方法，而不是控制	管道稍作变化保证储罐不带水是可行的	1. 储罐 1 潜在沉降水含量高，由向储罐 1 进料改为向储罐 3 进料。储罐 1 上游单元带水不能完全避免，而储罐 3 是干净的原料(1)	
2. 水洗阀门误开导致水进入进料管线		1. 水洗操作规程	4	2	4	评估消除人为错误造成的水污染风险的方法	改进操作程序	2. 改进水洗操作程序，确保员工在水洗后检查阀门关闭和水流情况(2)	
		2. 员工培训				交叉连接点数量过多，可消除一些		3. 减少从反应器 3 到反应器 1 的进料管线上的接水管线(3)	
		3. 反应速率检测							

（1）使用**替代**避免危害。以前必须采取控制措施防止水进入储罐。这个替代储罐实现了本质安全。避免危险工况就是第一级本质安全改变。

（2）使用**程序**避免危害。现有的作业程序没有明确要求检查这方面。修改操作程序可能会降低水阀误开的可能性。水造成危害的风险仍然存在，但可能性，也就是风险，可能已经减少。

（3）使用**最小化**避免危害。以前水洗连接较复杂。使用其他方法消除不必要的连接，通过消除设备降低了事故发生的可能性。这是第二级本质安全改变。

B.3 本质安全分析——融入过程危害分析(PHA)

表 B.6 是第三种本质安全分析方法的示例。本质上,它与上面介绍的第二种方法相同。但是,在确定危害的方式上有所不同。在此示例中,HAZOP 方法利用了与设计意图的偏差,而在前面的示例中,直接说明了危害,并用 ISD 策略解决。

无论采用何种分析方法,考虑 ISD 策略的优先级保持不变。首先是第一级 ISD,然后是第二级 ISD,最后是保护层,除非范围仅限于识别 ISD 的潜在建议。

表 B.6 本质安全分析——本质安全作为 PHA 的一部分

节点:1. 反应器进料系统

意图:1. 进料

引导词:伴随

原因	后果	现有保护措施	S	L	R	机会	可行性	建议	备注/状态
沉降或上游系统带水	进料中过量的水会导致反应器内催化剂结垢,缩短运行寿命;更多的开停车操作会增加安全隐患。最糟糕的情况:过量的水可能导致反应失控	进料控制和操作人员对工艺条件的监控	4	4	4	评估消除水进入反应器的本质安全方法,而不是控制	管道稍作变化保证储罐不带水是可行的	储罐 1 潜在沉降水含量高,由向储罐 1 进料改为向储罐 3 进料。储罐 1 上游单元带水不能完全避免,而储罐 3 是干净的原料[1]	

(1)以前必须采取控制措施防止水进入储罐。这个替代储罐实现了本质安全。避免了危险工况就是第一级本质安全改变。

索　引